电力拖动控制线路与技能训练

主　编　殷安全　张德娟

副主编　田　方　熊小刚　罗　丽

参　编　付英雄　杨帮明　邵　毅

　　　　张　尧　杨　毅　宋文超

U0190907

重庆大学出版社

内容提要

本书介绍了电力拖动控制线路与技能训练方面的基本理论知识和基本操作技能。内容包括:认识低压电器;三相异步电动机基本控制线路及其安装、调试与维修;常用生产机械的电气控制线路原理与维修。各项目中又分几个任务,每个任务中包含认识电路、电路的安装与调试、故障检修训练、任务评价等内容。

本书是中等职业学校机电技术应用专业电力拖动控制线路理实一体化教学教材,也可作为机电技术应用专业维修人员的岗位培训教材和自学教材。

图书在版编目(CIP)数据

电力拖动控制线路与技能训练 / 殷安全,张德娟主编.—重庆:重庆大学出版社,2014.6(2024.1 重印)
国家中等职业教育改革发展示范学校教材
ISBN 978-7-5624-8218-5

Ⅰ.①电… Ⅱ.①殷…②张… Ⅲ.①电力传动—自动控制系统—中等专业学校—教材 Ⅳ.①TM921.5

中国版本图书馆 CIP 数据核字(2014)第 098252 号

电力拖动控制线路与技能训练

主 编 殷安全 张德娟
策划编辑:杨粮菊
责任编辑:文 鹏 版式设计:杨粮菊
责任校对:贾 梅 责任印制:张 策

*

重庆大学出版社出版发行
出版人:陈晓阳
社址:重庆市沙坪坝区大学城西路 21 号
邮编:401331
电话:(023) 88617190 88617185(中小学)
传真:(023) 88617186 88617166
网址:http://www.cqup.com.cn
邮箱:fxk@cqup.com.cn(营销中心)
全国新华书店经销
POD:重庆新生代彩印技术有限公司

*

开本:787mm×1092mm 1/16 印张:18.5 字数:462 千
2014 年 6 月第 1 版 2024 年 1 月第 7 次印刷
ISBN 978-7-5624-8218-5 定价:48.00 元

国家中等职业教育改革发展示范学校
建设系列教材编委会

加快发展现代职业教育,事关国家全局和民族未来。近年来,涪陵区乘着党和国家大力发展职业教育的春风,认真贯彻重庆市委、市政府《关于大力发展职业技术教育的决定》,按照"面向市场、量质并举、多元发展"的工作思路,推动职业教育随着经济增长方式转变而"动",跟着产业结构调整升级而"走",适应社会和市场需求而"变",学生职业道德、知识技能不断增强,职教服务能力不断提升,着力构建适应发展、彰显特色、辐射周边的职业教育,实现由弱到强、由好到优的嬗变,迈出了建设重庆市职业教育区域中心的坚实步伐。

作为涪陵中职教育排头兵的涪陵区职业教育中心,在中共涪陵区委、区政府的高度重视和各级教育行政主管部门的大力支持下,以昂扬奋进的姿态,主动作为,砥砺奋进,全面推进国家中职教育改革发展示范学校建设,在人才培养模式改革、师资队伍建设、校企合作、工学结合机制建设、管理制度创新、信息化建设等方面大胆探索实践,着力促进知识传授与生产实践的紧密衔接,取得了显著成效,毕业生就业率保持在97%以上,参加重庆市、国家中职技能大赛屡创佳绩,成为全区中等职业学校改革创新、提高质量和办出特色的示范,并成为区域产业建设、改善民生的重要力量。

为了构建体现专业特色的课程体系,打造精品课程和教材,涪陵区职业教育中心对创建国家中职教育改革发展示范学校的实践成果进行总结梳理,并在重庆大学出版社等单位的支持帮助下,将成果汇编成册,结集出版。此举既是学校创建成果的总结和展示,又是对该校教研教改成效和校园文化的提炼与传承。这些成果云水相关、相映生辉,在客观记录涪陵职教中心干部职工献身职教奋斗历程的同时,也必将成为涪陵区职业教育内涵发展的一个亮点。因此,无论是对该校还是对涪陵职业教育,都具有十分重要的意义。

党的"十八大"提出"加快发展现代职业教育",赋予了职业教育改革发展新的目标和内涵。最近,国务院召开常务会,部署了加快发展现代职业教育的任务措施。今后,我们必须坚持以面向市场、面向就业、面向社会为目标,整合资源、优化结构,高端引领、多元办学,内涵发展、提升质量,努力构建开放灵活、发展协调、特色鲜明的现代职业教育,更好适应地方经济社会发展对技能人才和高素质劳动者的迫切需要。

衷心希望涪陵区职业教育中心抓住国家中职示范学校建设契机，以提升质量为重点，以促进就业为导向，以服务发展为宗旨，努力创建库区领先、重庆一流、全国知名的中等职业学校。

是为序。

项显文
2014 年 2 月

前　言

目前，机电技术的应用日益广泛，企业对掌握机电技术应用专业知识的技能型人才需求逐年增加。为提高中等职业教育机电技术应用专业的教学水平，本着以就业为导向，以能力为本位，以培养技能型人才为目标，我们组织编写了《电力拖动控制线路与技能训练》一书。本书每个任务的教学内容主要以先理论后实训的一体化教学方式，达到学以致用，学能致用的目的，实现了理论与实践的有机结合。

本书建议学时为 210 学时，建议在二年级使用。各项目参考学时如下：

项　目	内　容	参考课时
项目一	认识低压电器	20
项目二	三相异步电动机正转控制线路	24
项目三	三相异步电动机正反转控制线路	18
项目四	三相异步电动机顺序控制线路	18
项目五	三相异步电动机降压启动控制线路	20
项目六	三相异步电动机制动控制线路	12
项目七	多速异步电动机控制线路	18
项目八	电气控制线路设计基础	4
项目九	CA6140 车床电气控制线路	14
项目十	Z3050 型摇臂钻床电气控制线路	20
项目十一	M7130 平面磨床电气控制线路	14
项目十二	X62W 万能铣床电气控制线路	20
机动课时		8
合计课时		210

本书由重庆市涪陵区职业教育中心殷安全、张德娟任主编；重庆市涪陵区职业教育中心田方、罗丽、重庆工贸职业技术学院熊小刚任副主编。项目一由重庆市涪陵区职业教育中心张尧、张德娟编写，项目二由重庆市涪陵区职业教育中心邵毅、张德娟编写，项目三、七、八由张德娟老师编写，项目四、九、十、十一、十二由熊小刚编写，项目五、六由重庆市三峡水利电力学校付英雄编写，重庆市涪陵区职业教育中心杨毅、杨帮明、宋文超参加了编写工作。

本书在编写过程中得到重庆万达薄板有限公司生产技术人员的支持,在此表示衷心的感谢。

由于编者水平有限,书中难免存在不妥之处,敬请读者批评指正。编者邮箱:zdj101@yeah. net。

编 者

2014 年 2 月

目　录

项目 1　认识低压电器 ·· (1)

　任务 1.1　低压电器的分类和常用术语 ························· (2)

　任务 1.2　低压熔断器和低压开关 ····························· (5)

　　1.2.1　低压熔断器的识别与检修 ···························· (5)

　　1.2.2　低压开关的识别与检测 ···························· (14)

　　1.2.3　按钮和交流接触器的识别与检测 ····················· (27)

项目 2　三相异步电动机正转控制线路 ····················· (38)

　任务 2.1　三相异步电动机点动正转控制线路 ················ (39)

　任务 2.2　三相异步电动机自锁正转控制线路 ················ (47)

　任务 2.3　具有过载保护功能的接触器自锁正转控制线路 ······· (56)

　任务 2.4　三相异步电动机连续与点动混合正转控制线路 ······· (69)

　任务 2.5　两地控制一台电动机控制线路 ···················· (76)

项目 3　三相异步电动机正反转控制线路 ··················· (83)

　任务 3.1　接触器联锁正反转控制线路 ····················· (84)

　　3.1.1　倒顺开关正反转控制电路 ···························· (84)

　　3.1.2　接触器联锁正反转控制线路 ·························· (85)

　任务 3.2　位置控制与自动往返控制线路 ···················· (93)

　　3.2.1　行程开关 ··· (93)

　　3.2.2　位置控制与自动往返控制线路 ······················· (96)

项目 4　三相异步电动机顺序控制线路 ····················· (108)

　任务 4.1　主电路实现两台电动机顺序启动控制线路 ··········· (109)

　任务 4.2　控制电路实现控制两台电动机顺序控制线路 ········· (117)

　任务 4.3　两台电动机顺序启动逆序停止控制线路 ············· (126)

项目 5　三相异步电动机的降压启动控制线路 ··············· (134)

　任务 5.1　用灯箱模拟自耦变压器降压启动控制线路 ··········· (135)

5.1.1 自耦变压器降压启动控制电路 ················ (135)

5.1.2 用灯箱模拟自耦变压器降压启动控制线路 ········· (141)

任务 5.2 时间继电器自动控制 Y—△ 降压启动控制线路 ········ (147)

5.2.1 时间继电器 ························ (147)

5.2.2 时间继电器自动控制 Y—△ 降压启动控制线路 ······ (152)

项目 6 三相异步电动机制动控制线路 ················ (162)

任务 6.1 单向启动能耗制动自动控制线路 ············· (163)

项目 7 多速异步电动机控制线路 ·················· (174)

任务 7.1 接触器控制双速异步电动机的控制线路 ········· (175)

任务 7.2 时间继电器控制双速异步电动机的控制线路 ······ (186)

项目 8 电气控制线路设计基础 ··················· (195)

项目 9 CA6140 车床电气控制线路的原理与维修 ·········· (206)

任务 9.1 工业机械电气设备维修的一般要求和方法 ········ (207)

任务 9.2 CA6140 车床电气控制线路工作原理 ·········· (211)

任务 9.3 CA6140 车床电气控制线路的检修 ··········· (218)

项目 10 Z3050 摇臂钻床电气控制线路的原理与维修 ········ (225)

任务 10.1 Z3050 摇臂钻床电气控制线路工作原理 ········ (226)

任务 10.2 Z3050 摇臂钻床电气控制线路的检修 ········· (231)

项目 11 M7130 平面磨床电气控制线路的原理与维修 ········ (240)

任务 11.1 M7130 平面磨床电气控制线路原理分析 ········ (241)

任务 11.2 M7130 平面磨床电气控制线路的检修 ········· (248)

项目 12 X62W 万能铣床电气控制线路的原理与维修 ········ (254)

任务 12.1 X62W 万能铣床电气控制线路原理分析 ········ (255)

任务 12.2 X62W 万能铣床电气控制线路故障维修 ········ (262)

习题参考答案 ·························· (271)

参考文献 ···························· (286)

项目 1

认识低压电器

●知识目标

- 记住低压电器的分类和掌握低压电器的常用术语。
- 能说明低压熔断器、低压开关的分类、功能、基本结构、工作原理,并能说明型号含义,辨认其图形符号和文字。
- 能说明按钮、接触器的功能、基本结构、工作原理及型号含义,并能辨认它们的图形符号和文字符号。

●技能目标

- 会正确识别、选择、安装、使用低压熔断器和低压断路器。
- 会正确识别、选用、安装、使用、检修、校验按钮和接触器。

任务 1.1 低压电器的分类和常用术语

【工作任务】

- 记住低压电器的分类方法。
- 说明低压电器常用术语的含义。

【相关知识】

想一想

什么是电器？请举出在日常的生活中经常使用的几个例子。

电器就是一种能根据外界的信号和要求,手动或自动地接通或断开电路,实现对电路或非电对象的切换、控制、保护、检测和调节的元件或设备。

根据工作电压的高低,电器可分为高压电器和低压电器。工作在交流额定电压 1 200 V 及以下、直流额定电压 1 500 V 及以下的电器称为低压电器。低压电器可以分为配电电器和控制电器两大类,是成套电气设备的基本组成元件。低压电器作为一种基本器件,广泛应用于输配电系统和电力拖动系统中(图1.1),在实际生产中起着非常重要的作用。

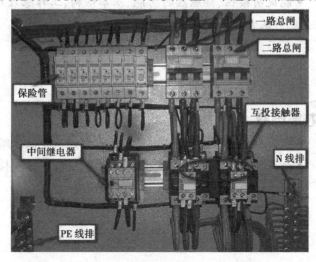

图 1.1 低压电器在供电系统中的应用

(1)低压电器的分类

图 1.2 所示的是几种常见的低压电器。低压电器的种类繁多,分类也很多,常见的分类方法见表1.1。

（a）低压断路器

（b）开启式负荷开关

（c）低压熔断器

（d）按钮

（e）交流接触器

（f）中间继电器

图1.2 常见的几种低压电器

表1.1 低压电器常见的分类方法

分类方法	类 别	说明及用途
按低压电器的用途和所控制的对象分类	低压配电电器	包括低压开关、低压配电系统及动力设备
	低压控制电器	包括接触器、继电器、电磁铁等，主要用于电力拖动及自动控制系统中
按低压电器的动作方式分类	自动切换电器	依靠电器本身参数的变化或外来信号的作用，自动完成接通或分断等动作的电器，如接触器、继电器
	非自动切换电器	主要依靠外力（如手控）直接操作来进行切换的电器，如按钮、低压开关等
按低压电器的执行机构分类	有触点电器	具有可分离的动触点和静触点，主要利用触点的接触和分离来实现电路的接通和断开控制，如接触器、继电器等
	无触点电器	没有可分离的触点，主要利用半导体元器件的开关效应来实现电路的通断控制，如接近开关、固态继电器等

（2）低压电器的常用术语

低压电器的常用术语见表1.2。

表1.2　低压电器的常用术语

常用术语	常用术语含义
通断时间	从电流开始在开关电器的一个极流过的瞬间起,到所有极的电弧最终熄灭的瞬间为止的时间间隔
燃弧时间	电器分断过程中,从触头断开(或熔体熔断)出现电弧的瞬间开始,至电弧完全熄灭为止的时间间隔
分断能力	开关电器在规定条件下,能在给定的电压下分断的预期分断电流值
接通能力	开关电器在规定条件下,能在给定的电压下接通的预期接通电流值
通断能力	开关电器在规定条件下,能在给定的电压下接通和分断的预期电流值
短路接通能力	在规定的条件下,包括开关电器的出线端短路在内的接通能力
短路分断能力	在规定的条件下,包括开关电器的出线端短路在内的分断能力
操作频率	开关电器在每小时内可能实现的最高循环操作次数
通电持续率	开关电器的有载时间和工作周期之比,常以百分数表示
电器寿命	在规定的正常工作条件下,机械开关电器不需要修理或更换的负载操作循环次数

【问题思考】

电器和低压电器有区别吗？举出几种你所知道的电器,查一查低压电器还运用于哪些方面。

【知识扩展】

中国电器工业协会通用低压电器分会根据低压电器行业与产品发展历史背景与面临的形势,提出我国低压电器新产品发展总体思路,提出用10年左右时间完成我国第4代低压电器主要系列产品开发与推广。第4代低压电器第1批4个项目是新一代智能型万能式断路器、新一代小型化塑料外壳式断路器、新一代小型化控制与保护开关电器、带选择性保护小型断路器。第2批项目初步确定为新一代交流接触器、新一代电动机起动器、新一代双电源转换开关、专用系列低压浪涌保护器。第3批项目重点是各类新型电器,预计2013—2014年启动,2018年完成。第4代低压电器定位:我国未来10年低压电器高端产品,总体水平达到国外21世纪初水平。

习题1.1

1. 低压电器分类的方法是怎样的？
2. 低压电器常用的术语很重要,你能否解释其含义？
3. 你在生活中见过低压电器吗,在哪儿呢？

任务 1.2 低压熔断器和低压开关

1.2.1 低压熔断器的识别与检修

【工作任务】

- 知道低压熔断器的结构与主要技术参数、熔断器型号及选择方法。
- 会安装、检修低压熔断器。

【相关知识】

 想一想

图 1.3 所示是家庭照明电路,其中包含有低压熔断器,它在电路中起什么作用?

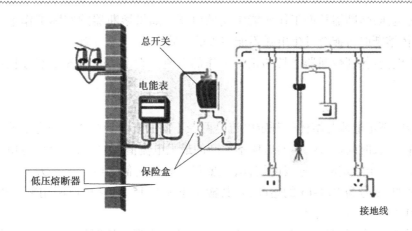

图 1.3 家庭照明电路

低压熔断器的作用是在线路中作短路保护,通常简称为熔断器。短路是由于电气设备或导线的绝缘层损坏而导致的一种电气故障。图 1.4(a)所示为 RC 系列瓷插式低压熔断器的外形图,图 1.4(b)所示为熔断器在电路中的符号。

熔断器使用时应串联在被保护的电路中。正常情况下,熔断器的熔体相当于一段导线;当电路发生短路故障时,熔体能迅速熔断分断电路,从而起到保护线路和电气设备的作用。熔断器结构简单,价格便宜,动作可靠,使用维护方便,因而得到广泛应用。

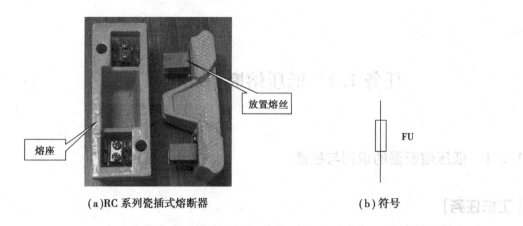

（a）RC 系列瓷插式熔断器　　　　　　　　（b）符号

图1.4　低压熔断器

（1）熔断器的结构与主要技术参数

1）熔断器的结构

熔断器主要由熔体、安装熔体的熔管和熔座三部分构成,如图1.4所示。熔体是熔断器的核心,常做成丝状、片状或栅状,制作熔体的材料一般为铅锡合金、锌、铜、银等,根据受保护电路的要求而定。熔管是熔体的保护外壳,用耐热绝缘材料制成,在熔体熔断时兼有灭弧作用。熔座是熔断器的底座,用于固定熔管和外接引线。

2）熔断器的主要技术参数

①额定电压:熔断器长期工作所能承受的电压。如果熔断器的实际工作电压大于其额定电压,熔体熔断时可能会发生电弧不能熄灭的危险。

②额定电流:保证熔断器能长期正常工作的电流。它由熔断器各个部分长期工作时允许的温升决定。

注意:

熔断器的额定电流与熔体的额定电流是两个不同的概念。熔体的额定电流是指在规定的工作条件下,长时间通过熔体而熔体不熔断的最大电流值。通常,一个额定电流等级的熔断器可以配若干个额定电流等级的熔体,但要保证熔体的额定电流值不大于熔断器的额定电流值。例如,型号为 RL1-15 的熔断器,其额定电流为 15 A,它可以配用额定电流为 2 A、4 A、6 A、10 A 和 15 A 的熔体。

③分断能力:在规定的使用和性能条件下,在规定电压下熔断器能分断的预期分断电流值,常用极限分断电流值来表示。

④时间-电流特性:也称为安-秒特性或保护特性,是指在规定的条件下,表征流过熔体的电流与熔体熔断时间的关系曲线,如图1.5所示。从特性上可以看出,熔断器的熔断时间随电流的增大而缩短,是反时限特性。另外,在时间-电流特性曲线中有一个熔断电流与不熔断电流的分界线,与此相对应的电流称为最小熔化电流或临界电流,用 I_{Rmin} 表示,往往以在 1~2 h 内能熔断的最小电流值

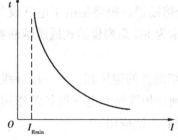

图1.5　熔断器的时间-电流特性

作为最小熔断电流。

根据对熔断器的要求,熔体在额定电流 I_N 下绝对不应熔断,所以最小熔化电流 I_{Rmin} 必须大于额定电流 I_N。一般熔断器的熔断电流 I_s 与熔断时间 t 的关系见表 1.3。

表 1.3 熔断器的熔断电流与熔断时间的关系

熔断电流 I_s/A	1.25 I_N	1.6 I_N	2.0 I_N	2.5 I_N	3.0 I_N	4.0 I_N	8.0 I_N	10.0 I_N
熔断时间 t /s	∞	3 600	40	8	4.5	2.5	1	0.4

由表 1.3 可以看出,熔断器对过载反应是很不灵敏的,当电器设备发生轻度过载时,熔断器将持续很长时间才能熔断,有时甚至不熔断。因此,除照明和电加热电路外,熔断器一般不宜用作过载保护电器,主要用于短路保护。

（2）常用低压熔断器

熔断器型号及含义如下:

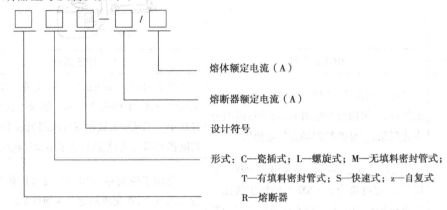

熔体额定电流（A）

熔断器额定电流（A）

设计符号

形式：C—瓷插式；L—螺旋式；M—无填料密封管式；
T—有填料密封管式；S—快速式；z—自复式

R—熔断器

例如型号 RC1A-20/15 中,R 表示熔断器,C 表示瓷插式,设计代号为 1 A,熔断器额定电流是 20 A,熔体额定电流是 15 A。

熔断器的种类不止一种,在选用熔断器的时候一定要分清熔断器的特点和应用的场合,可以通过熔断器的特点和技术参数来判断。

①瓷插式熔断器和螺旋式熔断器见表 1.4 和表 1.5。

表 1.4 瓷插式熔断器和螺旋式熔断器的外形及结构

类 型	瓷插式熔断器	螺旋式熔断器
外形		

续表

类 型	瓷插式熔断器	螺旋式熔断器
结构及组成	动触头 静触头 熔丝 瓷座 电线孔	瓷帽 熔断管 瓷套 上接线座 下接线座 瓷座
常见型号	RC1A 系列	RL、RLS 系列
特点	具有结构简单、价格低廉、更换熔体方便的优点,但极限分断能力差,熔丝熔断时有声光现象,在易燃易爆场合禁止使用。	灭弧能力强,分断能力较强,安装面积小,更换熔体方便,工作安全可靠。熔丝熔断后有明显指示。当从瓷帽玻璃窗口观测到带小红点的熔断指示器自动脱落时,表示熔丝已经熔断。
用途	主要用于交流 50 Hz、额定电压 380 V 及以下,额定电流为 5~200 A 的低压线路末端或分支电路中,作线路和用电设备的短路保护,在照明线路中还可起过载保护作用。	广泛用于控制箱、配电屏、机床设备及振动较大的场合,在交流额定电压 500 V、额定电流 200 A 及以下电路中使用,作为短路保护器件。

表 1.5 瓷插式熔断器和螺旋式熔断器的主要技术参数

类 别	型 号	额定电压/V	额定电流/A	熔体额定电流等级/A	极限分段能力/kA	功率因数
瓷插式熔断器	RC1A	380	5	2、5	0.25	0.8
			10	2、4、6、10	0.5	
			15	6、10、15		
			30	20、25、30	1.5	0.7
			60	40、50、60	3	0.6
			100	80、100		
			200	120、150、200		

续表

类　　别	型　号	额定电压/V	额定电流/A	熔体额定电流等级/A	极限分段能力/kA	功率因数
螺旋式熔断器	RL1	500	15	2、4、6、10、15	2	≥0.3
			60	20、25、30、35、40、50、60	3.5	
			100	60、80、100	20	
			200	100、125、150、200	50	
	RL2	500	25	2、4、6、10、15、20、25	1	
			60	25、35、50、60	2	
			100	80、100	3.5	

②有填料密封管式熔断器和无填料密封管式熔断器如表 1.6 和表 1.7 所示。

表 1.6　有填料密封管式熔断器和无填料密封管式熔断器的外形及结构

类　　型	有填料密封管式熔断器	无填料密封管式熔断器
外形		
结构及组成	夹座 底座	黄铜套管　钢纸管　黄铜帽 刀型夹头　熔体　开口夹座
常见类型	RT 系列	RM 系列
特点	它的分断能力比同容量的 RM 大 2.5 倍,熔管更换方便。	熔断管为钢纸制成,两端为黄铜制成的可拆式管帽,管内熔体为变截面的熔片,更换熔体较方便,RM 系列的极限分断能力比 RC1A 熔断器有所提高。
用途	用于交流额定电压为 380 V、额定电流为 1 000 A 及以下电力电网和配电装置中,串接在电路中作电机、变压器等设备起短路和过载保护。	用于交流 380 V 及以下、短路电流较大的电力输配电系统中,作为线路及电气设备的短路保护及过载保护。

表1.7 有填料密封管式熔断器和无填料密封管式熔断器的主要参数

类 别	型 号	额定电压/V	额定电流/A	熔体额定电流等级/A	极限分段能力/kA	功率因数
有填料密封管式熔断器	RT	交流380 直流440	100	30、40、50、60、100	交流50 直流25	>0.3
			200	120、150、200、250		
			400	300、350、400、450		
			600	500、550、600		
无填料密封管式熔断器	RM	380	15	6、10、15	1.2	0.8
			60	15、20、25、35、45、60	3.5	0.7
			100	60、80、100		
			200	100、125、160、200	10	0.35
			350	200、225、260、300、350		
			600	350、430、500、600	12	0.35

③快速熔断器和自恢复式熔断器如表1.8和表1.9所示。

表1.8 快速熔断器和自恢复式熔断器的外形及结构

类 型	快速熔断器	自复式熔断器
外形及结构		
常见类型	RS、RLS 系列	RZ 系列（PTC 热敏电阻）
特点	一般在6倍额定电流时,熔断时间不多于20 ms,熔断时间短,动作迅速。	限流作用显著、动作时间短、动作后不必更换熔体、可重复使用、能实现自动重合闸。
用途	用于半导体硅整流元件的过电流保护。	用于380 V的电路中,与断路器配合使用。

表1.9 快速熔断器和自恢复式熔断器的主要参数

类 别	型 号	额定电压/V	额定电流/A	熔体额定电流等级/A	极限分段能力/kA	功率因数
快速熔断器	RLS	500	30	16、20、25、30	50	0.1～0.2
			63	35、45、50、63		
			100	75、80、90、100		

续表

类　别	型　号	额定电压/V	额定电流/A	熔体额定电流等级/A	极限分段能力/kA	功率因数
自复式熔断器	RZ	380	100	—	100	≤0.3
			200			
			400			
			600			

（3）熔断器的选用

熔断器、熔体的选用如表1.10所示。

表1.10　熔断器、熔体的选用

熔断器、熔体的选用	
熔断器的选用	熔断器的额定电流应等于或大于熔体的额定电流,其额定电压应等于或大于线路额定电压。
熔体额定电流的确定	对单台电动机,其熔体的额定电流 I_{RN} 应等于电动机额定电流的 2.5 倍,即: $I_{RN} \geq (1.5 \sim 2.5)I_N$。
	对多台电动机,线路上的总熔体额定电流应等于该线路上功率最大的一台电动机额定电流 I_{Nmax} 的 1.5～2.5 倍与其余电动机额定电流之和 $\sum I_N$。即: $I_{RN} \geq (1.5 \sim 2.5)I_{Nmax} + \sum I_N$。
熔断器类型的选用	对于容量较小的电动机和照明电路的简易保护,可选用 RC1A 系列熔断器。机床控制线路及有振动的场所常采用 RL1 系列螺旋熔断器,还可以根据使用环境和负载性质的不同选择适当类型的熔断器。

比如某机床电动机的型号为 Y112M-4,额定功率为 6 kW,额定电压为 380 V,额定电流为 8 A,该电动机正常工作时不需要频繁启动。若用熔断器为该电动机提供短路保护,则需选取一个合适的熔断器。

①选择熔断器的类型。因为电动机在机床中使用,可以选用 RL1 系列螺旋式熔断器。

②选择熔体额定电流。因为电动机不需要经常启动,则熔体额定电流取为:

$$I_{RN} = (1.5 \sim 2.5) \times 8 \approx 12 \sim 20 \text{ A}$$

查表1.7得出熔体额定电流为 20 A 或 15 A,单选取时通常留有一定余量,一般取 $I_{RN} = 20$ A。

③选择熔断器的额定电流和电压。查表1.7,可选取 RL1-60/20 型熔断器,其额定电流为 60 A,额定电压为 500 V。

（4）熔断器的安装与使用

①用于安装使用的熔断器应该完整无损,并标有额定电压、电流值。

②熔断器安装应保证熔体与夹头、夹头与夹座接触良好。瓷插式应垂直安装,螺旋式熔断器接线时,电源线应接在下接线座上,负载线应接在上接线座上,以保证安全的更换熔管。

③熔断器内要安装合格的熔体,不能用多根小规格的熔体并联代替一根大规格的熔体。

④熔体熔断后,应分析排除故障后再更换熔体,更换的熔体不能轻易改变规格。更换熔体时,必须切断电源。

⑤熔断器兼作隔离器件时,应安装在控制开关的电源进线端;作短路保护时,应装在控制开关的出线端。

（5）熔断器的常见故障及处理方法

熔断器的常见故障及处理方法见表1.11。

表 1.11　熔断器的常见故障及处理方法

故障现象	可能原因	处理方法
电路接通瞬间,熔体熔断	熔体电流等级选择过小	更换熔体
	负载侧短路或接地	排除负载故障
	熔体安装时机械损坏	更换熔体
熔体未熔断,但电路不通	熔体或接线座接触不良	重新连接

【任务准备与实施】

（1）工具、仪表及器材

工具、仪表及器材见表1.12。

表 1.12　工具、仪表、器材

工　具	尖嘴钳、螺钉旋具
仪　表	MF47 型万用表
器　材	在 RC、RL、RT、RS 系类中,各选取不少于两种规格的熔断器

（2）熔断器识别训练

①仔细观察各种不同类、规格的熔断器外形和结构特点。

②由指导老师从中任意选取5只,由学生观察后填写入表1.13中。

表 1.13　熔断器识别

序　号	1	2	3	4	5
名　称					
型号规格					
主要结构					

（3）更换 RC 系列和 RL 系列熔断器的熔体

①检查所给熔断器的熔体是否完好。

②若熔体已熔断,应按原规格选配熔体。

③更换熔体,安装熔丝。

④用万用表检查更换熔体后的熔断器各部分接触是否良好。

【任务评价】

评分标准见表1.14。

表1.14 评分标准表

专业_____ 班级_____ 姓名_____ 学号_____

任务名称		低压电器的分类和常用术语	
项目内容	配　分	评分标准	得　分
熔断器识别	40分	（1）写错或漏写名称,每只扣5分。 （2）写错或漏写型号,每只扣5分。 （3）漏写主要部件,每只扣5分。	
更换熔体	40分	（1）检查方法不正确,每只扣5分。 （2）不能正确选配熔体,每只扣5分 （3）更换熔体方法不正确,每只扣5分 （4）损伤熔体,每只扣5分 （5）更换熔体后熔断器断路,每只扣5分	
工具使用	10分	（1）不会正确使用工具,扣10分。 （2）会使用工具但不熟练,扣5分。	
安全文明生产	10分	违反安全文明规程,扣10分。	
定额时间	40 min,每超时5 min扣5分。		
备　注	除额定时间外,各项目的最高扣分不应超过配分数	成　绩	
开始时间		结束时间	实际时间

教师（签名）:_____ 日期:_____

【问题思考】

在配电设备装置中用到了熔断器,想想看还用到哪些低压电器?

【知识扩展】

保险丝电阻

电阻器与保险丝在材质及构造上相类似,而保险丝型电阻器兼备二者的功能,平时可当做电阻器使用,一旦电流异常时就发挥其保险丝的作用来保护机器设备。由于有二用的功能,故成本随之降低。

保险丝电阻可分为金属皮膜保险丝电阻器、保险丝型绕线电阻器、保险丝型水泥电阻器。功率有 0.25 W、0.5 W、1 W、2 W 几种,随着功率的增加,产品外观尺寸会不断变大。

保险丝电阻的阻值一般较小,大部分小于 1 Ω,往往在电路中起采样电阻的作用,同时在浪涌发生或其他产生大电流需要保护线路时发挥作用,使电路断路产生保护作用。

同时保险丝电阻大部分为贴片式,性能较稳定的贴片保险丝电阻一般称为捷比信保险丝电阻或捷比信贴片保险丝电阻。产品有快速熔断和缓慢熔断之分。保险丝电阻和保险丝电阻符号如图 1.6 所示。

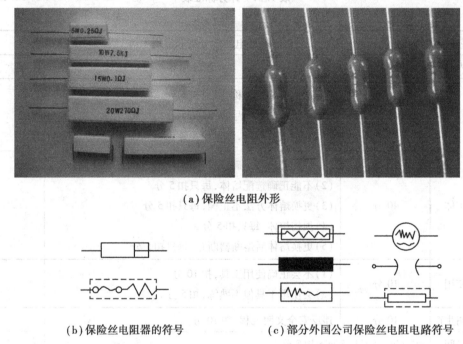

(a) 保险丝电阻外形

(b) 保险丝电阻器的符号   (c) 部分外国公司保险丝电阻电路符号

图 1.6 保险丝电阻和保险丝电阻符号

习题 1.2

1. 常用的低压熔断器有哪几种类型?

2. 如何正确选择熔体的额定电流?

3. 在电动机控制线路中,熔断器不能作为过载保护电器使用,而只能作短路保护电器使用,你能解释其原因吗?

1.2.2 低压开关的识别与检测

【工作任务】

• 记住低压开关的功能、基本结构、工作原理及型号含义,熟记图形符号和文字符号。

● 会正确选择、安装、使用低压断路器、负荷开关、组合开关。

【相关知识】

 想一想

在实际生活中,你见到过哪些种类的开关? 你能叫出它们的名称吗?

在我们家里或者教室、办公室里,常常使用图1.7所示的开关箱,箱中的低压断路器起总开关的作用,控制着电灯、电视机、电风扇等家用电器工作的电气线路。

图1.7 实际生活中常用的低压开关

在工地上,也常使用图1.7所示的开关箱,箱中的低压断路器和开启式负荷开关等电器控制着搅拌机、抹光机等建筑机械电气线路的工作情况。

图1.8中的低压断路器、负荷开关都是常用的低压开关。低压开关一般为非自动切换电器,主要作为隔离、转换、接通和分断电路用。

(a)智能万能式　　(b)DZ15系列塑壳式　　(c)NH2-100隔离开关　　(d)DZ5系列塑壳式

图1.8 低压断路器

在电力拖动中,低压开关多用于机床电路的电源开关和局部照明电路的控制开关,有时也可以用来控制小容量电动机的启停和正反转。

要使用这些电器,必须得了解它们的相关特点和功能,下面介绍几种常见的低压开关——低压断路器、负荷开关和组合开关。

（1）低压断路器

1）低压断路器的功能

低压断路器又称自动开关，是一种既有手动开关作用，又能自动进行失压、欠压、过载和短路保护的电器。它可用来分配电能，不频繁地启动异步电动机，对电源线路及电动机等实行保护，当它们发生严重的过载或者短路及欠压等故障时能自动切断电路，其功能相当于熔断器式开关与过欠热继电器等组合。而且在分断故障电流后一般不需要变更零部件，已获得了广泛的应用。

2）低压断路器的分类

其分类见表1.15。

表 1.15 低压断路器的分类

分类方法	断路器类型
按结构形式	塑壳式、万能式、限流式、直流快速式、灭磁式和漏电保护式
按操作方法	人力操作式、动力操作式和储能操作式
按极数	单极、二极、三极和四极式
按安装方法	固定式、插入式和抽屉式
按用途	配电用断路器、电动机保护用断路器和其他负载用断路器

通常使用较多的是按结构类型分类，几种塑壳式和万能式低压断路器的外形如图1.8所示。在电力拖动系统中常用的是 DZ 系列塑壳式低压断路器，所以下面将学习 DZ5-20 型低压断路器。

3）DZ5-20 型低压断路器结构、原理及技术参数

DZ5 系列低压断路器的结构见表1.16。

表 1.16 DZ5-20 型低压断路器结构、原理

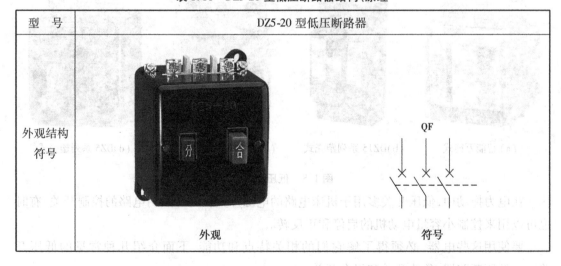

型 号	DZ5-20 型低压断路器
外观结构 符号	外观 　　　　　　　　　　　　　 符号

型　号	DZ5-20 型低压断路器
外观结构 符号	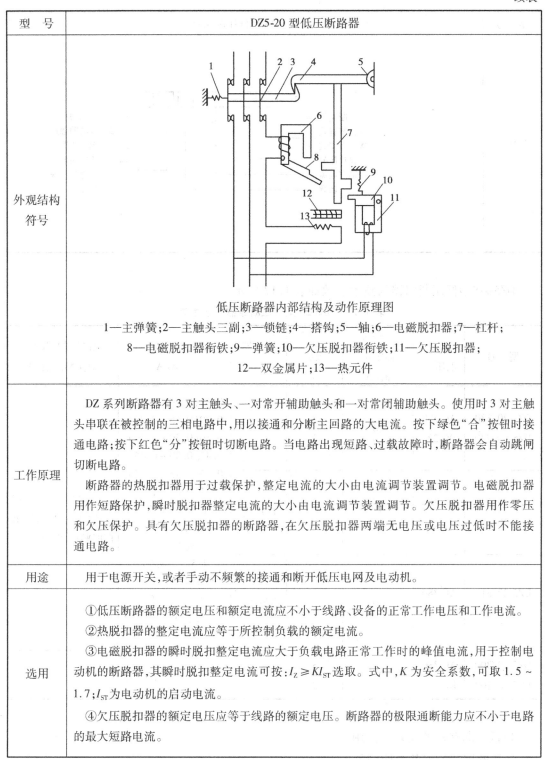 低压断路器内部结构及动作原理图 1—主弹簧;2—主触头三副;3—锁链;4—搭钩;5—轴;6—电磁脱扣器;7—杠杆; 8—电磁脱扣器衔铁;9—弹簧;10—欠压脱扣器衔铁;11—欠压脱扣器; 12—双金属片;13—热元件
工作原理	DZ 系列断路器有 3 对主触头、一对常开辅助触头和一对常闭辅助触头。使用时 3 对主触头串联在被控制的三相电路中,用以接通和分断主回路的大电流。按下绿色"合"按钮时接通电路;按下红色"分"按钮时切断电路。当电路出现短路、过载故障时,断路器会自动跳闸切断电路。 　　断路器的热脱扣器用于过载保护,整定电流的大小由电流调节装置调节。电磁脱扣器用作短路保护,瞬时脱扣器整定电流的大小由电流调节装置调节。欠压脱扣器用作零压和欠压保护。具有欠压脱扣器的断路器,在欠压脱扣器两端无电压或电压过低时不能接通电路。
用途	用于电源开关,或者手动不频繁的接通和断开低压电网及电动机。
选用	①低压断路器的额定电压和额定电流应不小于线路、设备的正常工作电压和工作电流。 　　②热脱扣器的整定电流应等于所控制负载的额定电流。 　　③电磁脱扣器的瞬时脱扣整定电流应大于负载电路正常工作时的峰值电流,用于控制电动机的断路器,其瞬时脱扣整定电流可按:$I_Z \geqslant KI_{ST}$ 选取。式中,K 为安全系数,可取 1.5 ~ 1.7;I_{ST} 为电动机的启动电流。 　　④欠压脱扣器的额定电压应等于线路的额定电压。断路器的极限通断能力应不小于电路的最大短路电流。

续表

型 号	DZ5-20 型低压断路器
型号含义	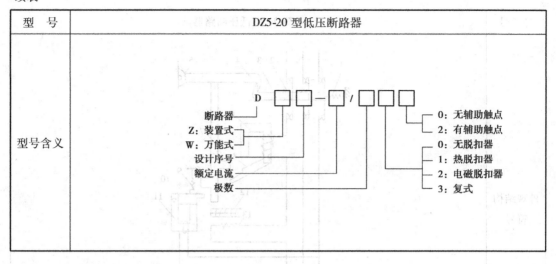

DZ5-20 型低压断路器的技术参数如表 1.17 所示。

表 1.17 DZ5-20 型低压断路器的技术参数

型 号	额定电压/V	主触头额定电流/A	极数	脱扣器形式	热脱扣器额定电流/A	电磁脱扣器瞬时动作额定值/A
DZ5-20/330 DZ5-20/230	AC 380 DC 220	20	3 2	复式	0.15(0.10 ~ 0.15) 0.20(0.15 ~ 0.20) 0.30(0.20 ~ 0.30) 0.45(0.30 ~ 0.45) 0.65(0.45 ~ 0.65)	
DZ5-20/320 DZ5-20/220	AC 380 DC 220	20	3 2	电磁式	1(0.65 ~ 1) 1.5(1 ~ 1.5) 2(1.5 ~ 2) 3(2 ~ 3)	为电磁脱扣器额定电流的 8 ~ 12 倍(出厂时整定于 10 倍)
DZ5-20/310 DZ5-20/210	AC 380 DC 220	20	3 2	热脱扣式	4.5(3 ~ 4.5) 6.5(4.5 ~ 6.5) 10(6.5 ~ 10) 15(10 ~ 15) 20(15 ~ 20)	
DZ5-20/300 DZ5-20/200	AC 380 DC 220	20	3 2	无脱扣器式		

4)低压断路器的安装与使用

低压断路器的安装与使用见表1.18。

表1.18 低压断路器的安装与使用

低压断路器的安装与使用	低压断路器应垂直安装,电源线接在上端,负载线接在下端。
	低压断路器用作电源开关或电动机的控制开关时,在电源进线侧必须加装刀开关或熔断器等,以形成明显的断开点。
	低压断路器使用前应将脱扣器工作面上的防锈油脂擦净,以免影响其正常工作。同时应定期检修,清除断路器上的积尘,给操作机构添加润滑剂。
	各脱扣器的动作值调整好后,不允许随意变动,并应定期检查各脱扣器的动作值是否满足要求。
	断路器的触头使用一定次数或分断短路电流后,应及时检查触头系统,如果触头表面有毛刺、颗粒等,应及时维修或更换。

5)低压断路器的常见故障及处理方法

低压断路器的常见故障及处理方法如表1.19所示。

表1.19 低压断路器的常见故障及处理方法

故障现象	可能原因	处理方法
不能合闸	欠压脱扣器无电压或线圈损坏	检查施加电压或更换线圈
	储能弹簧形变	更换储能弹簧
	反作用弹簧力过大	重新调整
	操作机构不能复位再扣	调整再扣接触面至规定值
电流达到整定值,断路器不动作	热脱扣器双金属片损坏	更换双金属片
	电磁脱扣器的衔铁与铁芯距离太大或电磁线圈损坏	调整两者之间的距离或更换断路器
	主触头熔焊	检查原因并更换主触头
启动电动机时断路器立即分断	电磁脱扣器瞬时整定值过小	调高整定值至规定值
	电磁脱扣器的某些零件损坏	更换脱扣器
断路器闭合后一定时间自行分断	热脱扣器整定值过小	调高整定值至规定值
断路器温升过高	触头压力过小	调整触头压力或更换弹簧
	触头表面过分磨损或接触不良	更换触头或修整接触面
	两个导电零件链接螺钉松动	重新拧紧

（2）负荷开关

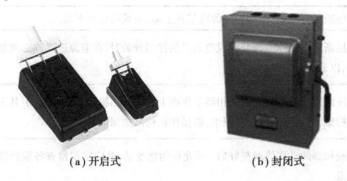

（a）开启式　　　　　　　　（b）封闭式

图1.9　低压负荷开关

1）负荷开关的功能

低压负荷开关又称开关熔断器组，如图1.9所示。它适于交流工频电路中以手动不频繁地通断有载电路；也可用于线路的过载与短路保护。通断电路由触刀完成，过载与短路保护由熔断器完成。20世纪70年代以前所用的胶盖刀开关和铁壳开关均属于低压负荷开关。小容量的低压负荷开关触头分合速度与手柄操作速度有关。容量较大的低压负荷开关操作机构采用弹簧储能动作原理，分合速度与手柄操作的速度快慢无关，结构较简单，并附有可靠的机械联锁装置。其盖子打开后开关不能合闸，或开关合闸后盖子不能打开，可保证工作安全。

2）负荷开关的分类

常见的负荷开关如表1.20所示。

表1.20　常见的负荷开关分类

类　型	开启式负荷开关（闸刀开关）	封闭式负荷开关（铁壳开关）
外形		
结构及组成		

续表

类　型	开启式负荷开关(闸刀开关)	封闭式负荷开关(铁壳开关)
符号	单极　　双极　　三极 刀开关	带熔断器的刀开关
型号及其含义	HK 系列 HK □ □/□ 极数 额定电流（A） 设计代号 开启式负荷开关	HH 系列 HH □ □/□ 极数 额定电流（A） 设计代号 封闭式负荷开关
用途	主要用于照明电路的电源开关,功率小于5.5 kW 异步电动机的启停。	主要用于工矿、农村电力灌溉和电热照明等设备中,供手动不频繁的通断,也可用于 15 kW 以下的电动机的启停。
使用注意	接线时,靠近手柄端接电源进线,另一端接出线。在分闸和合闸操作时,应动作迅速,使电弧尽快熄灭。安装时,手柄朝上,不能平装和倒装,以防止闸刀松动,产生误合闸。	铁壳开关上装有机械联锁装置,当箱盖打开时不能合闸,闸刀合闸后箱盖不能打开,安装场合无强烈振动,高度不低于 1.3 m,外壳要可靠接地,防止漏电事故。

3)负荷开关的常见故障及处理方法

封闭式负荷开关常见故障及处理方法见表1.21。

表 1.21　封闭式负荷开关常见故障及处理方法

故障现象	可能原因	处理方法
操作手柄带电	外壳未接地或接地线松脱	检查后,加固接地导线
	电源进出线绝缘损坏碰壳	更换导线或恢复绝缘
静触头过热或烧坏	夹座表面烧毛	用细锉修整夹座
	闸刀与夹座压力不足	调整夹座压力
	负载过大	减轻负载或更换大容量开关

目前,封闭式负荷开关的使用有逐步减少的趋势,取而代之的是大量使用的低压断路器。

(3)组合开关

HZ 系列组合开关,又称转换开关,是在电气控制线路中常被作为电源引入的开关,可以用它来直接启动或停止小功率电动机或使电动机正反转。局部照明电路也常用它来控制。组合开关有单极、双极、三极、四极几种,额定持续电流有 10、25、60、100 A 等。

1)组合开关的结构及特点

组合开关的结构及特点如表 1.22 所示。

表 1.22　组合开关的结构及特点

类　型	组合开关
外形	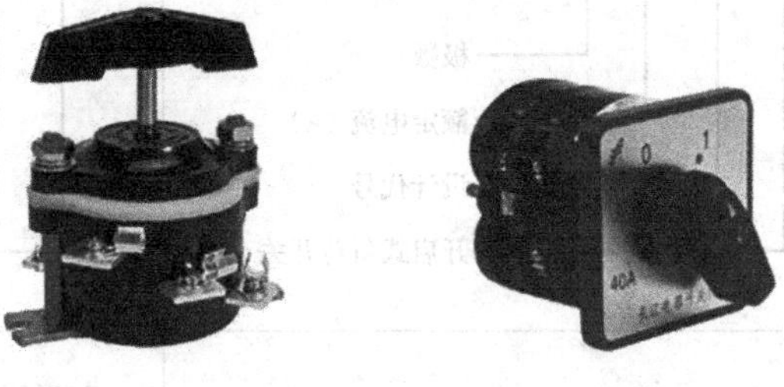
结构及组成图解	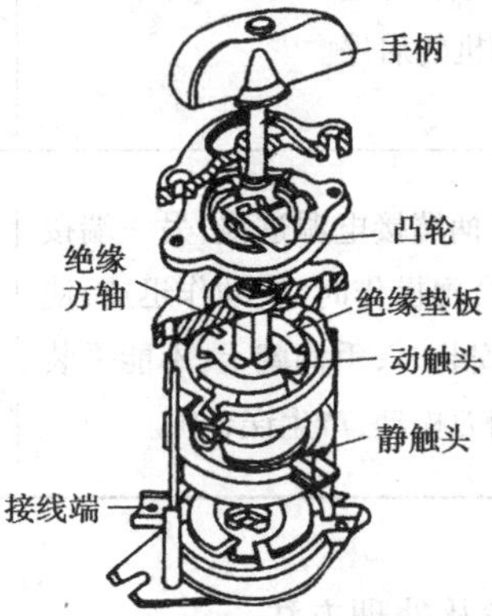
符号	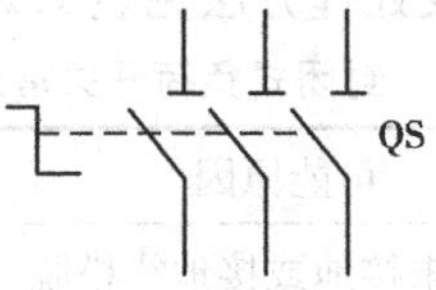
动作原理	组合开关的静触头装在绝缘垫板上,并附有接线桩用于与电源及负载相接;动触头装在能随转轴转动的绝缘垫板上,手柄和转轴能沿顺时针或逆时针方向转动 90°,带动 3 个动触头分别与静触头接触或分离,实现接通和分断的目的。由于采用了扭簧储能结构,能快速闭合及分断开关,使开关的闭合和分断速度与手柄操作无关。

类　型	组合开关
型号 及含义	HZ 系列 HZ 10 — □ □ □ 极数 开关专门用途代号 额定电流 设计序号 组合开关
用途	电源的引入开关;通断小电流电路;控制 5 kW 以下电动机。
安装 与使用	HZ 系列组合开关安装在控制箱内,其操作手柄最好伸出在控制箱的前面或侧面。开关为断开状态时应使手柄处于水平旋转位置。
	若需在箱内操作,开关应装在箱内右上方,并且在它上方不安装其他电器。
	组合开关通断能力较低,不能用来分断故障电流。
	当操作频繁过高或负载功率因数较低时,应降低开关的容量使用,以延长其使用寿命。

2)组合开关的主要技术数据及选用

组合开关可分为单极、双极和多级三类,主要参数有额定电压、额定电流、极数等,额定持续电流有 10、25、60、100 A 等多个等级。HZ10 系列组合开关主要技术数据见表 1.23。

表 1.23　HZ10 系列组合开关主要技术数据

型　号	额定电压	额定电流		380 V 时刻控制电动机 的功率/kW
		单极	三级	
HZ10-10		6	10	1
HZ10-25	直流 200 V	—	25	3.3
HZ10-60	或交流 380 V	—	60	5.5
HZ10-100		—	100	—

组合开关应根据电源种类、电压等级、所需触头数、接线方式和负载容量进行选用,用于控制小型异步电动机的运转时,开关的额定电流一般取电动机的额定电流的 1.5 ~ 2.5 倍。

3)组合开关的常见故障及处理方法

组合开关的常见故障及处理方法见表 1.24。

表 1.24　组合开关的常见故障及处理方法

故障现象	可能原因	处理方法
手柄转动后，内部触头未动	手柄上的轴孔磨损变形	调换手柄
	绝缘杆变形	更换绝缘杆
	手柄与方轴或轴与绝缘杆配合松动	紧固松动部件
	操作机构损坏	修理更换
手柄转动后，动静触头不能按要求动作	组合开关型号选用不正确	更换开关
	触头角度装配不正确	重新装配
	触头失去弹性或接触不良	更换触头或清除氧化层或尘污
接线柱间短路	因铁屑或油污附在接线柱间，形成导电层，将胶木烧焦，绝缘损坏而形成短路	更换开关

 【任务准备与实施】

（1）工具、仪器及器材

工具、仪器及器材见表 1.25。

表 1.25　工具、仪器及器材

工具	电工常用工具
仪表	ZC25-3 型兆欧表、MF47 型万用表
器材	开启式负荷开关一只，封闭式负荷开关一只，组合开关一只，低压断路器一只

（2）实训过程

1）认识低压开关

仔细观察各种不同类型、规格的低压开关，然后根据实物写出各种参数，填入表 1.26 中。

表 1.26　低压开关的识别

序　号	1	2	3	4
名称				
型号规格				
文字符号				
图形符号				

2）检测低压开关

将低压开光的手柄扳到合闸位置,用万用表的电阻挡测量各对触头之间的接触情况,再用兆欧表测量每两相触头之间的绝缘电阻。

3）熟悉低压断路器的结构和原理

将一只低压断路器的外壳拆开,认真观察结构,理解控制原理,然后将主要部件的作用和有关参数填入表1.27中。

表1.27 低压断路器的结构

主要部件名称	作　用	参　数
电磁脱扣器		
热脱扣器		
触头		
按钮		

【任务评价】

评分标准见表1.28。

表1.28 评分标准

专业＿＿＿＿＿＿＿ 班级＿＿＿＿＿＿＿ 姓名＿＿＿＿＿＿＿ 学号＿＿＿＿＿＿＿

任务名称				
项目内容	配　分	评分标准		得　分
识别低压开关	40分	(1)写错或漏写名称,每只扣5分。 (2)写错或漏写型号,每只扣5分。 (3)写错符号,每只扣5分。		
检测低压开关	40分	(1)仪表使用方法不正确,每只扣5分。 (2)检测方法有误,每只扣5分。 (3)损坏仪表电器,每只扣5分。 (4)不会检测,每只扣5分。		
低压断路器结构	20分	(1)主要部件的作用写错,每只扣5分。 (2)参数漏写或写错,每只扣5分。		
安全文明生产	违反安全文明规程,扣5~20分。			
定额时间	40 min,每超时5 min扣5分			
备注	除额定时间外,各项目的最高扣分不应超过配分数		成绩	
开始时间		结束时间		实际时间

教师(签名):＿＿＿＿＿＿＿ 日期:＿＿＿＿＿＿＿

【问题思考】

前面介绍的低压开关在接通或断开电路时需要手动操作,有不需要手动操作的低压开关吗?

【知识扩展】

接近开关

图1.10所示的是接近开关,又称为无触点行程开关,是一种与运动部件无机械接触而能操作的行程开关。也可以说它是一种开关位置型传感器,既有行程开关、微动开关的特性,同时又具有传感性能,且动作可靠,性能稳定,频率响应快,使用寿命长,抗干能力强,并具有防水、防震、耐腐蚀等特点,目前应用范围越来越广泛。

(a)电感式接近开关　　　　　　　(b)霍尔式接近开关

(c)光电式接近开关　　　　　　　(d)符号

图1.10　接近开关

接近开关的产品有电感式、电容式、霍尔式等,电源种类有交流型和直流型,形式有圆柱方形、普通型、分离型、槽型等。它的用途除了行程控制和限位保护外,还可用于检测金属体的存在、高速计数、测速、定位、变换运动方向、检测零件尺寸、液面控制及用作无触点按钮等。

接近开关按工作原理不同可分为高频振荡型、感应电桥型、霍尔效应型、光电型、永磁及磁敏元件型、电容型和超声波型等多种类型,其中以高频振荡型最为常用。高频振荡型接近开关原理方框如图1.11所示。

其工作原理如下:当有金属物体接近一个以一定频率稳定振荡的高频振荡器的感应头时,由于电磁感应,该物体内部产生涡流损耗,以致振荡回路等效电阻增大,能量损耗增加,

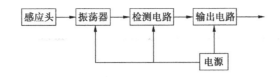

图 1.11　接近开关原理方框图

使振荡减弱直至终止。检测电路根据振荡器的工作状态控制输出电路的工作,输出信号去控制继电器或其他电器,达到控制目的。通常把接近开关刚好动作时感应头与检测体之间的距离称为检测距离。

接近开关的型号及含义如下:

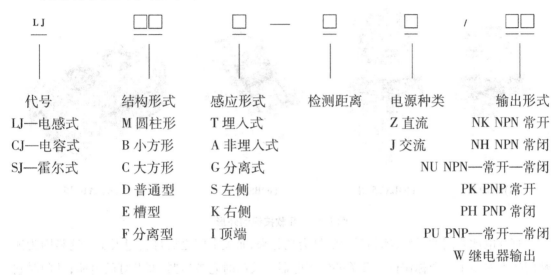

代号	结构形式	感应形式	检测距离	电源种类	输出形式
LJ—电感式	M 圆柱形	T 埋入式		Z 直流	NK NPN 常开
CJ—电容式	B 小方形	A 非埋入式		J 交流	NH NPN 常闭
SJ—霍尔式	C 大方形	G 分离式			NU NPN—常开—常闭
	D 普通型	S 左侧			PK PNP 常开
	E 槽型	K 右侧			PH PNP 常闭
	F 分离型	I 顶端			PU PNP—常开—常闭
					W 继电器输出

习题 1.3

1. 闸刀开关一般说必须_____安装在控制屏或开关板上,不能_____装,接线时应把_____接在静触头一边的进线座,负载接在_____一边的出线座。

2. 为了保证安全,封闭式负荷开关上设有_____,保证开关在_____状态下开关盖不能开启,而当开关盖开启时又不能_____。

3. 组合开关能分断故障电流吗?为什么?

4. 低压断路器有哪些保护功能?

1.2.3　按钮和交流接触器的识别与检测

【工作任务】

● 记住按钮和流接触器的功能、基本结构、工作原理及型号意义,熟记图形符号和文字符号。

● 会选用、安装、使用、检修按钮和交流接触器。

【相关知识】

 想一想

按钮在人们生活中被广泛的应用,形形色色,种类繁多。它的作用同学们肯定非常清楚,想一想在生活中哪些地方用到了按钮。再看一看图 1.12 中的按钮,大家又知道它们分别用在什么地方吗?

(a)LA19 型　　　　(b)LAY5 型　　　　(c)BS 系列　　　　(d)LA10 型

图 1.12　几款按钮的外形

打开电冰箱门的时候,冰箱里面的灯会亮起来,而关上门之后灯就熄灭了。这是因为冰箱门框上安装了一个称作行程开关的低压电器。关门时它被压紧,断开灯的电路;开门时它被放开,使电路闭合,将灯点亮。

(1)按钮

1)按钮的功能

按钮开关,是一种结构简单、应用十分广泛的主令电器。在电气自动控制电路中,按钮的触头允许通过的电流较小,一般不超过 5A。因此,一般情况下,它不直接控制主电路的通断,而是手动发出控制信号以控制接触器、继电器、电磁启动器等,再由它们去控制主电路的通断、功能转换或电器联锁。图 1.12 所示为几款按钮的外形。

2)按钮的结构原理与符号

①按钮开关的结构。按钮开关一般由按钮帽、复位弹簧、固定触点(静触头)、桥式可动触点(动触头)、外壳和支柱连杆等组成,如图 1.13 所示。

②常开触头(动合触头):是指原始状态时(电器未受外力或线圈未通电),固定触点与可动触点处于分开状态的触头。

③常闭触头(动断触头):是指原始状态时(电器未受外力或线圈未通电),固定触点与可动触点处于闭合状态的触头。

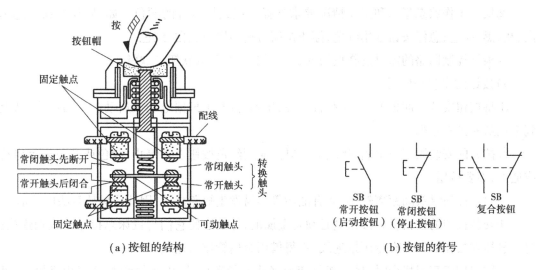

（a）按钮的结构　　　　　　　（b）按钮的符号

图1.13　按钮的结构与符号

④常开（动合）按钮开关:未按下时,触头是断开的,按下时触头闭合接通;当松开后,按钮开关在复位弹簧的作用下复位断开。在控制电路中,常开按钮常用来启动电动机,也称启动按钮。

⑤常闭（动断）按钮开关:与常开按钮开关相反,未按下时,触头是闭合的,按下时触头断开;当手松开后,按钮开关在复位弹簧的作用下复位闭合。常闭按钮常用于控制电动机停车,也称停车按钮。

⑥复合按钮开关:将常开与常闭按钮开关组合为一体的按钮开关,即具有常闭触头和常开触头。未按下时,常闭触头是闭合的,常开触头是断开的。按下按钮时,常闭触头首先断开,常开触头后闭合;松开后,按钮开关在复位弹簧的作用下首先将常开触头断开,继而将常闭触头闭合。复合按钮用于联锁控制电路中。

3）按钮的型号及含义

按钮的型号及含义如下所示:

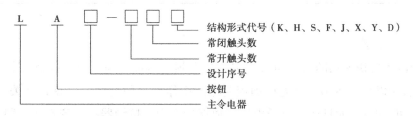

其中,结构形式代号的含义为:K——开启式;H——保护式;S——防水式;F——防腐式;J——紧急式;X——旋钮式;Y——钥匙操作式;D——光标按钮。

4）按钮的选用

①根据使用场合和具体用途选择按钮和种类,如需显示工作状态时选用光标式;在有腐蚀性气体处要用防腐式。

②根据工作状态指示和工作情况要求选择按钮或指示灯的颜色。如:启动按钮可选用白、灰、黑、绿色;急停按钮选用红色,停止按钮可选用黑、灰、白、红色。

③根据控制回路的需要选择按钮的数量,如单联钮、双联钮、三联钮。

5)按钮的安装和使用

①将按钮安装在面板上时,应布置整齐,排列合理,可根据电动机启动的先后次序,从上到下或从左到右排列。

②按钮的安装固定应牢固,接线应可靠。应用红色按钮表示停止,绿色或黑色表示启动或通电,不要搞错。

③由于按钮触头间距离较小,如有油污等容易发生短路故障,因此应保持触头的清洁。

④安装按钮的按钮板和按钮盒必须是金属的,并设法使它们与机床总接地母线相连接;对于悬挂式按钮必须设有专用接地线,不得借用金属管作为地线。

⑤按钮用于高温场合时,易使塑料变形老化而导致松动,引起接线螺钉间相碰短路,可在接线螺钉处加套绝缘塑料管来防止短路。

⑥带指示灯的按钮因灯泡发热,长期使用易使塑料灯罩变形,应降低灯泡电压,延长使用寿命。

6)按钮的常见故障及处理方法

按钮的常见故障及处理方法见表1.29。

表1.29 按钮的常见故障及处理方法

故障现象	可能原因	处理方法
触头接触不良	触头烧损	修整触头或更换
	触头表面有尘垢	清洁触头表面
	触头弹簧失效	重绕弹簧或更换
触头间短路	塑料受热变形导致接线螺钉相碰短路	查明发热原因排除并更换
	杂物或油污在触头间形成通路	清洁按钮内部

（2）交流接触器

接触器因为可快速切断交流与直流主回路而频繁地接通与大电流控制（某些型号可达800 A）电路,所以经常运用于电力拖动控制电路中作为一种自动的电磁式开关。接触器不仅能接通和切断电路,而且还具有低电压释放保护作用。接触器控制容量大,适用于频繁操作和远距离控制,是自动控制系统中的重要元件之一。在工业电气中,接触器的型号很多,电流为5~1 000 A的不等,其用处相当广泛。常见几款接触器外形如图1.14所示。

(a)CJX1 系列   (b)CJ10 系列   (c)CJ40 系列

图 1.14 几款接触器的外形

1)交流接触器的结构及型号含义

交流接触器的结构及型号含义见表 1.30。

表 1.30 交流接触器的结构及型号含义

类　　型	交流接触器
内部结构	常开主触点 常闭辅助触点 常开辅助触点 衔铁 吸引线圈 铁芯 灭弧罩 交流接触器主要由四部分构成: (1)电磁系统,包括吸引线圈、动铁芯(衔铁)和静铁芯。 (2)触头系统,包括3组常开主触点和一至两组常开、常闭辅助触点,它和动铁芯是连在一起互相联动的。 (3)灭弧装置,一般容量较大的交流接触器都设有灭弧装置,以便迅速切断电弧,免于烧坏主触头。 (4)绝缘外壳及附件,如各种弹簧、传动机构、短路环、接线柱等。 铁芯的两个端面上嵌有短路环,用以消除电磁系统的振动和噪声。

续表

类　型	交流接触器
工作原理	当线圈通电后,线圈产生磁场,使静铁芯产生电磁吸力,将衔铁吸合,由于触头系统是与衔铁联动的,因此衔铁带动三条动触片同时运行,使主触点闭合,常开辅助触点闭合,常闭辅助触点断开,从而分断或接通相关电路。当线圈断电或电压显著下降时,电磁吸力消失,衔铁在反作用弹簧的作用下释放,各触点复位,即主触点断开,常开辅助触点断开,常闭辅助触点闭合。
图形和文字符号	 KM　　　KM　　　KM　　　KM 线圈　　　主触头　辅助常开 辅助常闭
型号及意义	CJ10、CJ20 系列 CJ 10 □—□□／□ 　　　　　　　　　极数(以数字表示,三极产品可不标注) 　　　　　　　　　A、B 改型产品;Z—直流线圈;S—带锁扣 　　　　　　　　　额定电流(A) 　　　　　　　　　Z—重任务;X—消弧;B—栅片去游离灭弧 　　　　　　　　　设计序号 　　　　　　　　　交流接触器
选用	①主触点额定电压的选择。接触器主触点额定电压应等于或大于负载回路的额定电压; 　　②主触点额定电流的选择。接触器控制电动机时,主触点的额定电流应大于或稍大于电动机的额定电流。 　　③接触器吸引线圈电压的选择。交流线圈的电压有 36 V、110 V、127 V、220 V、380 V。在选择时,若控制电路简单,使用电器较少时,可直接选用 380 V 或 220 V 的电压;若线路较复杂,使用电器的个数超过 5 只时,可选用 36 V 或 110 V 电压的线圈,以保证安全。 　　④接触器触点个数的选择。在选择时,只要触点个数能满足控制线路的功能要求即可。
安装	①检查接触器铭牌与线圈的技术数据是否符合实际使用要求。 　　②检查接触器外观,应无机械损伤;可动部分应无卡阻现象;灭弧罩完整无损。 　　③接触器一般应安装在垂直面上,倾斜度不得超过 5°;若有散热孔,有孔一面放在垂直方向上,以利散热,并按规定留有适当的飞弧空间。 　　④安装和接线时,不要将零件掉入接触器内部。安装完毕后,在主触头不带电的情况下操作几次,然后测量产品的动作值和释放值,所测数值应符合产品的规定和要求。

续表

类 型	交流接触器
日常维护	①应对接触器作定期检查,观察螺钉有无松动、可动部分是否灵活等。 ②接触器的触头应定期清扫,保持清洁,但不允许涂油。当触头表面因电灼作用形成金属小颗粒时,应及时清除。 ③拆装时注意不要损坏灭弧罩。带灭弧罩的接触器绝不允许不带灭弧罩或带破损的灭弧罩运行,以免发生电弧短路故障。

2)交流接触器的技术参数

交流接触器的技术参数见表1.31。

表1.31 交流接触器的技术参数

型号	触头额定电压/V	主触头		辅助触头		线圈		可控制三相异步电动机的最大功率/kW		额定操作频率/次·h^{-1}
		额定电流/A	对数	额定电流/A	对数	电压/V	功率/V·A	220 V	380 V	
CJ10-10	380	10	3		均为2常开、2常闭	可为36、110、220、380	11	2.2	4	≤600
CJ10-20		20		5			22	5.5	10	
CJ10-40		40					32	11	20	
CJ10-60		60					70	17	30	

3)接触器的常见故障及处理方法

接触器的常见故障及处理方法见表1.32。

表1.32 接触器的常见故障及处理方法

故障现象	可能原因	处理方法
吸不上或吸不足(即触头已闭合而铁心尚未完全吸合)	电源电压太低或波动过大	调高电源电压
	操作回路电源容量不足或发生断线、配线错误及触头接触不良	增加电源容量,更换线路,修理控制触头
	线圈技术参数与使用条件不符	更换线圈
	产品本身受损	更换新品
	触头弹簧压力过大	按要求调整触头参数

续表

故障现象	可能原因	处理方法
不释放或释放缓慢	触头弹簧压力过小	调整触头参数
	触头熔焊	排除熔焊故障,更换触头
	机械可动部分被卡住,转轴生锈或歪斜	排除卡住现象,修理受损零件
	反力弹簧损坏	更换反力弹簧
	铁芯极面沾有油垢或尘埃	清理铁芯极面
	铁芯磨损过大	更换铁芯
电磁铁(交流)噪声大	电源的电压过低	提高操作回路电压
	触头弹簧压力过大	调整触头弹簧压力
	短路环断裂	更换短路环
	铁芯极面有污垢	清除污垢
	磁系统歪斜或机械上卡住,使铁芯不能吸平	排除机械卡住故障
	铁芯极面过度磨损而不平	更换铁芯
线圈过热或烧坏	电源电压过高或过低	调整电源电压
	线圈技术参数与实际使用条件不符	调换线圈或接触器
	操作频率过高	选择其他合适的接触器
	线圈匝间短路	排除短路故障,更换线圈
触头灼伤或熔焊	触头压力过小	调整触头弹簧压力
	触头表面有金属颗粒异物	清理触头表面
	操作频繁过高,或工作电流过大,断开容量不够	调换容量较大的接触器
	长期过载使用	调换合适的接触器
	负载侧短路	排除短路故障,更换触头

 【任务准备与实施】

（1）工具、仪器及器材（表 1.33）

表 1.33　工具、仪器及器材

工具	电工常用工具
仪表	ZC25-3 型兆欧表、MF47 型万用表
器材	不同型号交流接触器

（2）实训过程

1）识别接触器

仔细观察交流接触器，识别它们的型号，根据实物读出接触器的相关参数，然后填入表1.34。

表1.34 接触器的识别

序 号	名 称	型 号	文字符号	图形符号
1				
2				
3				
4				

2）拆装与检修接触器

①拆卸步骤：卸下灭弧罩的紧固螺钉，取灭弧罩→拉紧主触头定位弹簧夹，取下主触头及主触头压力弹簧片，拆卸主触头时必须将主触头侧转45°后取下→松开辅助常开静触头的线桩螺钉，取下常开静触头→松开接触器底部的盖板螺钉，取下盖板。在松开盖板螺钉时，要用手按住螺钉并缓慢放松→取下静铁芯缓冲绝缘纸片及静铁芯→取下静铁芯支架及缓冲弹簧→拔出线圈接线端的弹簧夹片，取下线圈→取下反作用弹簧，衔铁和支架→从支架上取下动铁芯定位销，取下动铁芯及缓冲绝缘纸片。

②检修步骤：检查灭弧罩有无破裂或烧损，清除灭弧罩内的金属飞溅物→检查触头的磨损程度，磨损严重时应更换触头，若不需更换，则清除触头表面上烧毛的颗粒→清除铁芯端面的油垢，检查铁芯有无变形及端面接触是否平整→检查触头压力弹簧及反作用弹簧是否形变或弹力不足，如有需要则更换弹簧→检查电磁线圈是否有短路、断路及发热变色现象。

③装配。按拆卸的逆顺序进行装配。

④自检。

a. 用万用表的欧姆挡检查线圈及各触头是否良好。

b. 用兆欧表测量各主触头间及主触头对地电阻是否符合要求；用手按动主触头检查运动部分是否灵活，以防产生接触不良、振动和噪声。

⑤通电试验。

【任务评价】

评分标准见表1.35。

表1.35 评分标准

专业_____ 班级_____ 姓名_____ 学号_____

任务名称		低压熔断器和低压开关	
项目内容	配 分	评分标准	得 分
接触器识别	30分	(1)写错或漏写名称,每只扣5分。 (2)写错或漏写型号,每只扣5分。 (3)漏写主要部件,每只扣5分。	
拆装、检修 接触器	40分	(1)拆装方法不正确或不会拆装,扣20分。 (2)损坏、丢失或漏装零件,扣10分。 (3)未进行检修或方法不对,扣5分。 (4)不能进行通电试验,扣15分。 (5)通电时有振动或噪声,扣5分。	
仪表使用	20分	(1)不会正确使用万用表;扣10分。 (2)不会正确使用兆欧表;扣10分。	
安全文明生产	10分	违反安全文明规程,扣10分。	
定额时间	2 h,每超时5 min扣5分。		
备注	除额定时间外,各项目的最高扣分不应超过配分数		成绩	
开始时间		结束时间	实际时间	

教师(签名):_____ 日期:_____

【问题思考】

按钮种类繁多,我们可以发现它们的颜色也是多种多样,五颜六色,为什么使用这么多的颜色呢?

【知识扩展】

电气图形符号的标准

我国采用的是国家标准 GB/T 4728.2 ~ 4728.13—1996 ~ 2000《电气简图用图形符号》中所规定的图形符号,文字符号标准采用的是 GB 7159—1987《电气技术中的文字符号的制定通则》中所规定的文字符号。

国家标准对图形符号的绘制尺寸没有作统一的规定,实际绘图时可按实际情况以便于理解的尺寸进行绘制,图形符号的布置一般为水平或垂直位置。

在电气图中,导线、电缆线、信号通路及元器件、设备的引线均称为连接线。绘制电气图时,连接线一般应采用实线,无线电信号通路采用虚线,并且应尽量减少不必要的连接线,避免线条交叉和弯折。对有直接电联系的交叉导线的连接点,应用小黑圆点表示;无直接电联系的交叉跨越导线则不画小黑圆点,如图 1.15 所示。

由图 1.16 所示的电路图可以看出,电源电路用细实线画成水平线,对表示三相交流电源的相序符号 L1、L2、L3 自上而下依次标在电源线的左端。电能由三相交流电源引入控制线路。流过电动机的是工作电流,电流较大,称为控制线路的主电路,应垂直电源电路画出。电路图中的各个接点用字母或数字编号,主电路从电源开始,经电源开关或熔断器的出线端按相序依次编号为 U11、V11、W11。单台三相交流电动机(或设备)的三根引出线,按相序依次编号为 U、V、W。

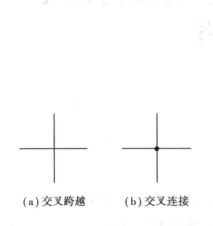

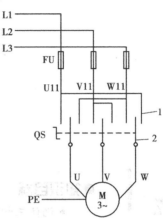

(a)交叉跨越 　(b)交叉连接

图 1.15　连接线的交叉跨越与交叉连接　　　图 1.16　倒顺开关正转控制线路

有了图 1.16 所示的电路图,分析线路的工作原理就简单明了了。

正转:倒顺开关 QS 手柄扳至"顺"位置时,电动机 M 接通电源正向运转;

停:倒顺开关 QS 手柄扳至"停"位置时,电动机 M 脱离电源停止运转;

反转:倒顺开关 QS 手柄扳至"倒"位置时,电动机 M 接通电源反向运转。

在分析各种控制线路的工作原理时,常使用电器文字符号和箭头,再配以少量的文字说明来表达线路的工作原理。

习题 1.4

1. 按钮主要接在主电路还是控制电路? 按功能分为哪几种呢?
2. 简述交流接触器的工作原理。
3. 交流接触器的电压过高或过低为什么会造成线圈过热烧毁?

项目 2
三相异步电动机正转控制线路

●知识目标

- 记住三相异步电动机点动正转控制线路工作原理。
- 记住三相异步电动机点动正转控制线路的用处。
- 能运用理论知识分析三相异步电动机正转控制线路常见故障原因。

●技能目标

- 会安装三相异步电动机正转控制线路。
- 会检测并维修三相异步电动机正转控制线路常见故障。

任务 2.1　三相异步电动机点动正转控制线路

【工作任务】

- 认识电气原理图。
- 学习点动正转控制线路的安装步骤和方法。

【相关知识】

数控车间的 5 t 桥式起重机(俗称电葫芦、天车、行车)是如何工作的? 为什么需要有人一直操作?

点动控制多用于机床刀架、横梁、立柱等快速移动和机床对刀等场合。例如:工厂里的 3 t、5 t 的桥式起重机(俗称电葫芦、天车、行车)就是点动控制的应用。CA6140 普通车床的刀架快速进给电机也是点动控制,其点动按钮安装在十字手柄内,电机容量较小,采用中间继电器控制。

图 2.1　桥式起重机

（1）点动正转控制线路

图2.2是点动正转控制线路的原理图、元件布置图和接线图。

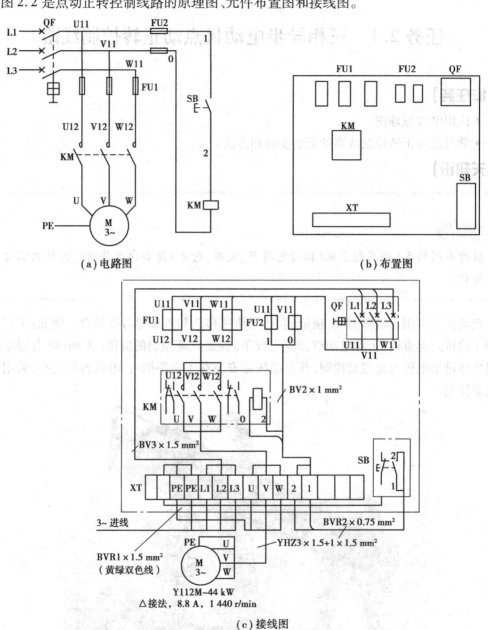

(a) 电路图　　　　　　　　　　　　　　(b) 布置图

(c) 接线图

图2.2　点动正转控制线路

1）电路结构分析

①主电路组成：低压断路器 QF、主电路熔断器 FU1、交流接触器 KM1 的主触头及电动机 M。

②控制电路组成：熔断器 FU2、电动机正转启动按钮 SB、KM 的常开辅助触头、交流接触器线圈 KM。

2)线路工作原理分析

①合上电源开关 QF。

启动:启动按钮(即 SB 点动按钮)→接触器 KM 线圈得电→KM 主触头闭合→电动机 M 得电启动运行。

停止:松开按钮 SB→接触器 KM 线圈断电→KM 主触头断开→电动机 M 失电停转。

3)点动控制:按下按钮电动机就得电运转,松开按钮电动机就失电停转的控制方法,称为点动控制。

注意:

经常以点动控制为主的设备,电动机大多数是短时工作制。普通的笼式电动机不宜频繁点动,由于三相笼式电动机的启动电流较大(额定电流的 4~7 倍),频繁点动会使控制接触器触点磨损较大;且电动机定子绕组频繁接受电流冲击,对电动机的绝缘材料不利。

【任务准备与实施】

(1)工具、仪表及器材(表 2.1、表 2.2)

表 2.1 工具与仪表

工 具	测电笔、螺钉旋具、尖嘴钳、斜口钳、剥线钳、电工刀等
仪表	ZC25-3 型兆欧表(500 V、0~500 MΩ)、MG3-1 型钳形电流表、MF47 型万用表

表 2.2 原件明细表

代 号	名 称	型 号	规 格	数 量
M	三相异步电动机	Y-112M-4	4 kW、380 V、△接法、8.8 A、1 440 r/min	1
QS	组合开关	HZ10-25/3	三极、25 A	1
FU1	熔断器	RL1-60/25	500 V、60 A、配熔体 25 A	3
FU2	熔断器	RL1-15/2	500 V、15 A、配熔体 2 A	2
KM	交流接触器	CJ10-20	20 A、线圈电压 380 V	1
SB	按钮	LA4-3H	保护式、500 V、5 V、按钮数 3	1
XT	端子板	JX2-1015	500 V、10 A、15 节	1

(2)安装步骤

①按元件明细表将所需器材配齐并检验元件质量。

②在控制板上按位置布置图安装所有电器元件。

③在控制板上按图 2.2(c)和布线工艺要求进行板前明线布线,并在导线端部套编码套

管和冷压接线头。

④根据电动机位置画出线路走向,以及电线管和控制板支持点的位置,做好敷设准备。

⑤敷设电线管并穿线。

⑥连接控制开关至电动机的导线。

⑦连接好接地线。

⑧检测安装质量,并进行绝缘电阻测量。

⑨将三相电源接入控制开关。

⑩经老师检查合格后进行通电试运行。

(3)注意事项

①电动机要可靠接地。

②操作按钮时,先用试电笔检查按钮是否带电。

③通电效验时,应先合上 QS,再检验 SB 钮的控制是否正常。

④应做到安全操作。

(4)检修训练

在图 2.2(a)的主电路或控制电路中,人为设置电气自然故障 2 处,如图 2.3 所示,自编检修步骤,经指导教师审查合格后开始检修。检修注意事项如下:

①检修前,要先掌握电路图中各个控制环节的作用和原理。

②检修过程中严禁扩大故障和产生新的故障,否则要立即停止检修。

③检修思路和方法要正确。

④带电检修故障时,必须有指导教师在现场监护,确保用电安全。

⑤检修必须在定额时间内完成。

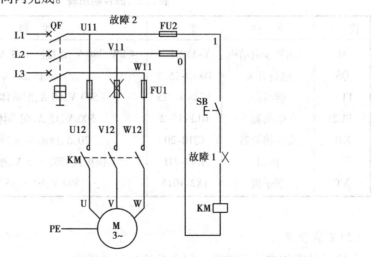

图 2.3　点动正转控制电路故障设置图

【任务评价】

（1）电路安装评分标准（表2.3）

表2.3 电路安装评分标准

专业_____ 班级_____ 姓名_____ 学号_____

任务名称		三相异步电动机点动正转控制线路	
项目内容	配分（100分）	评分标准	得 分
装前检查	10分	电器元件漏检或错检，每处扣1分。	
安装元件	30分	（1）不按布置图安装，扣10分。 （2）元件安装不牢固，每只扣5分。 （3）元件安装不整齐、不匀称、不合理，每只扣5分。 （4）损坏元件，扣10分。	
布线	40分	（1）不按电路图接线，扣15分。 （2）布线不符合要求，每根扣2分。 （3）接点松动、露铜过长、反圈等，每个扣2分。 （4）损坏导线绝缘层或线芯，每根扣2分。 （5）漏装或套错编码套管，每处扣2分。 （6）漏接接地线，扣5分。	
通电试车	20分	（1）热继电器未整定或整定错误，扣5分。 （2）熔体规格选用不当，扣5分。 （3）第一次试车不成功，扣5分。 　　第二次试车不成功，扣10分。 　　第三次试车不成功，扣15分。	
安全文明生产	违反安全文明生产规程，扣5～20分。		
定额时间	180分钟，每超时5分钟（不足5分以5分钟计），扣5分。		
备注	除定额时间外，各项内容的最高扣分不得超过配分数	成绩	
开始时间		结束时间	实际时间

教师（签名）：_____ 日期：_____

（2）检修训练评分标准（表2.4）

表2.4 检修训练评分标准

专业_____ 班级_____ 姓名_____ 学号_____

任务名称		三相异步电动机自锁正转控制线路	
项目内容	配分（100分）	评分标准	得 分
自编检修步骤	10分	（1）自编检修步骤不正确，扣10分。 （2）自编检修步骤不完整，扣5分。	
故障分析	30分	（1）标错电路故障范围，每个扣15分。 （2）实际排除故障时无思路，每个故障扣10分。	
排除故障	50分	（1）不能查出故障，每个扣25分。 （2）工具及仪表使用不当，扣10分。 （3）查出故障，但不能排除，扣10分。 （4）产生新的故障或扩大故障： 　不能排除每个扣10分。 　已经排除每个扣5分。 （5）损坏电动机，扣50分。 （6）损坏电器元件，或排除故障方法不正确，每只（次）扣5分。	
安全文明生产	10分	违反安全文明生产规程，扣5～20分。	
定额时间	40分钟	每超时1分钟，扣5分。	
备注	除定额时间外，各项内容的最高扣分不得超过配分数		成绩
开始时间		结束时间	实际时间

教师（签名）：_____ 日期：_____

【问题思考】

在点动控制电路中，如果让电动机在松开启动按钮后也能保持连续运转，电路该如何修改？

【知识扩展】

绘制、识读电路图、布置图和接线图的原则

（1）电路图

电路图是根据生产机械运动形式对电气控制系统的要求，采用国家统一规定的电气图形符号和文字符号，按照电气设备和电器的工作顺序排列，详细表示电路、设备或成套装置的全部基本组成和连接关系的一种简图，它不涉及电器元件的结构尺寸、材料选用、安装位

置和实际配线方法。

电路图能充分表达电气设备和电路的用途、作用及线路的工作原理,是电气线路安装调试和维修的理论依据。

绘制、识读电路图应遵循以下原则:

①电路图一般分电源电路、主电路和辅助电路三部分。电源电路一般画成水平线,三相交流电源相序L1、L2、L3自上而下依次画出,若有中线N和保护地线PE,则应依次画在相线之下。直流电源的"+"端在上,"-"端在下画出。电源开关要水平画出。

主电路是指受电的动力装置及控制、保护电器的支路等,是电源向负载提供电能的电路。它由主熔断器、接触器的主触头、热继电器的热元件以及电动机等组成。主电路通过的是电动机的工作电流,电流比较大,因此一般在图纸上用粗实线垂直于电源电路绘于电路图的左侧。

辅助电路一般包括控制主电路工作状态的控制电路、显示主电路工作状态的指示电路、提供机床设备局部照明的照明电路等。辅助电路一般由主令电器的触头、接触器的线圈及辅助触头、继电器的线圈及触头、仪表、指示灯及照明灯等组成。通常,辅助电路通过的电流较小,一般不超过5 A。

辅助电路要跨接在两相电源之间,一般按照控制电路、指示电路和照明电路的顺序,用细实线依次垂直画在主电路的右侧。耗能元件(如接触器和继电器的线圈、指示灯、照明灯等)要画在电路图的下方,与下边电源线相连,而电器的触头要画在耗能元件与上边电源线之间,为读图方便,一般应按照自左至右、自上而下的排列来表示操作顺序。

②电路图中,电器元件不画实际的外形图,而应采用国家统一规定的电气图形符号表示。同一电器的各元件不按它们的实际位置画在一起,而是按其在线路中所起的作用分别画在不同的电路中,但它们的动作是相互关联的,必须用同一文字符号标注。若同一电路图中相同的电器较多,需要在电器元件文字符号后面加注不同的数字以示区别。各电器的触头位置都按电路未通电或未受外力作用时的常态位置画出,分析原理时应从触头的常态位置出发。

③电路图采用电路编号法,即对电路中的各个接点用字母或数字编号。

主电路在电源开关的出线端按相序依次编号为U11、V11、W11,然后按从上至下、从左至右的顺序,每经过一个电器元件,编号要递增,如U12、V12、W12;U13、V13、W13…。单台三相交流电动机(或设备)的3根引出线按相序依次编号为U、V、W。对于多台电动机引出线的编号,为了不致引起误解和混淆,可在字母前用不同的数字加以区别,如1U、1V、1W;2U、2V、2W。

辅助电路编号按"等电位"原则,按从上至下、从左至右的顺序,用数字依次编号,每经过一个电器元件后,编号要依次递增。控制电路编号的起始数字必须是1,其他辅助电路编号的起始数字依次递增100,如照明电路编号从101开始;指示电路编号从201开始等。

(2)布置图

布置图是根据电器元件在控制板上的实际安装位置,采用简化的外形符号(如正方形、矩形、圆形等)绘制的一种简图。它不表达各电器的具体结构、作用、接线情况以及工作原理,主要用于电器元件的布置和安装。布置图中各电器的文字符号必须与电路图和接线图的标注相一致,图2.2(b)所示就是点动正转控制线路的布置图。

(3)接线图

接线图是根据电气设备和电器元件的实际位置和安装情况绘制的,只用来表示电气设备和电器元件的位置、配线方式和接线方式,而不明显表示电气动作原理和电气元器件之间的控制关系。它是电气施工的主要图样,主要用于安装接线、线路的检查和故障处理。图2.2(c)所示是点动正转控制线路的接线图。

绘制、识读接线图应遵循以下原则:

①接线图中一般应示出:电气设备和电器元件的相对位置、文字符号、端子号、导线号、导线类型、导线截面积、屏蔽和导线绞合等。

②所有的电气设备和电器元件都应按其所在的实际位置绘制在图纸上,且同一电器的各元件应根据其实际结构,使用与电路图相同的图形符号画在一起,并用点画线框上,其文字符号以及接线端子的编号应与电路图中的标注相一致,以便对照检查接线。

③接线图中的导线有单根导线、导线组(或线扎)、电缆等之分,可用连续线或中断线表示。凡导线走向相同的可以合并,用线束来表示,到达接线端子板或电器元件的连接点时再分别画出。用线束表示导线组、电缆时,可用加粗的线条表示,在不引起误解的情况下,也可采用部分加粗。另外,导线及管子的型号、根数和规格应标注清楚。

在实际工作中,电路图、布置图和接线图应结合起来使用。

习题2.1

1. 试分析下面各图能否实现点动控制,如不能请说明原因并加以改正。

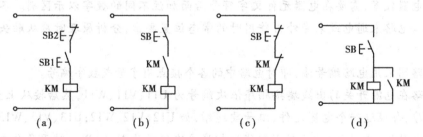

题图2.1

2. 什么叫做点动控制?

3. 图2.2(a)中QF起什么作用?

任务2.2 三相异步电动机自锁正转控制线路

【工作任务】

- 知道手动正转控制线路的工作原理。
- 学会手动正转控制线路的安装方法。
- 记住自锁正转控制线路的工作原理。
- 会正确安装自锁控制线路。
- 会检测并维修接触器联锁正转控制线路常见故障。

【相关知识】

如何能让电动机一直运行?

（1）手动正转控制线路

数控车间用来磨车刀的砂轮机如图2.4所示。低压断路器控制正转控制线路图如图2.5所示。

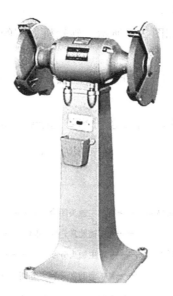

图2.4　砂轮机

1）电路工作原理

电动机工作时,向上合上低压断路器(QF)按钮,低压断路器内部的触点闭合,电路闭合

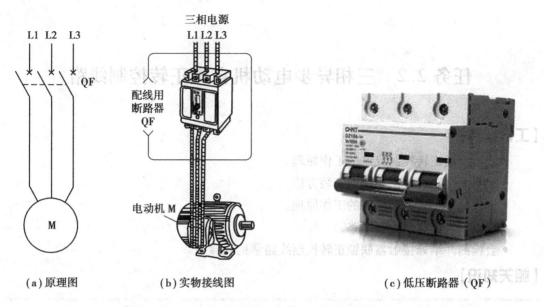

（a）原理图　　　　（b）实物接线图　　　　（c）低压断路器（QF）

图2.5　低压断路器控制正转控制线路图

接通,砂轮机开始转动工作。要停止时,向下扳下低压断路器按钮,低压断路器内部的触点断开,电路断开,砂轮机失电停止运转。

注意:该电路用于不频繁启动的小容量电动机,但是不能实现自动控制和远距离控制。

2）电路特点

优点:线路简单,成本低。

缺点:不能远距离控制。

（2）接触器自锁正转控制线路

接触器自锁正转控制线路如图2.6所示。砂轮机采用的就是自锁正转控制线路。

1）电路结构分析

①主电路组成:低压断路器 QF、主电路熔断器 FU1、交流接触器 KM 的主触头及电动机 M。

②控制电路组成:熔断器 FU2 、停止按钮 SB2、正转启动按钮 SB1、KM 的常开辅助触头（自锁）、交流接触器线圈 KM。

2）电路工作原理分析

①合上电源开关 QF。

3）自锁:当启动按钮松开后,接触器通过自身的辅助常开触头使其线圈保持得电的作用叫做自锁。与启动按钮并联起作自锁作用的辅助常开触头叫自锁触头。

该电路具有欠压和失压保护功能。

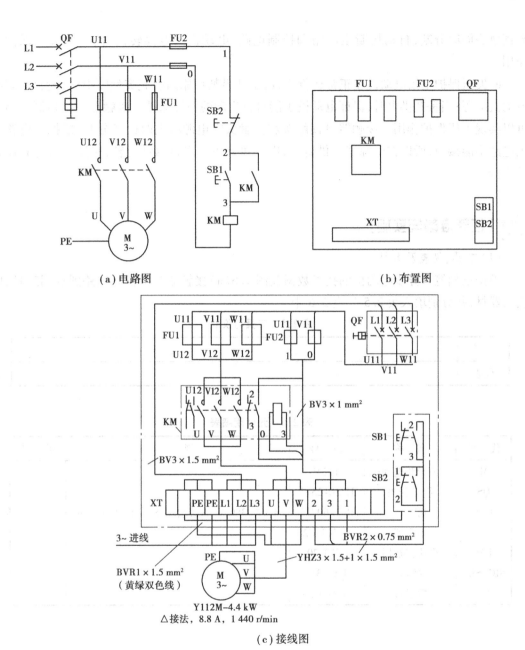

(a) 电路图　　　　　　　　　(b) 布置图

(c) 接线图

图 2.6 接触器自锁正转控制线路

a. 欠压是指线路电压低于电动机应加的额定电压。

b. 欠压保护是指当线路电压下降到某一数值时,电动机能自动脱离电源停转,避免电动机在欠压下运行的一种保护。

接触器自锁控制线路具有欠压保护作用。当线路电压下降到一定值(一般指低于额定电压的85%)时,接触器线圈两端的电压也同样下降到此值,使接触器线圈磁通减弱,产生的电磁吸力减小。当电磁吸力减小到小于反作用弹簧的拉力时,动铁芯被迫释放,主触头和自锁触头同时分断,自动切断主电路和控制电路,电动机失电停转,从而起到欠压保护的作用。

c.失压保护是指电动机在正常运行中,由于外界某种原因引起突然断电时,能自动切断电动机电源;当重新供电时,保证电动机不能自行启动的一种保护。接触器自锁控制线路也可以实现失压保护作用。接触器自锁触头和主触头在电源断电时已经分断,使控制电路和主电路不能接通,所以在电源恢复供电时,电动机就不会自行启动运转,保证了人身和设备的安全。

 【任务准备与实施】

(1)工具、仪表及器材

根据三相笼型异步电动机的技术数据及图2.6(a)接触器自锁控制线路图选用工具、仪表与器材,并分别填入表2.5和表2.6中。

表2.5 工具与仪表

工具	
仪表	

表2.6 元件明细表

代 号	名 称	型 号	规 格	数 量
M	三相异步电动机	Y-112M-4		
QS	组合开关	HZ10-25/3		
FU1	熔断器	RL1-60/25	4 kW、380 V、△接法、8.8 A、1 440 r/min	1
FU2	熔断器	RL1-15/2	三极、25 A	1
KM	交流接触器	CJ10-20		
SB1、SB2	按钮	LA4-3H		
XT	端子板	JX2-1015		

(2)安装步骤

①识读电路图,明确线路所用的电气元件及作用,熟悉电路的工作原理。

②根据电路图配齐电器元件,并进行质量检验。

③根据电器元件选配安装工具和控制板。

④根据电路图绘制布置图和接线图,然后按要求在控制板上安装除电机以外的电器元件,并贴上醒目的文字符号。

⑤根据电动机容量选配主电路导线的截面。

⑥根据接线图布线,并在剥去绝缘层的两端线头上套上与电路图编号相一致的编码套管。

⑦安装电动机。

⑧连接电动机和所有电器元件金属外壳的保护接地线。

⑨连接电源、电动机等控制板外部的导线。

⑩自检。

⑪通电试车。

（3）注意事项

①接触器 KM 的自锁触头应并接在启动按钮 SB1 两端,停止按钮 SB2 应串接在控制电路中。

②电动机及按钮的金属外壳必须可靠接地;接至电动机的导线必须穿在导线通道内加以保护,或采用坚韧的四芯橡皮线或塑料护套线进行临时通电校验。

③电源进线应接在螺旋式熔断器的下接线座上,出线则应接在上接线座上。

④按钮内接线时,用力不可过猛,以防螺钉打滑。

⑤编码套管套装要正确。

⑥启动电动机时,操作人员在按下启动按钮 SB1 的同时,手还必须按在停止按钮 SB2 上,以保证万一出现故障时可立即按下 SB2 停止,防止事故的扩大。

（4）检修训练

1）故障设置

在控制电路或主电路中人为设置电气自然故障两处,如图 2.7 所示。

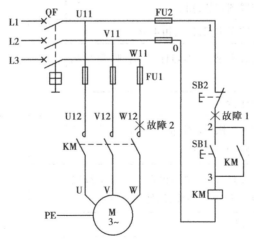

图 2.7　接触器自锁正转控制线路故障设置图

2）教师示范检修

教师示范检修时,可把下述检修步骤及要求贯穿其中,直到故障排除:

①用试验法来观察故障现象,主要观察电动机的运行情况、接触器的动作情况和线路的工作情况等。

②用逻辑分析法缩小故障范围,并在电路图上用虚线标出故障部位的最小范围。

③用测量法正确,迅速地找出故障点。

④根据故障点的不同情况采取正确的修复方法,迅速排除故障。

⑤排除故障后通电试车。

【任务评价】

(1)电路安装评分标准(表2.7)

表2.7 电路安装评分标准

专业_____ 班级_____ 姓名_____ 学号_____

任务名称					
项目内容	分值	评分标准	扣分	各项目分数计算	备注
选用工具、仪表及器材	10	(1)工具、仪表少选或错选,每个扣2分。 (2)电器元件选错,每只扣2分。 (3)选用的元件型号、规格不全,每只扣2分。			
画出电路元件布置图和接线图	10	图纸整洁、画图正确,编号合理。所画图形、符号每一处不规范扣0.5分;少一处标号扣0.5分。			
装前检查	10	电器元件漏检或错检,每处扣1分。			
安装元件	10	不按布置图安装,扣10分。			
		元件安装不牢固,每只扣4分。			
		元件安装不整齐、不匀称、不合理,每只扣3分。			
		损坏元件,扣10分。			
线路工艺	30	导线没弯羊眼、反圈、损坏元件、压绝缘胶皮,每处扣1分。		得分合计: 扣分合计: 此项得分:	先计算工艺水平分,工艺好、布线合理者可得满分40分,稍差按照5分进行递减,然后按照线路安装标准逐项扣分。
		导线合理整齐,直角贴板走线。有不按电路安装工艺走线、飞线,每处扣1分。			
		导线1处松动扣1分。			
		导线1处有接头扣1分。			
		没有接地线,1处扣1分。			
		导线端部1处露铜过长扣1分。			
		三线接一点每处扣1分。			
		热继电器未整定或整定错误,扣2分。			
		主控电路没有区分粗线、软线扣3分。			

续表

任务名称						
项目内容	分值	评分标准	扣分	各项目分数计算	备注
安全文明施工	10	材料浪费扣2分。 不按顺序断电扣1分,操作不安全扣2分。 板面不清洁扣1分,板面未清理扣3分。		得分合计: 扣分合计: 此项得分:	
通电调试	20	有接触不良1处扣5分。 接触器未动作一次扣5分。 接触器一次不自锁扣5分。		得分合计: 扣分合计: 此项得分:	通电一次成功得20分,第二次得10分,以此类推。
时效		其他各项成绩总分在75分以上者每提前5分钟加2分,最多只加10分;每超时5分钟扣3分。超时不能多于20分钟。	加 扣	得分合计: 扣分合计: 此项得分:	总成绩:

教师(签名):＿＿＿＿＿＿　日期:＿＿＿＿＿＿

(2)检修训练评分标准(表2.8)

表2.8　检修训练评分标准

专业＿＿＿＿＿　班级＿＿＿＿＿　姓名＿＿＿＿＿　学号＿＿＿＿＿

任务名称			
项目内容	配分(100分)	评分标准	得　分
故障分析	50分	(1)标错电路故障范围,每个扣25分。 (2)在实际排除故障时无思路,每个故障扣10分。	
排除故障	50分	(1)不能查出故障,每个扣25分。 (2)工具及仪表使用不当,扣5分。 (3)查出故障,但不能排除,扣10分。 (4)产生新的故障或扩大故障: 　　不能排除,每个扣10分。 　　已经排除,每个扣5分。 (5)损坏电动机,扣40分。 (6)损坏电器元件,或排除故障方法不正确,每只(次)扣5分。 (7)违反安全文明生产规程,扣5~20分。	
定额时间	40分钟	每超时1分钟,扣5分。	
备注	除定额时间外,各项内容的最高扣分不得超过配分数		成绩
开始时间		结束时间	实际时间

教师(签名):＿＿＿＿＿＿　日期:＿＿＿＿＿＿

【问题思考】

当按下图 2.6(a)中的停止按钮 SB2,使电机失电停转后,松开 SB2,电动机会不会重新启动? 为什么?

【知识扩展】

电动机控制线路安装步骤和分析方法

(1)安装元件

按布置图在控制板上安装电器元件,并贴上醒目的文件符号。工艺要求:

①断路器、熔断器的受电端子应安装在控制板的外侧,并确保熔断器的受电端为底座的中心端。

②各元件的安装位置应整齐、匀称,间距合理,便于更换元件。

③紧固各元件时,用力要均匀,紧固程度适当。在紧固熔断器、接触器等易碎元件时,应该用手按住元件一边轻轻摇动,一边用旋具轮换旋紧对角线上的螺钉,直到手无法摇动后,再适当加固旋紧些即可。

(2)布线

按接线图的走线方法,进行板前明线布线和套编码套管。

工艺要求:

①布线通道要尽可能少,同路并行导线按主、控电路分类集中,单层密排,紧贴安装面布线。

②同一平面的导线应高低一致或前后一致,不能交叉。非交叉不可时,该根导线应在接线端子引出时水平架空跨越,且必须走线合理。

③布线应横平竖直,分布均匀。变换走向时应垂直转向。

④布线时严禁损伤线芯和导线绝缘。

⑤布线顺序一般以接触器为中心,由里向外,由低至高,按"先控制电路,后主电路"的顺序进行,以不妨碍后续布线为原则。

⑥在每根剥去绝缘层导线的两端套上编码套管。所有从一个接线端子(或接线桩)到另一个接线端子(或接线桩)的导线必须连续,中间无接头。

⑦导线与接线端子或接线桩连接时,不得压绝缘层、不反圈及不露铜过长。

⑧同一元件、同一回路的不同接点的导线间距离应保持一致。

⑨一个电器元件接线端子上的连接导线不得多于两根,每节接线端子板子上的连接导线一般只允许连接一根。

(3)检查布线

检查控制板布线的正确性。

(4)安装电动机

正确安装电动机。

（5）连接

先连接电动机和按钮金属外壳的保护接地线，然后连接电源、电机等控制板外部的导线。

（6）自检

工艺要求：

①按电路图或接线图从电源端开始，逐段核对接线及接线端子处线号是否正确，有无漏接、错接之处。检查导线接点是否符合要求，压接是否牢固。同时注意接点接触应良好，以避免带负载运转时产生闪弧现象。

②用万用表检查线路的通断情况。检查时，应选用倍率适当的电阻挡并进行校零，以防发生短路故障。对控制电路的检查（断开主电路），可将表棒分别搭在 U11、V11 线端上，读数应为"∞"。按下 SB 时，读数应为接触器线圈的直流电阻值；然后断开控制电路，再检查主电路有无开路或短路现象，此时可用手动来代替接触器通电进行检查。

③用兆欧表检查线路的绝缘电阻的阻值应不得小于 1 MΩ。

（7）交验及通电试车

①为保证人身安全，在通电试车时要认真执行安全操作规程的有关规定，一人监护，一人操作。试车前，应检查与通电试车有关的电气设备是否有不安全的因素存在，若检出应立即整改，然后方能试车。

②通电试车前，必须征得教师的同意，并由指导教师接通三相电源 L1、L2、L3，同时在现场监护。学生合上电源开关 QS 后，用测电笔检查熔断器出线端，氖管亮说明电源接通。按下 SB，观察接触器情况是否正常，是否符合线路功能要求，电器元件的动作是否灵活，有无卡阻及噪声过大等现象，电动机运行情况是否正常等。但不得对线路接线是否正常进行带电检查。观察过程中，若发现有异常现象，应立即停车。当电动机运转平稳后，用钳形电流表测量三相电流是否平稳。

③试车成功率以通电后第一次按下按钮时计算。

④出现故障后，学生应独立进行检查。若需带电检查时，教师必须在现场监护。检修完毕后，如需要再次试车，教师也应该在现场监护，并做好时间记录。

⑤通电试车完毕，停转，切断电源。先拆除三相电源线，再拆除电动机线。

习题 2.2

1. 什么叫欠压保护？什么叫失压保护？为什么说接触器自锁控制线路具有欠压、失压保护作用？

2. 什么叫自锁控制电路？

3. 题图 2.2 所示控制电路哪些地方画错了？试改正，并按改正后的线路图叙述其工作原理。

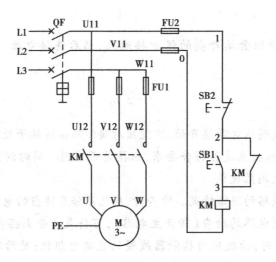

题图2.2

任务2.3　具有过载保护功能的接触器自锁正转控制线路

【工作任务】

- 知道具有过载保护功能的接触器自锁正转控制线路的工作原理。
- 会安装具有过载保护功能的接触器自锁正转控制线路。
- 会检测并维修具有过载保护功能的接触器自锁正转控制线路常见故障。

【相关知识】

想一想

熔断器在电路中起什么作用？它能够在电路中起过载保护作用吗？

电动机在运行的过程中,如果长期负载过大,或启动操作频繁,或者缺相运行,都可能使电动机定子绕组的电流增大,超过其额定值。而在这种情况下,熔断器的熔芯往往并不能熔断,从而引起定子绕组过热,使温度持续升高。若温度超过允许温升,就会造成绝缘损坏,缩短电动机的使用寿命,严重时甚至会烧毁电动机的定子绕组。因此,对电动机必须采取过载保护措施。下面介绍一种具有过载保护功能的接触器自锁正转控制线路。

（1）热继电器

热继电器是利用流过继电器的电流所产生的热效应而反时限动作的自动保护电器。所谓反时限动作,是指电器的延时动作时间随通过电路电流的增加而缩短。热继电器主要与接触器配合使用,用作电动机的过载保护、断相保护、电流不平衡运行的保护及其他电气设备发热状态的控制。

热继电器的形式有多种,其中双金属片式应用得最多。它按极数划分有单极、两级和三极三种,其中三极的又包括带断相保护和不带断相保护装置两种;按复位方式划分有自动复位式和手动复位式两种。

图2.8所示为目前我国在生产中常用的热继电器,它们均为双金属片式,每一系列的热继电器一般只能和相适应系列的接触器配套使用,如JR36系列热继电器与CJT1系列接触器配套使用,JR20系列热继电器与CJ20系列接触器配套使用等。

图2.8　热继电器外形图

1)热继电器的结构及工作原理

①结构。如图2.9(a)所示为两级双金属片热继电器的结构,主要由热元件、传动机构、常闭触头、电流整定装置和复位按钮组成。热继电器的热元件由主双金属片和绕在外面的电阻丝组成。主双金属片由两种热膨胀系数不同的金属片复合而成。

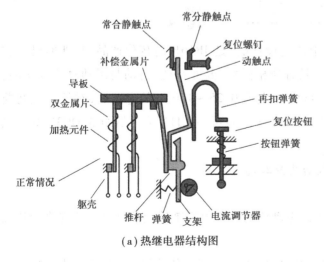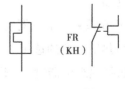

(a)热继电器结构图　　　　　　　　　　　　　(b)热继电器符号

图2.9　热继电器结构图和符号

②工作原理。热继电器使用时,需要将热元件串联在主电路中,常闭触头串联在控制电路中。当电动机过载时,流过电阻丝的电流超过热继电器的整定电流,电阻丝发热增多,温度升高,由于两块金属片的热膨胀程度不同而使主金属片弯曲,通过传动机构推动常闭触头断开,分断控制电路;再通过接触器切断主电路,实现对电动机的过载保护。电源切除后,主双金属片逐渐冷却恢复原位。热继电器的复位机构有手动复位和自动复位两种形式,可根据使用要求通过复位调节螺钉来自由调整选择。一般自动复位时间不大于 5 min,手动复位时间不大于 2 min。

热继电器的整定电流是指热继电器连续工作而不动作的最大电流,其大小可通过旋转电流整定旋钮来调节。超过整定电流,热继电器将在负载未达到其允许的过载极限之前动作。

实践证明,三相异步电动机的缺相运行是导致电动机过热烧毁的主要原因之一。对定子绕组接成丫形电动机,普通两级或三极结构的热继电器均能实现断相保护。而定子绕组接成△形的电动机,必须采用三极带断相保护装置的热继电器才能实现断相保护。

提示:由于热继电器主双金属片受热膨胀的热惯性及传动机构传递信号的惰性,热继电器从电动机过载到触头动作需要一定的时间,也就是说,即使电动机严重过载甚至短路,热继电器也不会瞬时动作,因此热继电器不能做短路保护。但也正是这个热惯性和机械惰性,使热继电器在电动机启动或短时过载过载时不会动作,从而满足了电动机的运行要求。

2)热继电器的型号含义及技术数据

常用 JR36 系列热继电器的型号含义如下:

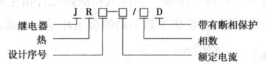

JR36 系列热继电器是在 JR16B 上改进设计的,是 JR16B 的替代产品,其外形尺寸和安装尺寸与 JR16B 系列完全一致。它具有断相保护、温度补偿、自动与手动复位等功能,动作可靠,适用于交流 50 Hz、电压值 660 V、电流 0.25~160 A 的电路中,对长期或间断长期工作的交流电动机有过载与断相保护。该产品可与 CJT1 接触器组成 QC36 型的电磁启动器。

JR36 系列热继电器的主要技术数据见表 2.9。

3)热继电器的选用

选择热继电器时,主要根据所保护的电动机的额定电流来确定热继电器的规格和热元件的电流等级。

①根据电动机的额定电流选择热继电器的规格。一般应使热继电器的额定电流略大于电动机的额定电流。

表 2.9　JR36 系列热继电器的主要技术数据

热继电器 型号	热继电器额定电流 /A	热元件等级	
		热元件额定电流/A	电流调节范围
JR36-20	20	0.35	0.25 ~ 0.35
		0.5	0.32 ~ 0.5
		0.72	0.45 ~ 0.72
		1.1	0.68 ~ 1.1
		1.6	1 ~ 1.6
		2.4	1.5 ~ 2.4
		3.5	2.2 ~ 3.5
		5	3.2 ~ 5
		7.2	4.5 ~ 7.2
		11	6.8 ~ 11
		16	10 ~ 16
		22	14 ~ 22
JR36-32	32	16	10 ~ 16
		22	14 ~ 22
		32	20 ~ 32
JR36-63	63	22	14 ~ 22
		32	20 ~ 32
		45	28 ~ 45
		63	40 ~ 63
JR36-160	160	63	40 ~ 63
		85	53 ~ 85
		120	75 ~ 120
		160	100 ~ 160

②根据需要的整定电流值选择热元件的编号和电流等级。一般情况下,热元件的整定电流应为电动机额定电流的 0.95 ~ 1.05 倍。

③根据电动机定子绕组的连接方式选择热继电器的结构形式,即定子绕组作 丫 形连接的电动机选用普通三相结构的热继电器,而作 △ 形连接的电动机应选用三相结构带断相保护装置的热继电器。

4)热继电器的安装与使用

①热继电器必须按照产品说明书中规定的方式安装。安装处的环境温度应与电动机所处环境温度基本相同。当与其他电器安装在一起时,应注意将热继电器安装在其他电器的下方,以免其动作特性受到其他电器发热的影响。

②安装时,应清除触头表面尘污,以免因接触器电阻过大或电路不通而影响热继电器的动作性能。

③热继电器出线端的连接导线应按表2.10的规定选用。这是因为导线的粗细和材料将影响到热元件端接点传导到外部热量的多少。导线过细,轴向导热性差,热继电器可能提前动作;导线过粗,轴向导热快,热继电器可能滞后动作。

表2.10　热继电器连接导线选用表

热继电器额定电流/A	连接导线截面积/mm²	连接导线种类
10	2.5	单股铜芯塑料线
20	4	单股铜芯塑料线
60	16	多股铜芯橡皮线

④使用中的热继电器应定期通电校验。此外,当发生短路事故后,应检查热元件是否已发生永久变形。若已变形,则需通电校验。若因热元件变形或其他原因导致使动作不准确时,只能调整其可调部件,而决不能弯折热元件。

⑤热继电器在出厂时均调整为手动复位方式,如果需要自动复位,只要将复位螺钉沿顺时针方向旋转3～4圈,并稍微拧紧即可。

⑥热继电器在使用中应定期用布擦净尘埃和污垢,若发现双金属片上有锈斑,应用清洁棉布蘸汽油轻轻擦除,切忌用砂纸打磨。

5)热继电器常见故障及处理方法

热继电器的常见故障及处理方法见表2.11。

表2.11　热继电器常见故障及处理方法

故障现象	故障原因	维修方法
热元件烧断	负载侧短路,电流过大	排除故障,更换热继电器
	操作频率过高	更换合适参数的热继电器
热继电器不动作	热继电器的额定电流值选用不合适	按保护容量合理选用
	整定值偏大	合理调整整定电流值
	动作触头接触不良	消除触头接触不良因素
	热元件烧断或脱焊	更换热继电器
	动作机构卡阻	消除卡阻因素
	导板脱出	重新放入导板并调试

续表

故障现象	可能原因	处理方法
热继电器动作不稳定,时快时慢	热继电器内部机构某些部件松动	紧固松动部件
	在检修中弯折了双金属片	用两倍电流预试几次或将双金属片拆下来进行热处理(一般约240 ℃)以去除内应力
	通电电流波动太大,或接线螺钉松动	检查电源电压或拧紧接线螺钉
主电路不通	热元件烧断	更换热元件或热继电器
	接线螺钉松动或脱落	紧固接线螺钉
控制电路不通	触头烧坏或动触头片弹性消失	更换触头或簧片
	热继电器动作后未复位	按动复位按钮
	可调整式旋钮转到不合适的位置	调整旋钮或螺钉

(2)具有过载保护功能的接触器自锁正转控制线路

具有过载保护功能的接触器自锁正转控制线路如图2.10(a)所示。

1)电路结构分析

①主电路组成:低压断路器 QF、主电路熔断器 FU1、交流接触器 KM 的主触头、热继电器的热元件 FR 及电动机 M。

②控制电路组成:熔断器 FU2、热继电器 KH 的常闭控制触头、停止按钮 SB2、正转启动按钮 SB1、KM1 的常开辅助触头(自锁)、接触器线圈 KM。

2)电路工作原理分析

①合上电源开关 QF:

②过载保护原理分析:

如图2.10(a)所示,若电动机在运行过程中,由于过载或其他原因使电流超过额定值,那么经过一定时间后,串接在主电路中的热元件因受热而发生弯曲,通过传动机构使串接在电路中的常闭触头分断,切断控制电路,接触器 KM 线圈失电,主触头和自锁触头分断,电机 M 失电停转,从而具有过载保护功能。

注意: 热继电器在三相异步电动机控制线路中只能作过载保护,不能作短路保护。因为热继电器的热惯性大,即热继电器的双金属片受热膨胀弯曲需要一定时间。当电动机发生短路故障时,由于短路电流很大,热继电器还没来得及动作,供电线路和设备可能就已经损坏,所以低压断路器(QF)和熔断器(FU)不能省去。

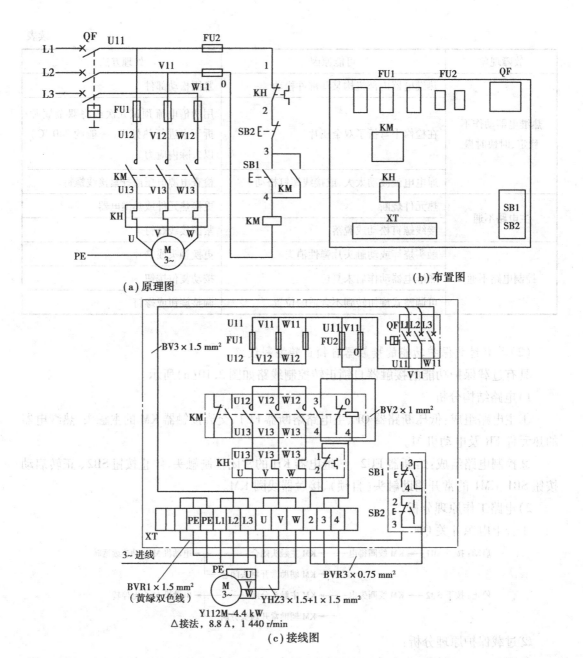

图 2.10 具有过载保护功能的接触器自锁正转控制线路

【任务准备与实施】

(1)工具、仪表及器材

请在表 2.12 和表 2.13 中填写选出的工具、仪表及器材。

表2.12 工具与仪表

工具	
仪表	

表2.13 元件明细表

代号	名称	型号	规格	数量
M	三相异步电动机	Y-112M-4	4 kW、380 V、△接法、8.8 A、1 440 r/min	1
QS	组合开关	HZ10-25/3	三极、25 A	1
FU1	熔断器	RL1-60/25	500 V、60 A、配熔体25 A	3
FU2	熔断器	RL1-15/2	500 V、15 A、配熔体2 A	2
KM	交流接触器	CJ10-20	20 A、线圈电压380 V	1
FR	热继电器			
SB1	按钮			
XT	端子板			

（2）安装步骤

①按表2.12和表2.13配齐所有电器元件，并进行质量检测。电器元件应完好无损，各项技术指标符合规定要求，否则应予以更换。

②在控制板上按图2.10(b)安装所有电器元件，贴上醒目的文字符号。安装时，组合开关、熔断器的端子应该装在控制板的外侧；元件排列要整齐、匀称、间距合理，且便于元件的更换；紧固电器元件时用力要均匀，紧固程度要适当，做到既要使元件安装牢固，又不使其损坏。

③按图2.10(c)所示接线图进行板前明线布线和套编码套管。布线要横平竖直、整齐、分布均匀、紧贴安装面、走线合理；套编码套管要正确；严禁损伤线芯和导线绝缘；接点牢固，不得松动，不得压绝缘层，不反圈及不露铜过长。

④根据图2.10(a)电路图和图2.10(c)接线图检查控制板接线的正确性。

⑤安装电动机。做到安装牢固平稳，防止在换向时产生滚动而引起事故。

（3）注意事项

①电动机及按钮的金属外壳必须可靠接地。

②电源进线应接在螺旋式熔断器的下接线座上，出线则应接在上接线座上。

③按钮内接线时，用力不可过猛，以防螺钉打滑。

④编码套管套装要正确。

⑤热继电器的热元件应串接在主电路中，其常闭触头应串接在控制电路中。

⑥热继电器的整定电流应按电动机的额定电流自行调整，绝对不允许弯折双金属片。

⑦训练应在规定定额时间内完成。训练结束后，安装的控制板留用。

（4）检修训练

在图 2.10（a）电路的主电路或控制电路中人为设置电气自然故障两处，如图 2.11 所示。自编检修步骤经指导教师审查合格后开始检修。

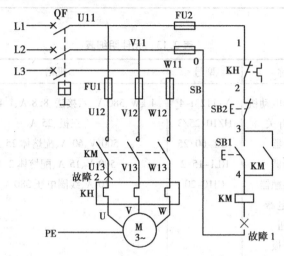

图 2.11　具有过载保护功能的接触器自锁
正转控制线路故障设置图

检修注意事项如下：

①检修前，要先掌握电路图中各个控制环节的作用和原理。

②在检修过程中严禁扩大原有故障和产生新的故障，否则要立即停止检修。

③检修思路和方法要正确。

④带电检修故障时，必须有指导教师在现场监护，确保用电安全。

⑤检修必须在定额时间内完成。

【任务评价】

（1）电路安装评分标准（表 2.14）

表 2.14　电路安装评分标准

专业_____　　班级_____　　姓名_____　　学号_____

任务名称				
项目内容	配分（100 分）	评分标准		得　分
选用工具仪表	5 分	工具、仪表少选或错选，每个扣 2 分。		
选用元件、器材	15 分	（1）选错型号和规格，每个扣 10 分。		
		（2）选错元件数量，每个扣 4 分。		
		（3）规格没有齐全，每个扣 5 分。		
		（4）型号没有写全，每个扣 3 分。		
装前检查	10	电器元件漏检或错检，每个扣 1 分。		

续表

任务名称				
项目内容	配分(100分)	评分标准		得　分
安装布线	30	(1)电器布置不合理,每只扣5分。 (2)元件安装不牢固,每只扣4分。 (3)元件安装不整齐、不匀称、不合理,每只扣3分。 (4)损坏元件,每只扣15分。 (5)不按电路图接线,扣20分。 (6)布线不符合要求: 　　主电路,每根扣4分。 　　控制电路,每根扣2分。 (7)接点不符合要求,每处扣1分。 (8)漏套或套错编码套管,每处扣1分。 (9)损伤导线绝缘或线芯,每根扣2分。 (10)漏接接地线,扣10分。		
通电试车	40	(1)热继电器未整定或整定错,扣10分。 (2)第一次试车不成功,扣30分。 　　第二次试车不成功,扣20分。 　　第三次试车不成功,扣10分。		
安全与 文明生产		违反安全文明生产规程,扣5~40分。		
定额时间 2.5 h	2.5 h	每超时5分钟,(不足5分钟以5分钟计),扣5分。		
备注	除定额时间外,各项目的最高扣分不应超过配分数		成绩	
开始时间		结束时间	实际时间	

教师(签名):＿＿＿＿＿＿＿　　日期:＿＿＿＿＿＿

(2)检修训练评分标准(表2.15)

表2.15　检修训练评分标准

专业＿＿＿＿＿　　班级＿＿＿＿＿　　姓名＿＿＿＿＿　　学号＿＿＿＿＿

任务名称			
项目内容	配分 (总分100分)	评分标准	得　分
自编检修步骤	20分	(1)检修步骤不合理、不完善,扣5~15分。 (2)检修步骤不正确,扣20分。	

续表

任务名称			
项目内容	配分 （总分100分）	评分标准	得　分
故障分析	35分	（1）标错电路故障范围，每个扣15分。 （2）在实际排除故障时无思路，每个故障扣10分。	
排除故障	35分	（1）不能查出故障，每个扣15分。 （2）工具及仪表使用不当，扣5分。 （3）查出故障，但不能排除，扣5分。 （4）产生新的故障或扩大故障： 　　不能排除，每个扣10分。 　　已经排除，每个扣5分。 （5）损坏电动机，扣35分。 （6）损坏电器元件，或排除故障方法不正确，每只（次）扣 　　5分。	
安全文明生产	10分	违反安全文明生产规程，扣5~20分。	
定额时间	40分钟	每超时1分钟，扣5分。	
备注	除定额时间外，各项内容的最高扣分不得超过配分数		成绩
开始时间		结束时间	实际时间

教师（签名）：＿＿＿＿＿＿　　日期：＿＿＿＿＿＿

【问题思考】

电动机的启动电流大，当电动机启动时，热继电器会不会动作？为什么？

【知识扩展】

电动机基本控制线路故障检修的一般步骤和方法

（1）用试验法观察故障现象，初步判定故障范围

在不扩大故障范围、不损坏电气设备和机械设备的前提下，对线路进行通电试验，通过观察电气设备和电器元件的动作是否正常、各控制环节的动作程序是否符合要求，初步确定故障发生的大致部位和回路。

（2）用逻辑分析法缩小故障范围

根据电气控制线路的工作原理、控制环节的动作程序以及它们之间的联系，综合故障现象做具体的分析，缩小故障范围，特别适用于对复杂线路的故障检查。

（3）用测量法确定故障点

利用电工工具和仪表对线路进行带电或断电测量，常用的方法有电压测量法和电阻测量法。

1）电压测量法

测量检查时，首先把万用表的转换开关置于交流电压 500 V 的挡位上，然后按图 2.12 所示的方法进行测量。

接通电源，若按下启动按钮 SB1 时，接触器 KM 不吸合，则说明控制电路有故障。

检测时，在松开按钮 SB1 的条件下，先用万用表测量 0 和 1 两点之间的电压。若电压为 380 V，则说明控制电路的电源电压正常。然后把黑表棒接到 0 点上，红表棒依次接到 2、3 各点上，分别测量 0—2、0—3 两点间的电压。若电压均为 380 V 的话，再把黑表棒接到 1 点上，红表棒接到 4 点上，测量出 1—4 两点间的电压。根据测量结果即可找出故障点，见表 2.16。表中符号"×"表示不需再测量。

表 2.16　电压测量法查找故障点

故障现象	0—2	0—3	1—4	故障点
按下 SB1 时，接触器 KM 不吸合	0	×	×	KH 常闭触头接触不良
	380 V	0	×	SB2 常闭触头接触不良
	380 V	380 V	0	KM 线圈断路
	380 V	380 V	380 V	SB1 接触不良

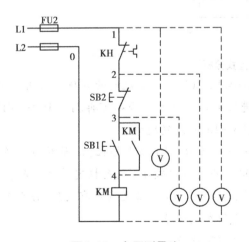

图 2.12　电压测量法　　　　　图 2.13　电阻测量法

2）电阻测量法

测量检查时，首先把万用表的转换开关置于倍率适当的电阻挡位上（一般选 R×100 以上的挡位），然后按图 2.13 所示的方法进行测量。

检测时，首先切断电路的电源（这点与电压测量法不同），用万用表依次测量出 1—2、1—3、0—4 各两点间的电阻值。根据测量结果即可找出故障点，见表 2.17。

表 2.17　电阻测量法查找故障点

故障现象	1—2	1—3	0—4	故障点
按下 SB1 时， KM 不吸合	∞	×	×	KH 常闭触头接触不良
	0	∞	×	SB2 常闭触头接触不良
	0	0	∞	KM 线圈断路
	0	0	R	SB1 接触不良

注:R 为接触器 KM 线圈的电阻值。

以上是用测量法查找确定控制电路的故障点,对于主电路的故障点,结合图 2.14 说明如下:

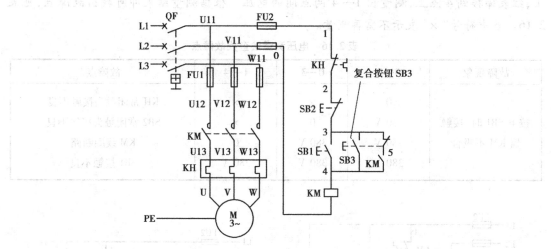

图 2.14　故障查找分析图

首先,测量接触器电源端的 U12—V12、U12—W12、W11—V12 之间的电压。若均为 380 V,说明 U12、V12、W12 三点至电源无故障,可进行第二步测量。否则可再测量 U11—V11、U11—W11、W11—V11 顺次至 L1—L2、L2—L3、L3—L1 直到发现故障。

其次,断开主电路电源,用万用表的电阻挡(一般选 R×10 以上挡位)测量接触器负载端 U13—V13、U13—W13、W13—V13 之间的电阻。若电阻均较小(电动机定子绕组的直流电阻),说明 U12、V13、W13 三点至电动机无故障,可判断为接触器主触头有故障,否则可再测量 U—V、U—W、W—V 到电动机接线端子处,直到发现故障。

根据故障点的不同情况,采用正确的维修方法排除故障。

(4)校验及运行

检修完毕,进行通电空载校验或局部空载校验。校验合格后,通电运行。

提示:在实际维修工作中,即便同一种故障现象,发生的部位也不一定相同。因此,采用以上介绍的步骤和方法时,不能生搬硬套,而应按不同的情况灵活运用,妥善处理。

习题 2.3

1.试分析题图 2.3 所示控制线路能否满足以下控制要求和保护要求：

(1)实现单向启动和停止；

(2)具有短路、过载、欠压和失压保护。

若线路不能满足以上要求,试加以改正,并说明改正原因。

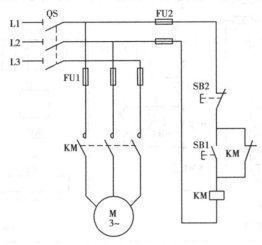

题图 2.3

2.什么是过载保护？为什么对电动机要采取过载保护？熔断器能否代替热继电器来实现过载保护？为什么？

3.简述电动机基本控制线路故障检修的一般步骤。

任务 2.4 三相异步电动机连续与点动混合正转控制线路

【工作任务】

- 记住连续与点动混合正转控制线路的工作原理。
- 会安装连续与点动控制线路。
- 会检修连续与点动控制线路的常见故障。

【相关知识】

 想一想

数控车间的 CA6140 普通车床在正常工作时,一般需要电动机连续运转。但在试车或调整刀具与工件的相对位置时,又需要电动机能点动,你能设计出这样的电路吗？

(1)连续与点动混合正转控制线路

图 2.15 是连续与点动混合正转控制线路的原理图、布置图、接线图。该电路是在启动按钮 SB1 的两端并联一个复合按钮 SB3 来实现连续与点动混合正转控制的,SB3 的常闭触头应与 KM 自锁触头串联。

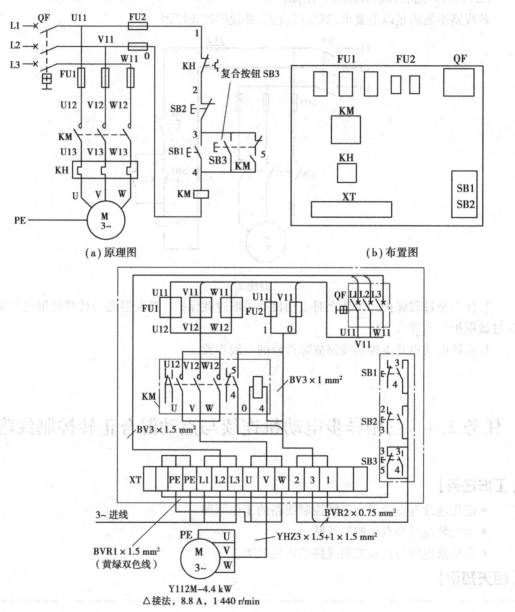

(a)原理图   (b)布置图

(c)接线图

图 2.15 连续与点动混合正转控制线路

(2)电路结构分析

①主电路组成:电源开关 QF、主电路熔断器 FU1、交流接触器 KM 的主触头和热继电器

的热元件 KH 及电动机 M。

②控制电路组成:熔断器 FU2、热继电器 KH 的常闭控制触头,停止按钮 SB2、正转启动按钮 SB1、点动正转控制按钮 SB3、KM 的常闭辅助触头(点动)、KM 的常开辅助触头(自锁)、交流接触器线圈 KM。

(3)电路工作原理分析

1)连续控制

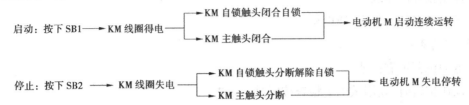

2)点动控制:

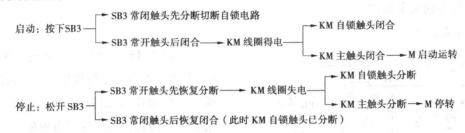

该电路具有欠压、失压、过载等保护功能。

【任务准备与实施】

(1)工具、仪表及器材(表 2.18 和表 2.19)

表 2.18　工具与仪表

工具	测电笔、螺钉旋具、尖嘴钳、斜口钳、剥线钳、电工刀等
仪表	ZC25-3 型兆欧表(500 V、0~500 MΩ)、MG3-1 型钳形电流表、MF47 型万用表

表 2.19　原件明细表

代号	名称	型号	规格	数量
M	三相异步电动机	Y-112M-4	4 kW、380 V、△接法、8.8 A、1 440 r/min	1
QS	组合开关	HZ10-25/3	三极、25 A	1
FU1	熔断器	RL1-60/25	500 V、60 A、配熔体 25 A	3
FU2	熔断器	RL1-15/2	500 V、15 A、配熔体 2 A	2
KM	交流接触器	CJ10-20	20 A、线圈电压 380 V	1
FR	热继电器	JR16-20/3	三极、20 A、整定电流 8.8 A	1
SB	按钮	LA4-3H	保护式、500 V、5 V、按钮数 3	1
XT	端子板	JX2-1015	500 V、10 A、15 节	1

（2）安装步骤

①按元件明细表将所需器材配齐，并检验元件质量。

②在控制板上按位置布置图安装所有电器元件。

③进行板前明线布线。

④自检控制板布线的正确性及美观性。

⑤控制板外部布线。

⑥经指导老师初检后，通电检验。

（3）注意事项

①电动机要可靠接地。

②操作按钮时，先用试电笔检查按钮是否带电。

③通电效验时，应先合上 QF，再检验按钮的控制是否正常。

④应做到安全操作。

（4）检修训练

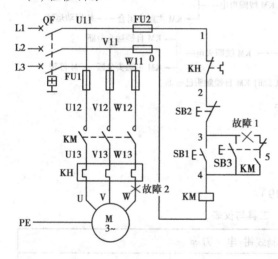

图 2.16　连续与点动混合正转控制电路故障设置图

在图 2.15（a）的主电路或控制电路中，人为设置自然电气故障二处，如图 2.16 所示。自编检修步骤，经指导教师审查合格后开始检修。检修注意事项如下：

①检修前，要先掌握电路图中各个控制环节的作用和原理。

②在检修过程中，严禁扩大原有故障和产生新的故障，否则要立即停止检修。

③检修思路和方法要正确。

④带电检修故障时，必须有指导教师在现场监护，确保用电安全。

⑤检修必须在定额时间内完成。

【任务评价】

（1）电路安装评分标准（表 2.20）

表 2.20　电路安装评分标准

专业_____　班级_____　姓名_____　学号_____

任务名称					
项目内容	配分(100)	评分标准		扣分	得分
元件清理	10	电器元件漏检或错检，每个扣1分。			

续表

任务名称				
项目内容	配分(100)	评分标准	扣分	得分
安装元件	20	(1)元件布置不整齐、不合理、不均匀,每只扣2分。 (2)元件安装不牢固,每只扣3分。 (3)损坏元件,每只扣5~15分。		
布线	30	(1)不按原理图接线,扣20分。 (2)布线不符合要求,每处扣2分。 (3)接线松动、反圈、漏铜过长、压绝缘层,每个节点,扣1分。 (4)损伤导线绝缘或线芯,每处扣4分。 (5)漏接接地线,扣10分。		
通电试车	30	(1)热继电器整定值整定错误,每只扣5分。 (2)试车一次、二次、三次不成功,分别扣10、20、30分。		
安全文明	10	违反安全文明生产规程,扣5~20分。		
额定时间	180分钟	每超时1分钟,扣5分。		
备注	额定时间内最高项目的扣分,不得超过配分数		成绩	
开始时间		结束时间	实际时间	

教师(签名):_____ 日期:_____

(2)检修训练评分标准(表 2.21)

表 2.21 检修训练评分标准

专业_____ 班级_____ 姓名_____ 学号_____

任务名称			
项目内容	配分(100)	评分标准	得分
自编检修步骤	10分	(1)检修步骤不合理、不完善,扣5分。 (2)无检修步骤,扣10分。	
故障分析	40分	(1)标错电路故障范围,每个扣10分。 (2)在实际排除故障时无思路,每个故障扣10分。	

续表

任务名称			
项目内容	配分 (100)	评分标准	得 分
排除故障	40分	(1)不能查出故障,每个扣20分。 (2)工具及仪表使用不当,扣10分。 (3)查出故障,但不能排除,扣10分。 (4)产生新的故障或扩大故障 　不能排除,每个扣10分。 　已经排除,每个扣5分。 (5)损坏电动机,扣40分。 (6)损坏电器元件,或排除故障方法不正确,每只(次)扣 　10分。	
安全文明生产	10分	违反安全文明生产规程,扣5~20分。	
定额时间	40分钟	每超时5分钟(不足5分钟以5分钟计),扣5分。	
备注	除定额时间外,各项内容的最高扣分不得超过配分数		成绩
开始时间		结束时间	实际时间

教师(签名):_____　日期:_____

【问题思考】

试一试,你能设计出在两地控制一台电动机的点动与连续运行控制线路吗?

【知识扩展】

板前线槽配线的工艺要求

①所有导线的截面积等于或大于 $0.5\ mm^2$ 时,必须采用软线。考虑机械强度的原因,所有导线的最小截面积在控制箱外为 $1\ mm^2$,在控制箱内为 $0.75\ mm^2$。但对控制箱内通过很小电流的电路连接,如电子逻辑电路,可用 $0.2\ mm^2$ 导线,并且可以采用硬线,但只能用于不移动又无振动的场合。

②布线时,严禁损伤线芯和导线绝缘。

③各电器元件接线端子引出导线的走向以元件的水平中心线为界限。在水平中心线以上接线端子引出的导线,必须进入元件上面的走线槽;在水平中心线以下接线端子引出的导线,必须进入元件下面的走线槽。任何导线都不允许从水平方向进入走线槽内。

④各电器元件接线端子上引出或引入的导线,除间距很小或元件机械强度很差时允许

直接架空敷设外,其他导线必须经过走线槽进行连接。

⑤进入走线槽内的导线要完全置于走线槽内,并应尽可能避免交叉。装线不要超过其容量的70%,以便于能盖上线槽盖和以后的装配及维修。

⑥各电器元件与走线槽之间的外露导线应合理走线,并尽可能做到横平竖直,垂直变换走向。同一个元件上位置一致的端子和同型号电器元件中位置一致的端子上引出或引入的导线,要敷设在同一平面上,并应做到高低一致或前后一致,不得交叉。

⑦所有接线端子、导线线头上,都应套有与电路图上相应接点线号一致的编码套管,并按线号进行连接,连接必须牢固,不得松动。

⑧在任何情况下,接线端子都必须与导线截面积和材料性质相适应。当接线端子不适合连接软线或不适合连接较小截面积的软线时,可以在导线端头上穿上针形或叉形轧头并压紧。

⑨一般一个接线端子只能连接一根导线,如果采用专门设计的端子,可以连接两根或多根导线,但导线的连接方式必须是公认的、在工艺上成熟的,如夹紧、压接、焊接、绕接等,并应严格按照连接工艺的工序要求进行。

习题2.4

1.题图2.4控制线路有无画错的地方? 如有请改正。

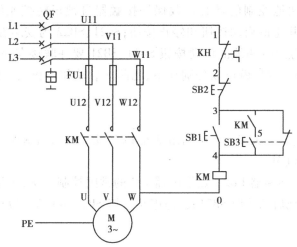

题图2.4

2.请叙述连续与点动混合正转控制电路的工作原理。

任务 2.5　两地控制一台电动机控制线路

【工作任务】

- 记住两地控制一台电动机控制线路的工作原理。
- 能独立完成两地控制一台电动机控制线路的安装、调试与维修。
- 能灵活运用两地控制一台电动机控制线路原理解决实际生产中遇到的问题。

【相关知识】

想一想

同学们总是在用完学校数控实习车间的砂轮机后忘记关闭电源,导致砂轮机运行时间过长而浪费电能。学校为了减少浪费请机电专业的同学设计一个电路,能让砂轮机房和数控车间老师的控制机房都能控制砂轮机,请问这个电路怎么设计?

(1)两地控制一台电动机控制线路

图 2.17 所示为两地控制的具有过载保护接触器自锁正转控制线路的电路。其中,SB11、SB12 为安装在甲地的启动按钮和停止按钮;SB21、SB22 为安装在乙地的启动按钮和停止按钮。线路的特点是:两地的启动按钮 SB11、SB21 要并联接在一起,停止按钮 SB12、SB22 要串联接在一起。这样就可以分别在甲、乙两地启动和停止同一台电动机,达到方便操作的目的。

1)电路结构分析

①主电路组成:电源开关 QF、主电路熔断器 FU1、交流接触器 KM 的主触头和热继电器的热元件 KH 及电动机 M。

②控制电路组成:熔断器 FU2、热继电器 KH 的常闭控制触头、甲地启动按钮 SB11、甲地停止按钮 SB12、乙地启动按钮 SB21、乙地停止按钮 SB22、KM 的常开辅助触头、交流接触器线圈 KM。

2)线路工作原理

①甲地控制:

启动:按下 SB11 → KM 线圈得电 ┬→ KM 主触头闭合 ──────┬→ 电动机 M 启动连续运转
　　　　　　　　　　　　　　　　└→ KM 辅助常开触头闭合 ─┘

停止:按下 SB12 → KM 线圈失电 ┬→ KM 主触头分断 ──────┬→ 电动机 M 失电停转
　　　　　　　　　　　　　　　　└→ KM 辅助常开触头分断 ─┘

②乙地控制原理与甲地控制原理相同。

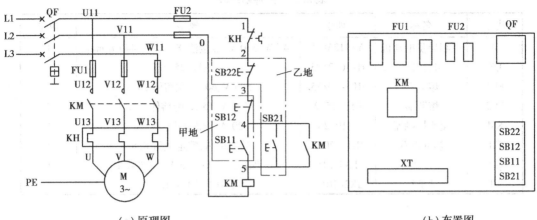

（a）原理图　　　　　　　　　　　（b）布置图

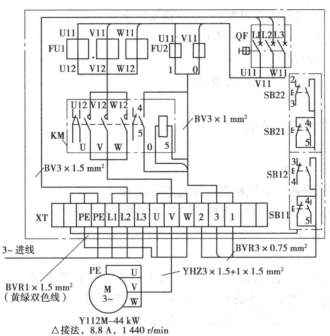

（c）接线图

图 2.17　两地控制一台电动机控制线路

【任务准备与实施】

（1）工具、仪表及器材（表 2.22、表 2.23）

表 2.22　工具与仪表

工具	测电笔、螺钉旋具、尖嘴钳、斜口钳、剥线钳、电工刀等
仪表	ZC25-3 型兆欧表（500 V，0～500 MΩ）、MG3-1 型钳形电流表、MF47 型万用表

表 2.23 原件明细表

代号	名称	型号	规格	数量
M	三相异步电动机	Y-112M-4	4 kW、380 V、△接法、8.8 A、1 440 r/min	1
QS	组合开关	HZ10-25/3	三极、25 A	1
FU1	熔断器	RL1-60/25	500 V、60 A、配熔体 25 A	3
FU2	熔断器	RL1-15/2	500 V、15 A、配熔体 2 A	2
KM	交流接触器	CJ10-20	20 A、线圈电压 380 V	1
FR	热继电器	JR16-20/3	三极、20 A、整定电流 8.8 A	1
SB	按钮	LA4-3H	保护式、500 V、5 V、按钮数 4	1
XT	端子板	JX2-1015	500 V、10 A、15 节	1

（2）安装步骤

①按元件明细表将所需器材配齐,并检验元件质量。

②在控制板上按布置图安装所有电器元件。

③进行板前明线布线。

④自检控制板布线的正确性及美观性。

⑤进行控制板外部布线。

⑥经指导老师初检后,通电检验。

（3）注意事项

①电动机要可靠接地。

②操作按钮时,先用试电笔检查按钮是否带电。

③通电效验时,应先合上 QS,再检验按钮的控制是否正常。

④应做到安全操作。

（4）检修训练

在图 2.17(a)的主电路或控制电路中,人为设置电气自然故障二处,如图 2.18 所示。自编检修步骤,经指导教师审查合格后开始检修。检修注意事项如下：

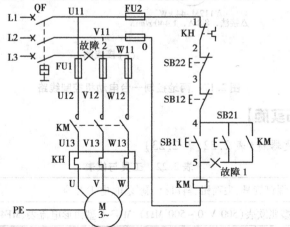

图 2.18 两地控制一台电动机控制线路故障设置图

①检修前,要先掌握电路图中各个控制环节的作用和原理。

②在检修过程中,严禁扩大和产生新的故障,否则要立即停止检修。

③检修思路和方法要正确。

④带电检修故障时,必须有指导教师在现场监护,确保用电安全。

⑤检修必须在定额时间内完成。

【任务评价】

(1)电路安装评分标准(表2.24)

表2.24 电路安装评分标准

专业_____ 班级_____ 姓名_____ 学号_____

任务名称			
项目内容	配分 (总分100分)	评分标准	得 分
装前检查	10分	电器元件漏检或错检,每处扣1分。	
安装元件	20分	(1)不按布置图安装,扣10分。 (2)元件安装不牢固,每只扣4分。 (3)元件安装不整齐、不匀称、不合理,每只扣3分。 (4)损坏元件,扣10分。	
布线	40分	(1)不按电路图接线,扣30分。 (2)布线不符合要求,每根扣3分。 (3)接点松动、露铜过长、反圈等,每个扣1分。 (4)损坏导线绝缘层或线芯,每根扣2分。 (5)漏装或套错编码套管,每处扣1分。 (6)漏接接地线,扣5分。	
通电试车	30分	(1)热继电器未整定或整定错误,扣10分。 (2)熔体规格选用不当,扣10分。 (3)第一次试车不成功,扣10分。 　　第二次试车不成功,扣20分。 　　第三次试车不成功,扣30分。	
安全文明生产	违反安全文明生产规程,扣5~20分。		
定额时间	6课时,每超时5分钟(不足5分以5分钟计),扣5分。		
备注	除定额时间外,各项内容的最高扣分不得超过配分数	成绩	
开始时间		结束时间	实际时间

教师(签名):_____ 日期:_____

（2）检修训练评分标准（表2.25）

表2.25　检修训练评分标准

专业_____　班级_____　姓名_____　学号_____

任务名称			
项目内容	配分 （总分100分）	评分标准	得　分
自编检修步骤	20分	检修步骤和方法正确。 （1）检修步骤不合理、不完善,扣5~15分。 （2）检修步骤不正确,扣20分。	
故障分析	35分	（1）标错电路故障范围,每个扣15分。 （2）在实际排除故障时无思路,每个故障,扣10分。	
排除故障	35分	（1）不能查出故障,每个扣10分。 （2）工具及仪表使用不当,扣5分。 （3）查出故障,但不能排除,扣5分。 （4）产生新的故障或扩大故障: 　　不能排除,每个扣10分。 　　已经排除,每个扣5分。 （5）损坏电动机,扣40分。 （6）损坏电器元件,或排除故障方法不正确每只（次）扣 5分。	
安全文明生产	10分	违反安全及文明规程,扣10~60分。	
定额时间	40分钟	每超时1分钟,扣5分。	
备注	除定额时间外,各项内容的最高扣分不得超过配分数		成绩	
开始时间		结束时间		实际时间	

教师（签名）:_____　日期:_____

【问题思考】

　　学了两地控制一台电动机控制线路,你能设计出三地或多地控制一台电动机控制线路吗? 请画出电路图。

【知识扩展】

电流继电器

　　电流继电器是根据电流信号工作的,根据线圈电流的大小来决定触点动作。电流继电器线圈的匝数少而线径粗,使用时其线圈与负载串联。它按线圈电流的种类可分为交流电流继电器和直流电流继电器;按动作电流的大小又可分为过电流继电器和欠电流继电器。

(1)过电流继电器

当通过继电器的电流超过预定值时就动作的继电器称为过电流继电器。过电流继电器的吸合电流为 1.1~4 倍的额定电流,也就是说,在电路正常工作时,过电流继电器线圈通过额定电流是不吸合的;当电路中发生短路或过载故障,通过线圈的电流达到或超过预定值时,铁芯和衔铁才吸合,带动触头动作。过电流继电器在电路中起过电流保护作用,特别是对于冲击性过流具有很好的保护效果。

(2)欠电流继电器

当通过继电器的电流减小到低于其整定值时就动作的继电器称为欠电流继电器。欠电流继电器的吸引电流一般为线圈额定电流的 0.3~0.65 倍,释放电流为额定电流的 0.1~0.2 倍。因此,在电路正常工作时,欠电流继电器的衔铁与铁芯始终是吸合的。只有当电流降至低于整定值时,欠电流继电器释放,发出信号,从而改变电路的状态。

电流继电器如图 2.19(a)所示;电流继电器的图形符号如图 2.19(b)所示,其文字符号用 KA 表示。图中左边线圈符号为过电流线圈符号,右边线圈符号为欠电流线圈符号。

(a)电流继电器外形

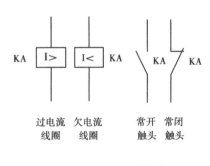

(b)电流继电器符号

图 2.19　电流继电器

习题 2.5

1. 什么叫电动机的多地控制? 多地控制电路的接线特点是什么?

2. 题图 2.5 为两地控制一台电动机电路的线路图,请指出错误的地方,并画出正确的线路图。

◇ 电力拖动控制线路与技能训练 ◇

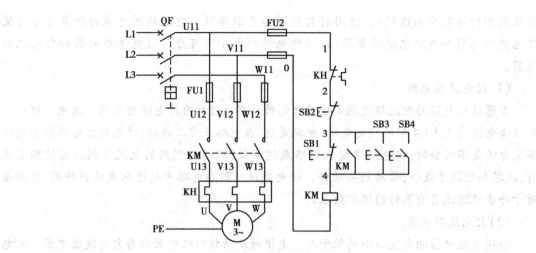

题图 2.5

· 82 ·

项目 3

三相异步电动机正反转控制线路

●知识目标

- 知道倒顺开关、行程开关的结构、功能、作用。
- 能叙述三相异步电动机正反转控制线路工作原理。
- 记住接触器联锁的意义,知道位置控制的含义。
- 能运用理论知识分析三相异步电动机正反转控制线路常见故障原因。

●技能目标

- 会安装三相异步电动机正反转控制线路。
- 会检测并维修三相异步电动机正反转控制线路常见故障。

任务 3.1　接触器联锁正反转控制线路

3.1.1　倒顺开关正反转控制电路

【工作任务】

- 认识倒顺开关。
- 能说出倒顺开关正反转控制线路的安装方法。

【相关知识】

想一想

如何使电动机改变转向?

正转控制线路只能使电动机沿一个方向旋转,带动生产机械的运动部件沿一个方向运动。在实际生产中,机床工作台需要前进与后退,万能铣床的主轴需要正转与反转,起重机的吊钩需要上升与下降,电动门需要前进与后退,如图 3.1 所示,这些都要求电动机能实现正反转控制。

图 3.1　正反转控制电路在实际中的应用

改变通入电动机定子绕组三相电源的相序,即把接入电动机三相电源进线中的任意两相对调接线时,电动机就可以反转。下面介绍几种常用的正反转控制线路。

(1)倒顺开关正反转控制线路

倒顺开关正反转控制线路如图 3.2 所示。万能铣床主轴电动机的正反转控制就是采用倒顺开关来实现的。

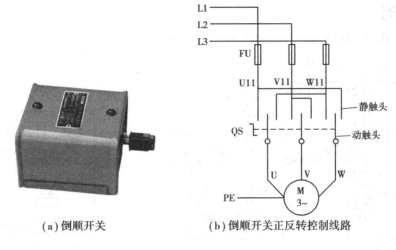

（a）倒顺开关　　　　　（b）倒顺开关正反转控制线路

图3.2　倒顺开关正反转控制线路

（2）线路工作原理

操作倒顺开关 QS，当手柄处于"停"位置时，QS 的动静触头不接触，电路不通，电动机不转：当手柄扳至"顺"位置时，QS 的动触头和左边的静触头相接触，电路按 L1—U，L2—V，L3—W 接通，输入电动机定子绕组的电源电压相序为 L1—L2—L3，电动机正转：当手柄扳至"倒"位置时，QS 的动触头和右边的静触头相接触，电路按 L1—W，L2—V，L3—U 接通，输入电动机定子绕组的电源电压相序变为 L3—L2—L1，电动机反转。

注意：

当电动机处于正转状态时，要使它反转，应先把手柄扳到"停"的位置，使电动机先停转，然后再把手柄扳到"倒"的位置，使它反转。若直接把手柄由"顺"扳至"倒"的位置，电动机的定子绕组会因为电源突然反接而产生很大的反接电流，易使电动机定子绕组因过热而损坏。

（3）倒顺开关正反转控制线路优缺点

优点：使用电器设备少，线路简单。

缺点：它是一种手动控制线路，在频繁换向时操作人员劳动强度大，操作安全性差。所以，这种线路一般用于控制额定电流 10 A，功率在 3 kW 及以下的小容量电动机，在实际生产中，更常用的是用按钮、接触器来控制电动机的正反转。

3.1.2　接触器联锁正反转控制线路

【工作任务】

- 理解接触器联锁正反转控制线路的工作原理。
- 会安装接触器联锁正反转控制线路。
- 会检测并维修接触器联锁正反转控制线路常见故障。

【相关知识】

接触器联锁正反转控制线路如 3.3(a)图所示。

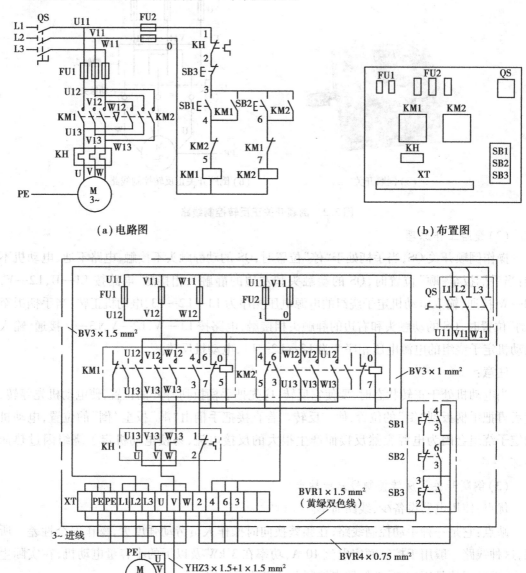

(a)电路图   (b)布置图

(c)接线图

图 3.3　接触器联锁正反转控制线路图

(1)电路结构分析

①主电路组成：隔离开关 QS、主电路熔断器 FU1(主电路短路保护)、交流接触器 KM1(正转)的主触头、交流接触器 KM2(反转)的主触头和热继电器的热元件 KH(过载保护)及电动机 M。

②控制电路组成:熔断器 FU2（控制电路短路保护）、热继电器 KH 的常闭控制触头、停止按钮 SB3、正转启动按钮 SB1、KM1 的常开辅助触头（自锁）、KM2 的常闭辅助触头（互锁）、交流接触器线圈 KM1、反转启动按钮 SB2、KM2 的常开辅助触头及 KM1 常闭辅助触头、交流接触器线圈 KM2 组成。（其中,KM1 常闭辅助触头串联于对方线圈支路,KM2 常闭辅助触头也串联于对方线圈支路,这就是接触器互锁控制结构,也称为联锁。）

（2）电路工作原理分析

1）主电路电流的流向

三相电源经隔离开关 QS,主电路熔断器 FU1,接触器主触头 KM1、KM2 和热继电器热元件 KH 到电动机 M。

①正转控制:

②停止控制:

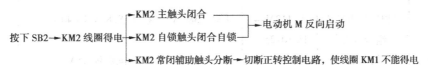

③反转控制:

④该电路具有过载、短路、欠压、失压等保护功能。

2）接触器联锁

当一个接触器得电动作时,通过其辅助常闭触头使另一个接触器不能得电动作,接触器之间这种相互制约的作用叫做接触器联锁（或互锁）。实现联锁作用的辅助常闭触头称为联锁触头（或互锁触头）,用符号"▽"表示。

【任务准备与实施】

接触器联锁正反转控制线路板如图3.4所示。

（1）工具、仪表及器材（表3.1,表3.2）

表3.1 工具与仪表

工 具	测电笔、螺钉旋具、尖嘴钳、斜口钳、剥线钳、电工刀等
仪 表	ZC25-3 型兆欧表（500 V,0～500 MΩ）、MG3-1 型钳形电流表、MF47 型万用表

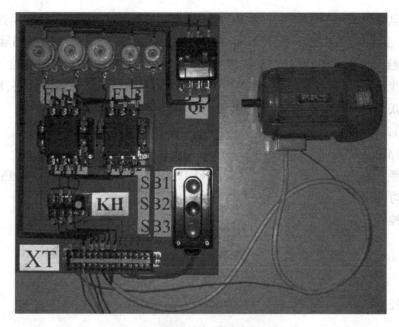

图 3.4 接触器联锁正反转控制线路板

表 3.2 元件明细表

代 号	名 称	型 号	规 格	数 量
M	三相异步电动机	Y-112M-4	4 kW、380 V、△接法、8.8 A、1 440 r/min	1
QS	组合开关	HZ10-25/3	三极、25 A	1
FU1	熔断器	RL1-60/25	500 V、60 A、配熔体 25A	3
FU2	熔断器	RL1-15/2	500 V、15 A、配熔体 2A	2
KM1、KM2	交流接触器	CJT1-20	20 A、线圈电压 380 V	2
FR	热继电器	JR36-20	三极、20 A、整定电流 8.8 A	1
SB1、SB2、SB3	按钮	LA4-3H	保护式、500 V、5 V、按钮数 3	1
XT	端子板	JD0-1020	500 V、10 A、20 节	1

（2）安装步骤

①按元件明细表将所需器材配齐，并检验元件质量。

②在控制板上按图 3.3(b)安装所有电器元件。

③在控制板上按图 3.3(c)进行板前明线布线，并在导线端部套编码套管和冷压接线头。

④安装电动机。

⑤连接电动机和电器元件金属外壳的保护接地线。

⑥连接控制板外部的导线。

⑦自检。

a. 按照原理图及安装接线图核查接线,看有无错接、漏接、脱落、虚接、短接等现象;观察各电器元件有无损坏;检查导线与各端子的接线是否牢固。

b. 用万用表检查电路通断情况,用手动操作来模拟触头分合动作:

- 分别按下接触器 KM1、KM2 主触头,用万用表欧姆挡检查主电路通断情况;
- 分别按下 SB1、SB2,用万用表欧姆挡检查控制电路是否正常。

⑧交验检查无误后通电试车。

(3)注意事项

①要注意主电路必须进行换相,否则电动机只能进行单向运转。

②要特别注意接触器的联锁触点不能接错,否则将会造成主电路中二相电源短路事故。

③接线时,不能将正、反转接触器的自锁触点进行互换,否则只能进行点动控制。

④通电效验时,应先合上 QS,再检验 SB2(或 SB1)及 SB3 按钮的控制是否正常,并在按 SB1 后再按 SB2,观察有无联锁作用。

⑤安全操作。

(4)检修训练

在图 3.3(a)的主电路或控制电路中,人为设置电气自然故障两处。自编检修步骤,经指导教师审查合格后开始检修。

1)故障现象

电动机正反转正常,KM1、KM2 线圈均吸合但电动机无法停止。

2)故障分析

根据故障现象和电路工作原理,分析出故障部位不在主电路而在控制回路。可能出现的故障原因是,控制回路中的 SB3 触点熔焊或 SB3 常闭触点连接导线短接。用虚线标出故障部位的最小范围。

3)故障检修

切断电源,按下和放开 SB3 按钮,用万用表欧姆挡检测 SB3 两端触头,观察万用表阻值变化情况,确定故障原因。采取正确的修复方法,迅速排除故障。

(5)检修注意事项

①检修前,要先掌握电路图中各个控制环节的作用和原理。

②在检修过程中,严禁扩大原有故障和产生新的故障,否则要立即停止维修。

③检修思路和方法要正确。

④工具和仪表使用要正确。

⑤带电检修故障时,必须有指导教师在现场监护,确保用电安全。

⑥检修必须在规定时间内完成。

【任务评价】

(1)电路安装评分标准(表3.3)

表3.3　电路安装评分标准

专业_____　班级_____　姓名_____　学号_____

任务名称			
项目内容	配分 (总分100分)	评分标准	得　分
装前检查	10分	电器元件漏检或错检,每处扣1分。	
安装元件	20分	(1)不按布置图安装,扣10分。 (2)元件安装不牢固,每只扣4分。 (3)元件安装不整齐、不匀称、不合理,每只扣3分。 (4)损坏元件,扣10分。	
布线	40分	(1)不按电路图接线,扣30分。 (2)布线不符合要求,每根扣3分。 (3)接点松动、露铜过长、反圈等,每个扣1分。 (4)损坏导线绝缘层或线芯,每根扣2分。 (5)漏装或套错编码套管,每处扣1分。 (6)漏接接地线,扣5分。	
通电试车	30分	(1)热继电器未整定或整定错误,扣10分。 (2)熔体规格选用不当,扣10分。 (3)第一次试车不成功,扣10分。 　第二次试车不成功,扣20分。 　第三次试车不成功,扣30分。	
安全文明生产	违反安全文明生产规程,扣5~20分。		
定额时间	6课时,每超时5分钟(不足5分以5分钟计),扣5分。		
备注	除定额时间外,各项内容的最高扣分不得超过配分数	成绩	
开始时间		结束时间	实际时间

教师(签名):_____　日期:_____

（2）检修训练评分标准（表3.4）

表3.4　检修训练评分标准

专业＿＿＿＿＿＿＿　班级＿＿＿＿＿＿＿　姓名＿＿＿＿＿＿＿　学号＿＿＿＿＿＿＿

任务名称			
项目内容	配分 （总分100分）	评分标准	得　分
自编检修步骤	20分	（1）检修步骤不合理、不完善，扣5～15分。 （2）检修步骤不正确，扣20分。	
故障分析	35分	（1）标错电路故障范围，每个扣15分。 （2）在实际排除故障时无思路，每个故障扣10分。	
排除故障	35分	（1）不能查出故障，每个扣10分。 （2）工具及仪表使用不当，扣5分。 （3）查出故障，但不能排除，扣5分。 （4）产生新的故障或扩大故障： 　　不能排除，每个扣10分。 　　已经排除，每个扣5分。 （5）损坏电动机，扣40分。 （6）损坏电器元件，或排除故障方法不正确，每只（次）扣 　　5分。	
安全文明生产	10分	违反安全及文明规程，扣10～60分。	
定额时间	40分钟	每超时1分钟，扣5分。	
备注	除定额时间外，各项内容的最高扣分不得超过配分数		成绩
开始时间		结束时间	实际时间

教师（签名）：＿＿＿＿＿＿＿＿　日期：＿＿＿＿＿＿＿＿

【问题思考】

在接触器联锁正反转控制线路中，如果在正转（反转）时直接按 SB2（SB1）电动机能否实现反转（正转）？怎样的电路才能实现这个功能？请你设计一个能实现这样功能的电路。

【知识扩展】

直流电动机的正反转控制

实际生产过程中，生产机械的运动部件经常要求正反两个方向的运动。如龙门刨床工作台的往复运动、卷扬机的上下运动等。拖动这些设备的直流电动机是如何实现反转的呢？直流电动机反转有电枢绕组反接法和励磁绕组反接法两种方法。由于励磁绕组匝数多，电感大,在进行反接时因电流突变,会产生很大的自感电动势,危及电动机及电器的绝缘安全。同时励磁绕组在断开时,由于失磁造成很大的电枢电流,易引起"飞车"事故,因此一般采用电枢绕组反接法。在将电枢绕组反接的同时必须连同换向极绕组一起反接,以达到改善换向的目的。

习题3.1

1.用倒顺开关控制电动机正反转时,为什么不允许把手柄从"顺"的位置直接扳到"倒"的位置?

2.下图所示控制线路只能实现电动机的单向启动和停止。试用接触器和按钮在图中填画出能使电动机实现反转的控制线路,并使线路具有接触器联锁保护作用。

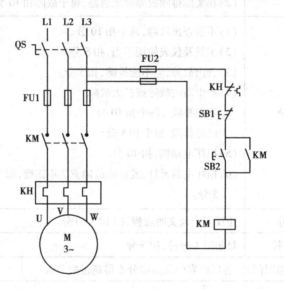

题图 3.1

3.下图是正反转控制电路,试分析各电路能否正常工作。若不能正常工作,请找出原因,并改正过来。

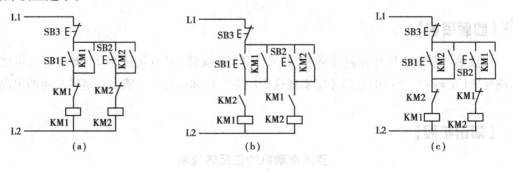

题图 3.2

4.什么叫联锁控制?在电动机正反转控制线路中为什么必须要有联锁控制?

任务 3.2 位置控制与自动往返控制线路

3.2.1 行程开关

【工作任务】

- 知道行程开关的结构、功能、工作原理、型号含义。
- 会选用和安装行程开关。
- 会排除行程开关常见故障。

【相关知识】

想一想

在生产过程中,哪些生产机械运动部件的行程或位置要受到限制?

在工作过程中,生产机械的工作台要求在一定行程内运动或自动往返运动,以便实现对工件的连续加工,提高生产效率。如摇臂钻床、万能铣床、镗床、桥式起重机及各种自动或半自动控制机床设备就经常要实现这种控制要求。行程开关就是能实现所述功能的低压电器元件。

(1)行程开关的功能

行程开关是一种利用生产机械某些运动部件的碰撞来发出控制指令的主令电器,主要用于控制生产机械的运动方向、速度、行程大小或位置,是一种自动控制电器。

行程开关的作用原理与按钮相同,区别在于它不是靠手指按压,而是利用生产机械运动部件的碰压使其触头动作,从而将机械信号转变为电信号,使运动机械按一定位置或行程实现自动停止、反向运动、变速运动或自动往返运动等。

(2)行程开关的结构、符号及型号含义

机床中常用的行程开关有 LX19 和 JLXK1 等系列,如图 3.5 所示。各系列行程开关的基本结构大体相同,都是由操作机构、触头系统和外壳组成,如图 3.6 所示。行程开关触头动作原理如图 3.7 所示。行程开关在电路图中的符号如图 3.8 所示。行程开关的型号及含义如图 3.9 所示。

图 3.5　LX 系列行程开关

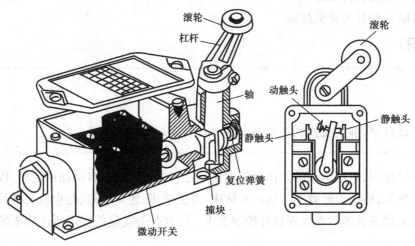

图 3.6　行程开关结构

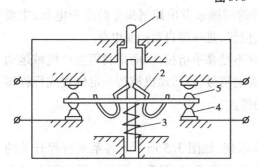

图 3.7　触头动作原理

1—推杆;2—弯形片弹簧;3—常开触头;
4—常闭触头;5—恢复弹簧

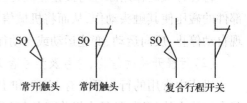

图 3.8　行程开关图形符号和文字符号

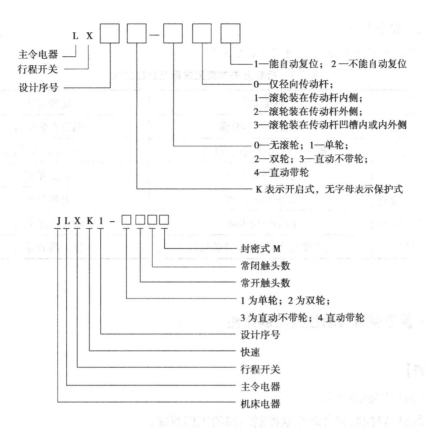

图 3.9 行程开关的型号及含义

（3）行程开关的动作原理

行程开关动作原理如图 3.7 所示。行程开关的触头类型有一常开一常闭、一常开二常闭、二常开一常闭、二常开二常闭等形式。动作方式可分为瞬动式、蠕动式和交叉从动式三种。动作后的复位方式有自动复位和非自动复位两种。其动作原理是：当工作台边上的挡铁压到行程开关的滚轮上时，杠杆连同轴一起转动，并推动撞块移动；当撞块移动到一定位置时便触动微动开关，使其常闭触头分断，再使其常开触头闭合；当滚轮上的挡铁移开以后，复位弹簧使触头复位。所以微动开关是一种反应灵敏的开关，只要它的推杆有微量位移，就能使触头快速动作。

（4）行程开关的选用

行程开关的主要参数是形式、工作行程、额定电压及触头的电流容量，在产品说明书中都有详细说明，主要根据动作要求、安装位置及触头数量进行选择。

（5）行程开关的安装与使用

①行程开关安装时，其位置要准确，安装要牢固；滚轮的方向不能装反，挡铁与其碰撞的位置应符合控制线路的要求，并确保能可靠地与挡铁碰撞。

②行程开关在使用中要定期检查和保养，除去油垢及粉尘，清理触头，经常检查其动作是否灵活、可靠，及时排除故障，防止因行程开关触头接触不良或接线松脱而产生误动作，导

致设备和人身安全事故。

（6）行程开关常见故障及处理方法（表3.5）

表3.5　行程开关的常见故障及处理方法

故障现象	可能原因	处理方法
挡铁碰撞行程开关后，触头不动作	安装位置不准确	调整安装位置
	触头接触不良或接线松脱	清刷触头或紧固接线
	触头弹簧失效	更换弹簧
杠杆已经偏转，或无外界机械力作用，但触头不复位	复位弹簧失效	更换弹簧
	内部撞块卡阻	清扫内部杂物
	调节螺钉太长，顶住开关按钮	检查调节螺钉

3.2.2　位置控制与自动往返控制线路

【工作任务】

- 记住位置控制的含义。
- 能说出位置控制和自动往返控制线路的工作原理。
- 会正确安装、检测与维修自动往返控制线路。

【相关知识】

想一想

行程开关与按钮有何区别？

（1）位置控制线路

1）位置控制含义

利用生产机械运动部件上的挡铁与行程开关碰撞，使其触头动作来接通或断开电路，以实现对生产机械运动部件的位置或行程的自动控制的方法称为位置控制，又称行程控制或限位控制。实现这种控制要求所依靠的主要电器是行程开关。

2）位置控制线路

摇臂钻床的摇臂升降控制电路就用到了位置控制电路。Z3050 摇臂钻床的外形如图 3.10所示，位置控制电路如图 3.11 所示，位置控制电路元器件布置图如图 3.12 所示。

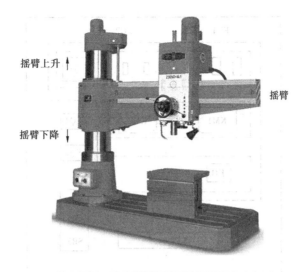

图 3.10　Z3050 摇臂钻床的外形图

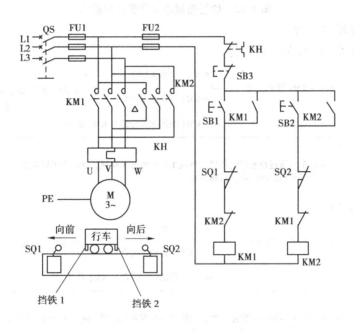

图 3.11　位置控制线路图

3)电路结构分析

①主电路组成:隔离开关 QS、主电路熔断器 FU1、交流接触器 KM1(正转)的主触头、交流接触器 KM2(反转)的主触头和热继电器的热元件 KH 及电动机 M。

②控制电路组成:熔断器 FU2 、热继电器 KH 的常闭控制触头、停止按钮 SB3、正转启动按钮 SB1 常开触头、KM1 的常开辅助触头(自锁)、SQ1 的常闭触头(限位)、KM2 的常闭辅助触头(互锁)、交流接触器线圈 KM1;反转启动按钮 SB2 常开触头、KM2 的常开辅助触头(自锁)、SQ2 的常闭触头(限位)、KM1 常闭辅助触头(互锁)、交流接触器线圈 KM2。

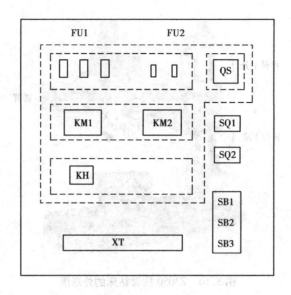

图 3.12 位置控制电路元器件布置图

4）电路工作原理分析

合上电源开关 QS，行车向前运行：

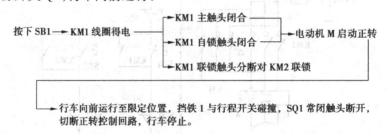

行车向后运行：

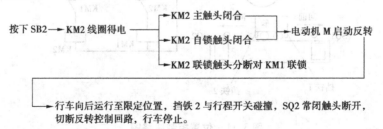

当行车需要在限定运行范围内的任一位置停止时，按下停止按钮 SB3，断开控制电路，行车停止。行车的行程和位置可通过移动行程开关的安装位置来调节。

（2）自动往返控制线路

磨床的工作台需要循环往复运动，磨床的控制线路采用了自动往返控制电路。工作台运动示意图与位置控制示意图相同，行车的两头终点处各安装了两个行程开关 SQ1、SQ3 和 SQ2、SQ4。自动往返控制线路如图 3.13 所示，实物接线图如图 3.14 所示。

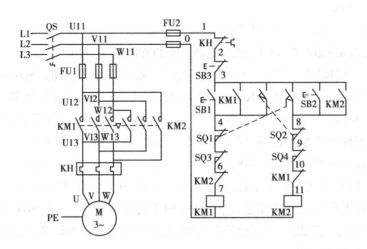

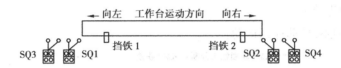

图 3.13　工作台自动往返行程控制线路

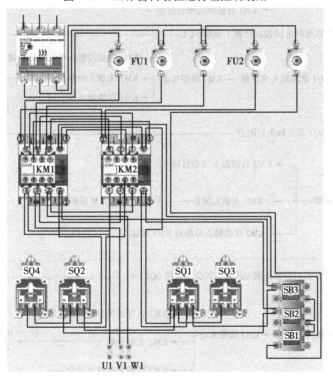

图 3.14　工作台自动往返行程控制线路实物接线图

1)电路结构分析

①主电路组成：与位置控制电路相同。

②控制电路组成：熔断器 FU2 、热继电器 KH 的常闭触头、停止按钮 SB3、正转启动按钮 SB1、KM1 的常开辅助触头（自锁）、SQ2 的常开触头（限位并正转启动）、SQ1 的常闭触头（互锁）、SQ3 的常闭触头（终端保护）、KM2 的常闭辅助触头（互锁）、交流接触器线圈 KM1；反转启动按钮 SB2、KM2 的常开辅助触头（自锁）、SQ1 的常开触头（限位并反转启动）、SQ2 的常闭触头（互锁）、SQ4 常闭触头（终端保护）、KM1 常闭触头（互锁）、交流接触器线圈 KM2。

当工作台运动到所限位置时，挡铁碰撞行程开关，使其触头动作，常闭触头先分断，工作台停止运动；常开触头后闭合，工作台反向运动。其中，SQ1、SQ2 用来自动换接电动机正反转控制电路，实现工作台的自动往返；SQ3、SQ4 用作终端保护，以防止 SQ1、SQ2 失灵，工作台越过限定位置而造成事故。工作台行程可通过移动挡铁位置来调节，拉开两块挡铁间的位置，行程变短，反之则变长。

2)电路工作原理分析

合上电源开关 QS，自动往返运动：

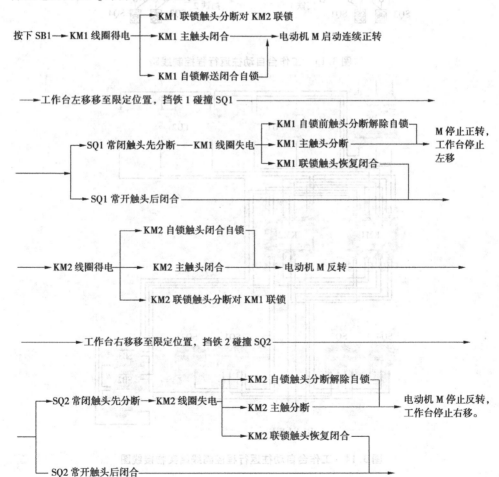

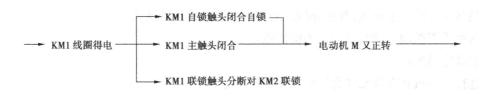

```
                    ┌─────→ KM1 自锁触头闭合自锁 ──────┐
──→ KM1 线圈得电 ──┼─────→ KM1 主触头闭合 ─────────────→ 电动机 M 又正转 ──→
                    └─────→ KM1 联锁触头分断对 KM2 联锁 ─┘
```

──── 工作台又左移（SQ2 触头复位）────→…，以后重复上述过程，工作台就在限定的行程内自动往返运动。

停止：

按下 SB1 ──→ 整个控制电路失电 ──→ KM1（或 KM2）主触头分断 ──→ 电动机 M 失电停转。

这里 SB1、SB2 分别作为正转启动按钮和反转启动按钮，若启动时工作台在左端，则应按下 SB2 进行启动。

 【任务准备与实施】

（1）工具、仪表及器材（表3.6，表3.7）

表 3.6 工具与仪表

工 具	测电笔、螺钉旋具、尖嘴钳、斜口钳、剥线钳、电工刀等
仪 表	ZC25-3 型兆欧表（500 V、0～500 MΩ）、MG3-1 型钳形电流表、MF47 型万用表

表 3.7 元件明细表

代 号	名 称	型 号	规 格	数 量
M	三相异步电动机	Y-112M-4	4 kW、380 V、△接法、8.8 A、1 440 r/min	1
QS	组合开关	HZ10-25/3	三极、25 A	1
FU1	熔断器	RL1-60/25	500 V、60 A、配熔体 25 A	3
FU2	熔断器	RL1-15/2	500 V、15 A、配熔体 2 A	2
KM1、KM2	交流接触器	CJT1-20	20 A、线圈电压 380 V	2
FR	热继电器	JR36-20	三极、20 A、整定电流 8.8 A	1
SB1、SB2、SB3	按钮	LA4-3H	保护式、500 V、5 V、按钮数 3	1
XT	端子板	JD0-1020	500 V、10 A、20 节	1
SQ1～SQ4	行程开关	JLXK1	500 V、5 A	4

（2）安装步骤

①自绘电路安装图和接线图，交教师检查合格后开始安装。

②检查元件好坏，在控制板上按平面布置图安装走线槽和所有电器元件，并贴上醒目的文字符号。

③按线槽布线工艺布线,并在导线上套上号码管和冷压接线头。

④接点不能松动,不能有反圈,不能露线心。

⑤安装电动机。

⑥连接电动机和电器元件金属外壳的保护接地。

⑦连接控制板外部的导线。

⑧自检:

a. 分别按下接触器 KM1、KM2 主触头,用万用表欧姆挡检查主电路通断情况;

b. 分别碰触 SQ1、SQ2,用万用表欧姆挡检查控制电路是否正常;

c. 分别按下 SB1、SB2,用万用表欧姆挡检查控制电路是否正常;

d. 分别碰触 SQ3、SQ4,检测限位功能是否完好。

⑨交实习教师检验后通电试车。

(3)注意事项

①行程开关必须牢固安装在合适的位置上。安装后,必须用手动工作台或受控机械进行试验,合格后才能使用。

②通电试车时,合上电源开关 QS,试验各行程控制和终端保护动作是否正常可靠。

③接触器联锁触头接线必须正确,否则会造成主电路中两相电源短路事故。

④在通电过程中,必须有教师在现场监护,确保用电安全。

(4)检修训练

在控制电路或主电路中人为设置电气自然故障两处。教师示范检修时,可把下述检修步骤及要求贯穿其中,直到故障排除。

①用试验法来观察故障现象,主要观察电动机的运行情况、接触器的动作情况和线路的工作情况等。

②用逻辑分析法缩小故障范围,并在电路图上用虚线标出故障部位的最小范围。

③用测量法正确、迅速地找出故障点。

④根据故障点的不同情况,采取正确的修复方法,迅速排除故障。

(5)故障分析检修示例

1)故障现象

电动机启动、工作台左移碰到 SQ1 后,工作台不能实现向右运动。

2)故障分析

根据故障现象和电路工作原理分析得出,故障在反转控制电路部分。其原因可能是:SQ2 常闭触头、SQ4 常闭触头、KM2 常闭触头或 KM1 线圈出现断路,也有可能是 SQ1 常开触头没有接触。用虚线标出故障部位的最小范围。

3)故障检修

切断电源,用电阻测量法逐点检测反转控制电路,并采取正确的修复方法,迅速排除故障。

检修注意事项与接触器联锁正反转控制线路相同。排除故障后通电试车。

【任务评价】

（1）电路安装评分标准（表 3.8）

表 3.8 电路安装评分标准

专业＿＿＿＿＿＿ 班级＿＿＿＿＿＿ 姓名＿＿＿＿＿＿ 学号＿＿＿＿＿＿

任务名称				
项目内容	配分（100）	评分标准及要求		得 分
元器件清点、选择	5	清点、选择元器件。未清点或选择元器件错误，每个扣1分。		
元器件测试	5	在实训20分钟内，对主要器材进行测试。如有损坏，应及时报告老师。未进行检查，一个电器元件扣1分。		
画出电路元件布置图和接线图	20	图纸整洁、画图正确，编号合理。所画图形、符号每一处不规范扣0.5分；少一处标号扣0.5分。		
布线	30	不同规格导线的使用	每错一根扣2分。	
		接线工艺	导线不平直、损伤导线绝缘层、未贴板走线或导线交叉扣1分。	
		元件安装正确	缺螺钉，每一处扣1分。	
		电气接触	接线错误（含未接线）、接触不良、接点松动、每处扣4分。	
		线头旋向错误	每处扣1分。	
		连接点处理	导线接头过长或过短每处扣2分。	
		接线端子排列	不规范、不正确每处扣1分。	
通电试车	20	试运行一次不成功	扣6分。	
		试运行二次不成功	再扣6分。	
		试运行三次不成功	再扣6分。	
		不试车或试车不成功后不再试车	共扣20分。	
时间	10	操作时间150分钟。规定最多可超时20分钟	超时10分钟内（含10分钟）扣3分；超时20分钟内扣6分。超时满30分钟后，不得继续操作，没有试车机会。	

续表

任务名称				
项目内容	配分 (100)	评分标准及要求		得 分
安全、文明 规范	10	操作台不整洁	扣2分。	
		工具、器件摆放凌乱	扣2分。	
		发生一般事故：如带电 操作、有大声喧哗等影 响他人的行为等	每次扣2分。	
		发生重大事故	本次实训任务成绩以0分计。	
备注	每一项最高扣分不应超过该项配分（除发生重大事故）		总成绩	
开始时间		结束时间	实际时间	

教师(签名)：_____ 日期：_____

（2）检修训练评分标准（表3.9）

表3.9 检修训练评分标准

专业_____ 班级_____ 姓名_____ 学号_____

任务名称				
项目内容	配分 （总分100分）	评分标准		得 分
故障分析	30分	（1）标不出故障线段或错标在故障回路以外，每个故障 点扣15分。 （2）不能标出最小故障范围，每个故障点扣5～10分。 （3）在实际排除故障时无思路，每个故障点扣5～10分。		
排除故障	70分	（1）不能查出故障，每个扣35分。 （2）扩大故障范围或产生新的故障后： 　　不能自行修复，每个故障扣35～50分。 　　已经修复，每个故障扣15分。 （3）损坏电动机扣70分。 （4）排除故障的方法不正确，每个故障点扣5～10分。 （5）违反安全文明生产操作，扣10～70分。		
定额时间	40分钟	每超时1分钟，扣5分。		
备注	除定额时间外，各项内容的最高扣分不得超过配分数		成绩	
开始时间		结束时间	实际时间	

教师(签名)：_____ 日期：_____

【问题思考】

自动往返控制线路通电试车,在电动机正转(工作台向左运动)时,扳动行程开关 SQ1,电动机不反转,且继续正转,造成此故障的原因可能有哪几种情况? 请说明原因。

【知识扩展】

电动机的控制原则

电动机控制的一般原则归纳起来有:行程控制原则、时间控制原则、速度控制原则和电流控制原则。

(1)行程控制原则

根据生产机械运动部件的行程或位置,利用行程开关来控制电动机工作状态的原则称为行程控制原则。行程控制原则是生产机械电气自动化中应用最多和作用原理最简单的一种方式。如在本次任务中学习的位置控制线路和工作台自动往返控制线路都是按行程原则控制的。它的主要控制器件是行程开关。

(2)时间控制原则

利用时间继电器按一定时间间隔来控制电动机工作状态的原则称为时间控制原则。如在电动机的降压启动、制动以及变速过程中,利用时间继电器按一定的时间间隔改变线路的接线方式来自动完成电动机的各种控制要求。在这里,换接时间的控制信号由时间继电器发出,换接时间的长短则根据生产工艺要求或者电动机启动、制动和变速过程的持续时间来整定时间继电器的动作时间。数字时间继电器外形如图 3.15 所示。

图 3.15 时间继电器

(3)速度控制原则

根据电动机的速度变化,利用速度继电器等电器来控制电动机工作状态的原则称为速度控制原则。反映速度变化的继电器有多种,直接测量速度的继电器有速度继电器、小型测速发电机;间接测量电动机速度的继电器有电压继电器和频率继电器。对于直流电动机,用其感应电动势来反映其速度,通过电压继电器来控制;对于交流绕线转子异步电动机,可用转子频率来反映其速度,通过频率继电器来控制。速度继电器小型测速发电机如图3.16所示。

(a)速度继电器　　　　　　　　　　(b)小型测速发电机

图3.16　速度继电器和小型测速发电机

(4)电流控制原则

根据电动机主回路电流的大小,利用电流继电器来控制电动机工作状态的原则称为电流控制原则。电流继电器如图3.17所示。

图3.17　电流继电器

习题3.2

1.如何选用行程开关?

2.行程开关是如何动作的? 主要用途是什么?

3.位置控制是利用生产机械运动部件上的_____与_____碰撞,使其_____动作,来_____或_____电路,达到控制生产机械运动部件的_____或_____的一种方法。

4.题图3.3是工作台自动往返行程控制线路的主电路,请补画出控制电路,并说明4个行程开关的作用。

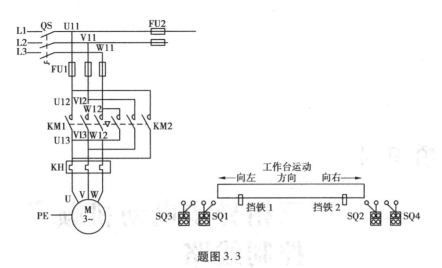

题图 3.3

项目 4

三相异步电动机顺序控制线路

●**知识目标**

• 了解使用顺序控制线路的生产机械有哪些。

• 能阐述主电路实现顺序控制线路、控制电路实现顺序控制线路、顺序启动逆序停止控制线路的工作原理。

• 能运用理论知识分析顺序控制线路常见故障原因。

●**技能目标**

• 会安装两台电动机顺序控制线路。

• 会检测并维修两台电动机顺序控制线路。

任务4.1 主电路实现两台电动机顺序启动控制线路

【工作任务】

- 能阐述主电路实现顺序启动控制线路的工作原理。
- 会安装主电路实现顺序启动控制线路。
- 会检测并维修主电路实现顺序启动控制线路。

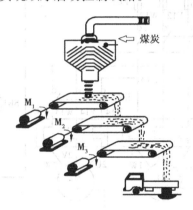

图4.1 皮带输送示意图

【相关知识】

 想一想

图4.1所示皮带输送示意图中,输送流程是:煤炭→输送管道→漏斗→皮带1→皮带2→皮带3→车厢。如果皮带1、2、3都不转动,煤炭能不能输送到车厢?如果只是皮带1或皮带2或皮带3转动,煤炭能不能输送到车厢?启动时,皮带1、2、3采用怎样的启动顺序才能保证煤炭全部输送到车厢里?停止时,皮带1、2、3采用怎样的停止顺序才能保证煤炭全部输送到车厢里?

生产过程中经常会有多台电动机同时工作,而启动或停止又必须按顺序进行,这样才能保证操作过程的合理和工作的安全可靠。如M7130型平面磨床上,要求砂轮电动机启动后,冷却泵电动机才能启动;X62W型万能铣床则要求主轴电动机启动后,进给电动机才能启动;在机床电路中,通常要求冷却泵电动机启动后,主轴电动机才能启动。以上所说的工作要求就是顺序控制。

（1）顺序控制的概念

几台电动机的启动或停止按一定的先后顺序来完成的控制方式,称为电动机的顺序控制。

常用的顺序启动控制电路有主电路顺序启动控制和控制电路顺序启动控制两种。

（2）主电路的顺序启动控制电路

主电路的顺序启动控制是指电动机的顺序启动由主电路来完成,电路图如图4.2所示。

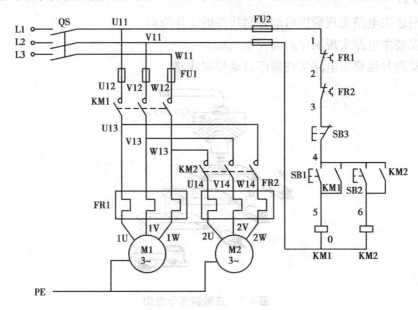

图4.2　主电路实现两台电动机顺序启动控制电路

在图4.2所示电路中,电动机 M1 和 M2 分别通过接触器 KM1 和 KM2 来控制,接触器 KM2 的主触头接在接触器 KM1 主触头的下面,这样就保证了 KM1 主触头闭合、电动机 M1 启动运转后,电动机 M2 才可能接通电源运转。

1）电路结构分析（表4.1）

表4.1　电路结构

	元件名称、文字符号	作　用
主电路	隔离开关 QS	电源开关
	主电路熔断器 FU1	主电路短路保护
	交流接触器 KM1 的主触头	接通、断开电动机 M1
	交流接触器 KM2 的主触头	接通、断开电动机 M2
	热继电器的热元件 FR1、FR2	分别检测电动机 M1、M2 是否过载
	电动机 M1、M2	将电能转换为机械能

续表

	元件名称、文字符号	作　用
控制回路	熔断器 FU2：控制回路的短路保护。 热继电器 FR1、FR2 的常闭控制触头：电动机 M1、M2 过载保护。 KM1 线圈：由熔断器 FU2、热继电器 FR1、FR2 的常闭控制触头、停止按钮 SB3、启动按钮 SB1 控制，KM1(4-5)起自锁作用。 KM2 线圈：由熔断器 FU2、热继电器 FR1、FR2 的常闭控制触头、停止按钮 SB3、启动按钮 SB2 控制，KM2(4-6)起自锁作用。	

2）电路工作原理分析

合上电源开关 QS。

①电动机 M1、M2 的顺序启动控制：

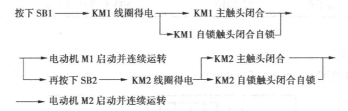

从前面的工作原理分析中得出，该电路能实现"电动机 M1 启动后电动机 M2 才可能启动"这个功能，也即"顺启"。

②M1、M2 的停止控制：

按下 SB3 ── KM1、KM2 线圈都失电 ── KM1、KM2 主触头分断 ──

── M1、M2 同时停转

③过载保护：当电动机 M1 或者电动机 M2 过载时，FR1（1-2）、FR2（2-3）的常闭触头就会断开，接触器 KM1、接触器 KM2 线圈都失电，电动机 M1、M2 同时停转。

④短路保护：不管是主回路还是控制回路，当出现短路故障时，接触器 KM1、接触器 KM2 线圈都失电，电动机 M1、M2 同时停转。

 【任务准备与实施】

（1）工具、仪表及器材

工具、仪表见表4.2，元器件明细表见表4.3。

表4.2　工具与仪表

工　具	测电笔、螺钉旋具、尖嘴钳、斜口钳、剥线钳、电工刀等
仪　表	ZC25-3 型兆欧表(500 V)、MG3-1 型钳形电流表、MF47 型万用表

表 4.3　元器件明细表

代　号	名　称	型　号	规　格	数　量
M1、M2	三相异步电动机	Y-112M-4	4 kW、380 V、△接法、8.8 A、1 440 r/min	1
QS	组合开关	HK1-30/3	三极、30 A	1
FU1	熔断器	RL1-60/25	500 V、60 A、配熔体 25 A	3
FU2	熔断器	RL1-15/2	500 V、15 A、配熔体 2 A	1
KM1、KM2	交流接触器	CJ10-20	20 A、线圈电压 380 V	2
FR1、FR2	热继电器	JR16-20/3	三极、20 A、整定电流 8.8 A	2
SB1、SB2、SB3	按钮开关	LA4-3H	保护式、500 V、5 V、按钮数 3	1
XT3	端子板	JX2-1010	500 V、10A、10 节	1
XT1、XT2	端子板	JX2-2010	500 V、20A、10 节	2

（2）线路安装

1）元器件布置图（图 4.3）（仅供参考）

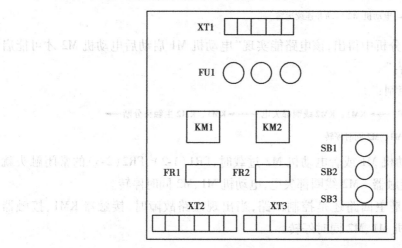

图 4.3　主电路实现两台电动机顺序启动
控制电路元器件布置图

2）电气安装接线图（图 4.4）（仅供参考）

3）安装步骤

①识读电动机顺序控制电路原理图（见图 4.2），在熟悉电路所用电器元件的作用和电路工作原理基础上，按电器元件明细表将所需器材配齐，并检验电器元件质量，有关技术数据要符合要求。检查合格（由指导老师检查或由老师指定的同学检查）后，方可进入下一步骤（每一步骤均要检查）。

②参照图 4.3 所示绘制元器件布置图，经检查合格后在控制板上按布置图安装电器元

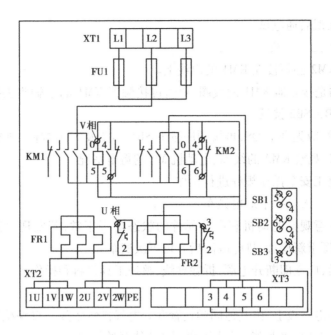

图4.4 主电路实现两台电动机顺序启动控制
电路电气安装接线图

件,并贴上醒目的文字符号。

　　③绘制安装接线图,经检查合格后,按线槽布线工艺布线,并在导线上套上号码管和冷压接线头。

　　④安装电动机。

　　⑤连接电动机和电器元件金属外壳的保护接地线。

　　⑥连接控制板外部的导线。

　　⑦自检:

　　a.按照原理图及安装接线图核查接线,看有无错接、漏接、脱落、虚接、短接等现象,检查导线与各端子的接线是否牢固。

　　b.用万用表检查电路通断情况,用手动操作来模拟接触器触头分合动作,包括主电路检查及控制电路检查。

　　下面以主电路的检查为例进行讲解:

　　检查 M1:将熔断器 FU1 熔芯取下,用万用表欧姆挡检测,表笔分别接在 U12-V12 及 U12-W12 处,阻值都应为∞。如果阻值出现0,说明有短路故障,检查并排除故障;手动压下 KM1,各相之间的数据满足要求,如果阻值出现∞,则表明线路有断路故障,检查并排除故障。

　　检查 M2:将熔断器 FU1 熔芯取下,用万用表欧姆挡检测,表笔分别接在 U12-V12 及 U12-W12 处,阻值都应为∞。如果阻值出现0,说明有短路故障,检查并排除故障;手动同时压下 KM1、KM2,各相之间的数据满足要求,如果阻值出现∞,则表明线路有断路故障,检查并排除故障。

⑧交验检查无误后通电试车。

（3）安装、试车注意事项

①主电路中 KM2 必须接在 KM1 的出线上。

②SB1 控制的是接触器 KM1 的线圈，再通过接触器 KM1 的主触头去接通、断开电动机 M1，注意不能将 SB1、SB2 接反。

③通电试车时，应先合上 QS，再按顺序按下 SB1、SB2 及 SB3 按钮，观察控制是否正常。

④只按下 SB2，观察 KM2 的线圈、电动机 M2 的得电情况。

⑤严格按照电工安全操作规程进行操作。

⑥在一人操作一人监护下通电试车。

⑦试车时应注意观察电动机和电器元件的状态是否正常，若发现短路、冒烟等异常现象，应立即切断电源重新检查，排除故障后方可再次试车。

⑧通电试车后，应立即断开电源，拆除导线，整理工具材料和操作台。

（4）检修训练

在自己安装的电路板上，由其他同学设置两处电气自然故障。自编检修步骤，检查合格后（由指导老师检查或由老师指定的同学检查）才能开始检修。

检修注意事项：

①检修前，要先掌握电路图中各个控制环节的作用和原理。

②在检修过程中严禁扩大原有故障和产生新的故障，否则要立即停止检修。

③检修思路和方法要正确。

④带电检修故障时，必须有指导教师在现场监护，确保用电安全。

⑤检修必须在规定时间内完成。

（5）故障检查实例

1）电动机 M1 不缺相，电动机 M2 缺相运行故障

①故障分析：

两台电动机都运行说明控制回路无故障，M1 能正常运行说明电源、电源开关、短路保护 FU1 都无故障；而电动机 M2 缺相运行，出现故障的原因可能是：电动机 M2、FR2、端子排 XT 以及从主电路 13 号（包括三相）到电动机之间的线路故障。

②检查步骤：

a.电动机的检查。用万用表电压挡测量 M2 的接线端子排，测量电压是否都为 380 V。如果电压正常，说明电动机及端子排到电动机的线路有问题；如果电压不正常，甚至有两相之间的电压为 0 V，说明有故障。

b.热继电器 FR2 的检查。断电后，用欧姆表直接测量热继电器三相的热元件的阻值是否为 0 Ω。如果阻值正常，则是线路问题；如果阻值为无穷大，则是热继电器故障。

c.线路检查（略）。

2）电动机 M1、M2 均不能启动故障

可能的故障原因：

①电源开关未接通:检查 QS,如开关进线有电,出线没电,则 QS 存在故障,需检修或更换;如果出线有电,则 QS 正常。

②熔断器熔芯熔断:更换同规格熔芯。

③热继电器未复位:复位,使 FR 常闭触点闭合。

④3-4 停机按钮 SB3 常闭断开:更换、修理 SB3。

【任务评价】

(1)电路安装评分标准

电路安装评分标准(总分 60 分)见表 4.4。

表 4.4　电路安装评分标准

专业_____　班级_____　姓名_____　学号_____

任务名称			
项目内容	配　分	评分标准	得　分
装前检查	5 分	电器元件漏检或错检,每处扣 1 分。	
安装元件	10 分	(1)不按布置图安装,扣 10 分。	
		(2)元件安装不牢固,每只扣 4 分。	
		(3)元件安装不整齐、不匀称、不合理,每只扣 3 分。	
		(4)损坏元件,扣 10 分。	
布线	25 分	(1)不按电路图接线,扣 25 分。	
		(2)布线不符合要求,每根扣 3 分。	
		(3)接点松动、露铜过长、反圈等,每处扣 1 分。	
		(4)损坏导线绝缘层或线芯,每根扣 2 分。	
		(5)漏装或套错编码套管,每处扣 1 分。	
		(6)漏接接地线,扣 10 分。	
通电试车	20 分	(1)热继电器未整定或整定错误,扣 5 分。	
		(2)熔体规格选用不当,扣 5 分。	
		(3)第一次试车不成功,扣 10 分。	
		(4)第二次试车不成功,扣 15 分。	
		(5)第三次试车不成功,扣 20 分。	
安全文明生产	违反安全文明生产规程,扣 5~20 分。		
定额时间	120 min,每超时 5 分钟(不足 5 分以 5 分钟计)扣 5 分。		
备注	除定额时间外,各项内容的最高扣分不得超过配分数	成绩	
开始时间		结束时间		实际时间	

教师(签名):_____　日期:_____

（2）检修训练评分标准

检修训练评分标准（总分40分）见表4.5。

表4.5 检修训练评分标准

专业_____ 班级_____ 姓名_____ 学号_____

任务名称				
项目内容	配分	评分标准		得　分
故障分析	20分	（1）标错电路故障范围，每个扣10分。		
		（2）不能阐述圈出该故障范围的理由扣5～10分		
排除故障	20分	（1）不能查出故障，每个扣10分。		
		（2）工具及仪表使用不当，每次扣1～5分。		
		（3）不能制订故障查找计划扣20分。		
		（4）查找故障思路不清楚，每个扣2～5分。		
		（5）查出故障，但不能排除，每个扣5分。		
		（6）产生新的故障或扩大故障，每个扣5～10分。		
		（7）损坏电动机，扣20分。		
		（8）损坏电器元件，或排除故障方法不正确，每只扣5分。		
		（9）违反安全文明生产规程，扣5～20分。		
定额时间	40分钟	每超时1分钟，扣5分。		
备注	除定额时间外，各项内容的最高扣分不得超过配分数		成绩	
开始时间		结束时间	实际时间	

教师（签名）：_____ 日期：_____

【问题思考】

图4.2所示电路中，M1、M2是同时停车，如果要使M1、M2单独停车，该如何修改电路？

【知识扩展】

时间继电器控制主电路实现两台电动机顺序启动控制电路

图4.5是时间继电器控制主电路实现两台电动机顺序启动控制电路。

电路工作原理为：按下启动按钮SB2，接触器KM1线圈得电，时间继电器KT线圈同时得电；KM1主触头闭合、KM1常开辅助触头闭合并自锁，M1电机启动，KT开始延时。经过一段时间（根据电路要求设定）延时后，KT的常开触点闭合，接触器KM2线圈得电。KM2主触头闭合、KM2常开辅助触头闭合并自锁，M2电机启动，从而实现两台电动机的顺序启动。

该电路的特点请读者自行分析。

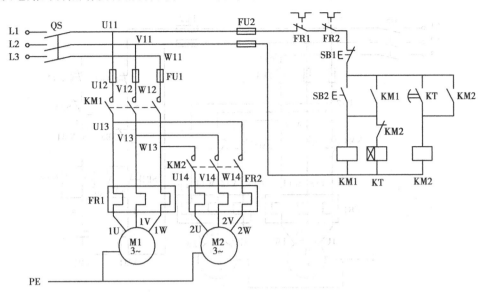

图4.5 时间继电器控制主电路实现两台电动机顺序启动控制电路

习题4.1

1. 如图4.2所示,如果M1不启动,直接按下SB2,KM2会不会吸合? 电动机M2会不会运转? 为什么? 如果再按下SB1会出现什么现象?

2. 图4.2电路中电动机M1、M2均不能启动的原因有哪些?

任务4.2 控制电路实现控制两台电动机顺序控制线路

【工作任务】

• 理解两台电动机控制电路实现顺序控制线路的工作原理。

• 会安装控制电路实现顺序控制线路。

• 会检测并维修控制电路实现顺序控制线路。

【相关知识】

 想一想

在多台电动机的生产机械上,控制电路如何实现两台台电动机按顺序启动?

两台电动机顺序启动是由控制回路来完成的,如图4.6所示。

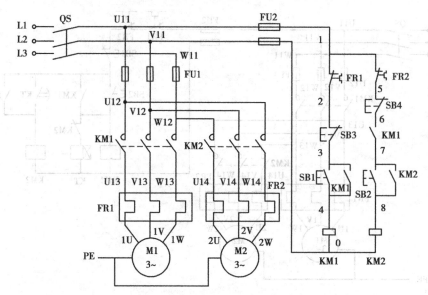

图4.6 控制电路实现两台电动机顺序启动控制电路

在图4.6所示电路中,接触器KM2线圈的得电路径上串联了接触器KM1一个辅助常开触头,要想接触器KM2线圈得电,必须要接触器KM1的线圈先得电,这就保证了电动机M1启动运转后,电动机M2才可能接通电源运转。

(1)电路结构分析(表4.6)

表4.6 电路结构

元件名称、文字符号		作 用
主回路	隔离开关 QS	电源开关
	主电路熔断器 FU1	主电路短路保护
	交流接触器 KM1 的主触头	接通、断开电动机 M1
	交流接触器 KM2(反转)的主触头	接通、断开电动机 M2
	热继电器的热元件 FR1、FR2	分别检测电动机 M1、M2 是否过载
	电动机 M1、M2	将电能转换为机械能
控制回路	熔断器 FU2:控制回路的短路保护。 热继电器 FR1、FR2 的常闭控制触头:电动机 M1、M2 过载保护。 KM1 线圈:由熔断器 FU2、热继电器 FR1 的常闭控制触头、停止按钮 SB3、启动按钮 SB1 控制,KM1(3-4)起自锁作用。 KM2 线圈:由熔断器 FU2、热继电器 FR2 的常闭控制触头、停止按钮 SB4、接触器 KM1(6-7)辅助常开触头、启动按钮 SB2 控制,KM2(7-8)起自锁作用。	

（2）电路工作原理分析

合上电源开关 QS。

1）电动机 M1、M2 的启动控制如下：

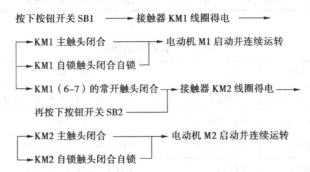

通过以上工作原理的分析,该控制电路能实现"电动机 M1 启动后电动机 M2 才可能启动"这个功能。

2）M1、M2 的停止控制如下：

①M2 的停止：

　　　　按下按钮开关 SB4 ——→ 接触器 KM2 线圈失电 ——→

　　　　——→ KM2 主触头分断 ——→ 电动机 M2 停转

②M1、M2 同时停止：

　　　　按下按钮开关 SB3 ——→ 接触器 KM1 线圈失电 ——→

　　├—→ KM1 主触头分断 ——→ 电动机 M1 停转

　　└—→ KM1（6-7）辅助触头断开 ——→ KM2 线圈失电 ——→ 电动机 M2 停转

3）过载保护

当电动机 M1 过载时,热继电器 FR1（1-2）的常闭触头就会断开,接触器 KM1 线圈失电,其主触头分断,电动机 M1、M2 都停转。

当电动机 M2 过载时,热继电器 FR2（1-5）的常闭触头就会断开,接触器 KM2 线圈失电,其主触头分断,电动机 M2 停转。

4）短路保护

不管是主回路还是控制回路,当出现短路故障时,接触器 KM1、接触器 KM2 线圈都失电,电动机 M1、M2 同时停转。

 【任务准备与实施】

（1）工具、仪表及器材

工具、仪表见表4.7,元器件明细表见表4.8。

表 4.7　工具与仪表

工　　具	测电笔、螺钉旋具、尖嘴钳、斜口钳、剥线钳、电工刀等
仪　　表	ZC25-3 型兆欧表(500 V)、MG3-1 型钳形电流表、MF47 型万用表

表 4.8　元器件明细表

代　号	名　称	型　号	规　格	数　量
M1、M2	三相异步电动机	Y-112M-4	4 kW、380 V、△接法、8.8 A、1 440 r/min	1
QS	组合开关	HK1-30/3	三极、30 A	1
FU1	熔断器	RL1-60/25	500 V、60 A、配熔体 25 A	3
FU2	熔断器	RL1-15/2	500 V、15 A、配熔体 2 A	1
KM1、KM2	交流接触器	CJ10-20	20 A、线圈电压 380 V	2
FR1、FR2	热继电器	JR16-20/3	三极、20 A、整定电流 8.8 A	2
SB1、SB2、SB3、SB4	按钮开关	LA4-2H	保护式、500 V、5 V、按钮数 2	2
XT3	端子板	JX2-1010	500 V、10 A、10 节	1
XT1、XT2	端子板	JX2-2010	500 V、20 A、10 节	2

(2)线路安装

1)元器件布置图(图 4.7)(仅供参考)

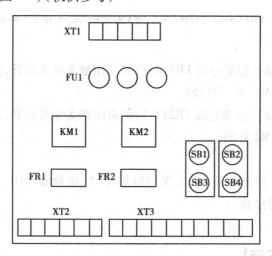

图 4.7　控制回路实现两台电动机顺序启动
控制电路元器件布置图

2)电气安装接线图(图4.8)(仅供参考)

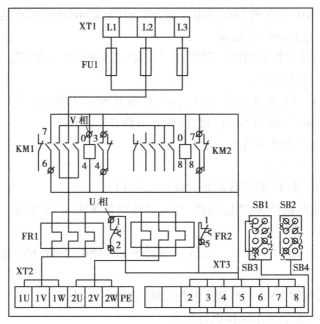

图4.8 控制回路实现两台电动机顺序启动
控制电路电气安装接线图

3)安装步骤

①识读控制电路实现顺序控制线路(图4.6),在熟悉电路所用电器元件的作用和电路工作原理基础上,按电器元件明细表将所需器材配齐,并检验电器元件质量,有关技术数据要符合要求。检查合格后(由指导老师检查或由老师指定的同学检查),方可进入下一步骤(每一步骤均要检查)。

②参考图4.7绘制元器件布置图,经检查合格后在控制板上按布置图安装电器元件,并贴上醒目的文字符号。

③绘制安装接线图,经检查合格后,按线槽布线工艺布线,并在导线上套上号码管和冷压接线头。

④安装电动机。

⑤连接电动机和电器元件金属外壳的保护接地线。

⑥连接控制板外部的导线。

⑦自检:

a.按照原理图及安装接线图核查接线,有无错接、漏接、脱落、虚接、短接等现象,检查导线与各端子的接线是否牢固。

b.用万用表检查电路通断情况,用手动操作来模拟触头分合动作,包括主电路检查和控制电路检查。

下面以控制电路KM1线圈能否得电的检查为例进行讲解:

首先取下FU2熔芯,用万用表欧姆挡测量熔断器下接线端子之间电阻值,电路阻值应为无穷大,如测量结果为"0",说明控制电路存在短路故障,检查并排除故障。

按下按钮开关 SB1,测量控制电路电阻值,应为接触器 KM1 线圈的电阻,松开后电阻值无穷大,否则应检查电路并排除故障。

手动压下 KM1,测量控制电路电阻值,应为接触器 KM1 线圈的电阻,松开后电阻值无穷大,否则应检查电路并排除故障。

在按下按钮开关 SB1 或者压下 KM1 之后,再按下 SB3,电路的电阻值应为"∞",如果仍然为 KM1 线圈的电阻值,说明不能停机,应检查电路并排除故障。

⑧交验检查无误后通电试车。

（3）安装、试车注意事项

①主电路中 KM1、KM2 的进线端是并联（等电位）。

②SB2 控制的是接触器 KM2 的线圈,再通过接触器 KM2 的主触头去接通、断开电动机 M2,注意不要将 SB1、SB2 接反。

③通电试车时,应先合上 QS,然后按顺序按下 SB1、SB2、SB4、SB3 按钮开关,观察各控制是否正常。

④只按下 SB2,观察 KM2 的线圈、电动机 M2 的得电情况。

⑤严格按照电工安全操作规程进行操作。

⑥在一人操作一人监护下通电试车。

⑦试车时应注意观察电动机和电器元件的状态是否正常,若发现异常现象,应立即切断电源重新检查,排除故障后方可再次试车。

⑧通电试车后,应立即断开电源,拆除导线,整理工具材料和操作台。

（4）检修训练

在图 4.6 的主电路或控制电路中人为设置电气自然故障两处。自编检修步骤,经指导教师审查合格后开始检修。

检修注意事项:

①检修前,要先掌握电路图中各个控制环节的作用和原理。

②在检修过程中,严禁扩大原有故障和产生新的故障,否则要立即停止检修。

③检修思路和方法要正确。

④带电检修故障时,必须有指导教师在现场监护,确保用电安全。

⑤检修必须在定额时间内完成。

（5）故障检查实例

1）电动机 M1 能启动,M2 不能启动故障

①控制回路故障:接触器 KM2 的线圈未吸合。

a. 检查接触器 KM2 的线圈好坏:测量其电阻。

b. 检查接触器吸合是否灵活,有无卡阻。

c. 检查 KM1（6-7）的辅助常开触头接触是否良好。

d. 检查 SB2 常开触头是否完好。

e. 检查线路是否松脱。

②主回路故障：如果接触器 KM2 得电吸合，则说明是主回路的故障；有可能是主回路缺相不能启动，检查方法同前。

2）电动机 M2 点动运行

检查 KM2 的常开触头是否完好，检查 KM2 两端的线是否松脱。

【任务评价】

（1）电路安装评分标准

电路安装评分标准（总分 60 分）见表 4.9。

表 4.9 电路安装评分标准

专业_____ 班级_____ 姓名_____ 学号_____

任务名称			
项目内容	配　分	评分标准	得　分
装前检查	5 分	电器元件漏检或错检，每处扣 1 分。	
安装元件	10 分	（1）不按布置图安装，扣 10 分。	
		（2）元件安装不牢固，每只扣 4 分。	
		（3）元件安装不整齐、不匀称、不合理，每只扣 3 分。	
		（4）损坏元件，扣 10 分。	
布线	25 分	（1）不按电路图接线，扣 25 分。	
		（2）布线不符合要求，每根扣 3 分。	
		（3）接点松动、露铜过长、反圈等，每处扣 1 分。	
		（4）损坏导线绝缘层或线芯，每根扣 2 分。	
		（5）漏装或套错编码套管，每处扣 1 分。	
		（6）漏接接地线，扣 10 分。	
通电试车	20 分	（1）热继电器未整定或整定错误，扣 5 分。	
		（2）熔体规格选用不当，扣 5 分。	
		（3）第一次试车不成功，扣 10 分。	
		（4）第二次试车不成功，扣 15 分。	
		（5）第三次试车不成功，扣 20 分。	
安全文明生产	违反安全文明生产规程，扣 5～20 分。		
定额时间	120 min，每超时 5 分钟（不足 5 分以 5 分钟计），扣 5 分。		
备注	除定额时间外，各项内容的最高扣分不得超过配分数。	成绩	
开始时间		结束时间	实际时间

教师（签名）：_____ 日期：_____

(2)检修训练评分标准

检修训练评分标准(总分40分)见表4.10。

表4.10　检修训练评分标准

专业＿＿＿＿＿＿　班级＿＿＿＿＿＿　姓名＿＿＿＿＿＿　学号＿＿＿＿＿＿

任务名称			
项目内容	配分	评分标准	得　分
故障分析	20分	(1)标错电路故障范围,每个扣10分。	
		(2)不能阐述圈出该故障范围的理由扣5～10分	
排除故障	20分	(1)不能查出故障,每个扣10分。	
		(2)工具及仪表使用不当,每次扣1～5分。	
		(3)不能制订故障查找计划扣20分。	
		(4)查找故障思路不清楚,每个扣2～5分。	
		(5)查出故障,但不能排除,每个扣5分。	
		(6)产生新的故障或扩大故障,每个扣5～10分。	
		(7)损坏电动机,扣20分。	
		(8)损坏电器元件,或排除故障方法不正确,每只扣5分。	
		(9)违反安全文明生产规程,扣5～20分。	
定额时间	40分钟	每超时1分钟,扣5分。	
备注	除定额时间外,各项内容的最高扣分不得超过配分数。		成绩
开始时间		结束时间	实际时间

教师(签名):＿＿＿＿＿＿　日期:＿＿＿＿＿＿

【问题思考】

在图4.6所示的控制回路中,将KM1(6-7)接到SB2(7-8)后面,按钮出线有何变化?

【知识扩展】

绕线转子异步电动机转子串接三相电阻启动原理

图4.9是绕线转子三相异步电动机的外形和符号,它可以通过滑环在转子绕组中串接电阻来改善电动机的机械特性,从而达到减小启动电流、增大启动转矩以及调节转速的目的。在要求启动转矩较大且有一定调速要求的场合,如起重机、卷扬机等,常常采用三相绕线转子异步电动机拖动。绕线转子异步电动机常用的控制线路有转子绕组串接电阻启动控制线路、转子绕组串接频敏变阻器启动控制线路和凸轮控制器控制线路。

(1)转子串接三相电阻启动原理

启动时,在转子回路串入作Y型连接、分级切换的三相启动电阻器,以减小启动电流、增

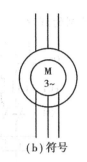

(a)YR 系列　　　　　　　　　(b)符号

图4.9　绕线转子三相异步电动机

加启动转矩。随着电动机转速的升高,逐级减小可变电阻。启动完毕后,切除可变电阻器,转子绕组被直接短接,使电动机在额度状态下运行。

电动机转子绕组中串联的外加电阻在每段切除前和切除后,三相电阻始终是对称的,称为三相对称电阻器。如图 4.10(a)所示,启动过程依次切除 R1、R2、R3,最后全部电阻被切除。

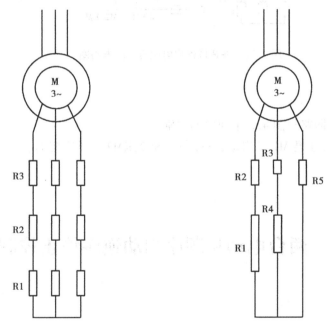

(a)转子串接三相对称电阻器　　　　　(b)转子串接三相不对称电阻器

图4.10　转子串接三相电阻

若启动时串入的全部三相电阻是不对称的,且每段切除后三相仍不对称,则称为三相不对称电阻器,如图 4.10(b)所示。启动过程依次切除 R1、R2、R3、R4、R5,最后全部电阻被切除。

(2)按钮操作控制线路

按钮操作转子绕组串接电阻启动控制线路如图 4.11 所示。线路的工作原理较简单,请自行分析。该线路的缺点是操作不方便,工作的安全性和可靠性较差,所以在生产实际中采用时间继电器自动控制的线路。

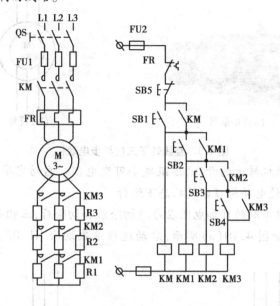

图 4.11　按钮操作串电阻启动的电路图

习题 4.2

1.分析图 4.6 主回路与图 4.2 主回路的差别。

2.如图 4.6 所示,如果 M1 不启动,直接按下 SB2,KM2 会不会吸合? 电动机 M2 会不会运转?

任务 4.3　两台电动机顺序启动逆序停止控制线路

【工作任务】

- 理解两台电动机顺序启动逆序停止控制线路的工作原理。
- 会安装两台电动机顺序启动逆序停止控制线路。
- 会检测并维修两台电动机顺序启动逆序停止控制线路。

【相天知识】

在多台电动机的生产机械上,控制电路如何实现两台电动机按顺序启动、逆序停止?

图 4.12 所示电路与图 4.6 所示电路相比，只是在 M1 的停机按钮 SB3 两端并联了一个接触器 KM2 辅助常开触头。当电动机 M1、M2 都运行时，如果想先让 M1 停转是不行的，因为 KM2(2-3)的常开触头此时是闭合的。所以要想 M1 停转，必须让 M2 停转，这就实现了电动机的逆序停转。

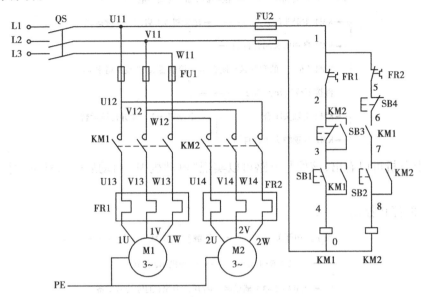

图 4.12　两台电动机顺序启动逆序停止电路

（1）电路结构分析

电路结构如表 4.11 所示。

表 4.11　电路结构

	元件名称、文字符号	作　用
主回路	隔离开关 QS	电源开关
	主电路熔断器 FU1	主电路短路保护
	交流接触器 KM1 的主触头	接通、断开电动机 M1
	交流接触器 KM2(反转)的主触头	接通、断开电动机 M2
	热继电器的热元件 FR1、FR2	分别检测电动机 M1、M2 是否过载
	电动机 M1、M2	将电能转换为机械能
控制回路	熔断器 FU2：控制回路的短路保护。 热继电器 FR1、FR2 的常闭控制触头：电动机 M1、M2 过载保护。 KM1 线圈：由熔断器 FU2、热继电器 FR1 的常闭控制触头、停止按钮 SB3、启动按钮 SB1 控制；KM1(3-4)起自锁作用；KM2(2-3)起逆序控制作用。 KM2 线圈：由熔断器 FU2、热继电器 FR2 的常闭控制触头、停止按钮 SB4、启动按钮 SB2 控制；KM2(7-8)起自锁作用。

（2）电路工作原理分析

合上电源开关 QS。

1）电动机 M1、M2 的启动控制

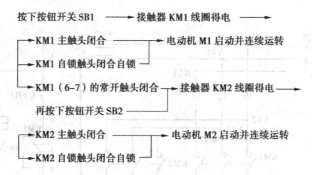

从以上分析可以看出,该控制电路可以实现"电动机 M1 启动后电动机 M2 才可能启动"这个功能。

2）M2 的停止控制

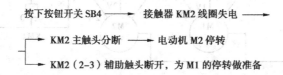

3）M1 的停止控制

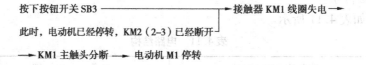

4）过载保护

当电动机 M1 过载,热继电器 FR1(1-2)的常闭触头就会断开,接触器 KM1 线圈失电,6-7 KM1 断开,KM2 线圈失电,其主触头分断,电动机 M1、M2 停转。

当电动机 M2 过载,热继电器 FR2(1-5)的常闭触头就会断开,接触器 KM2 线圈失电,其主触头分断,电动机 M2 停转。

5）短路保护

不管是主回路还是控制回路,当出现短路故障时,接触器 KM1、接触器 KM2 线圈都失电,电动机 M1、M2 同时停转。

【任务准备与实施】

（1）工具、仪表及器材

工具、仪表见表 4.12,元器件明细表见表 4.13。

表 4.12　工具与仪表

工　具	测电笔、螺钉旋具、尖嘴钳、斜口钳、剥线钳、电工刀等
仪　表	ZC25-3 型兆欧表(500 V)、MG3-1 型钳形电流表、MF47 型万用表

表 4.13　元器件明细表

代号	名　　称	型号	规　　格	数量
M1、M2	三相异步电动机	Y-112M-4	4 kW、380 V、△接法、8.8 A、1 440 r/min	1
QS	组合开关	HK1-30/3	三极、30 A	1
FU1	熔断器	RL1-60/25	500 V、60 A、配熔体 25 A	3
FU2	熔断器	RL1-15/2	500 V、15 A、配熔体 2 A	1
KM1、KM2	交流接触器	CJ10-20	20 A、线圈电压 380 V	2
FR1、FR2	热继电器	JR16-20/3	三极、20 A、整定电流 8.8 A	2
SB1、SB2、SB3、SB4	按钮开关	LA4-2H	保护式、500 V、5 V、按钮数 2	2
XT3	端子板	JX2-1010	500 V、10 A、10 节	1
XT1、XT2	端子板	JX2-2010	500 V、20 A、10 节	2

（2）安装

自行绘制电器元件布置图(参考图 4.7)和安装接线图(参考图 4.8)。实物接线图如图 4.13 所示。

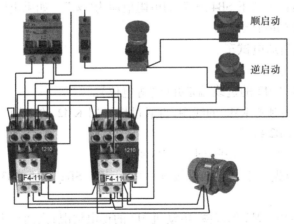

图 4.13　两台电动机顺序启动逆序停止实物接线图

（3）安装步骤

①识读电动机顺序启动逆序停止控制电路原理图(图 4.12)，在熟悉电路所用电器元件的作用和电路工作原理基础上，按电器元件明细表将所需器材配齐，并检验电器元件质量，有关技术数据要符合要求。检查合格(由指导老师检查或由老师指定的同学检查)后，方可

进入下一步骤(每一步骤均要检查)。

②参照图4.7所示绘制布置图,经检查合格后在控制板上按布置图安装电器元件,并贴上醒目的文字符号。

③绘制安装接线图,经检查合格后,按线槽布线工艺布线,并在导线上套上号码管和冷压接线头。

④安装电动机。

⑤连接电动机和电器元件金属外壳的保护接地线。

⑥连接控制板外部的导线。

⑦自检:

a.按照原理图及安装接线图核查接线,有无错接、漏接、脱落、虚接、短接等现象,检查导线与各端子的接线是否牢固。

b.用万用表检查电路通断情况,用手动操作来模拟触头分合动作,包括主电路检查和控制电路检查。

下面以控制电路KM2线圈能否得电的检查为例进行讲解:

首先取下FU2熔芯,用万用表欧姆挡测量熔断器下接线端子之间电阻值,电路阻值应为无穷大,如测量结果为"0",说明控制电路存在短路故障,检查并排除故障。

按下按钮开关SB1,测量控制电路电阻值,应为接触器KM1线圈的电阻。如果阻值只有KM1线圈的电阻值的一半,说明KM2线圈已经得电,应检查电路并排除故障。

压下KM1之后再按下SB2,电路的电阻值应为两个线圈并联阻值。如果电阻值仍然为KM1线圈的电阻值,说明KM2线圈不能得电,应检查电路并排除故障。

压下KM1之后再压下KM2,电路的电阻值应为两个线圈并联阻值。如果电阻值仍然为KM1线圈的电阻值,说明KM2不能自锁,应检查电路并排除故障。

压下KM1、SB2后,再按下SB4,电路的电阻值应为"∞"。如果电阻值未变,说明不能让KM2断电,应检查电路并排除故障。

⑧交验检查无误后通电试车。

(4)安装、试车注意事项

①主电路中KM1、KM2的进线端是并联(等电位)。

②SB2控制的是接触器KM2的线圈,再通过接触器KM2的主触头去接通、断开电动机M2,注意不要将SB1、SB2接反。

③不要漏掉KM2的辅助常开触头与SB3的并联。

④通电试车时,应先合上QS,然后按顺序按下SB1、SB2、SB4、SB3按钮开关,检验各控制是否正常。

⑤只按下SB2,观察KM2的线圈、电动机M2的得电情况;当两台电动机都运行时,检验先按下SB3,观察KM1的线圈、电动机M1的得电情况。

⑥严格按照电工安全操作规程进行操作。

⑦在一人操作一人监护下通电试车。

⑧试车时应注意观察电动机和电器元件的状态是否正常,若发现异常现象,应立即切断电源重新检查,排除故障后方可再次试车。

⑨通电试车后,应立即断开电源,拆除导线,整理工具材料和操作台。

（5）检修训练

在图 4.12 所示的主电路或控制电路中,人为设置电气自然故障两处。自编检修步骤,经指导教师审查合格后开始检修。

检修注意事项如下:

①检修前,要先掌握电路图中各个控制环节的作用和原理。

②在检修过程中,严禁扩大原有故障和产生新的故障,否则要立即停止检修。

③检修思路和方法要正确。

④带电检修故障时,必须有指导教师在现场监护,确保用电安全。

⑤检修必须在规定时间内完成。

【任务评价】

（1）电路安装评分标准

电路安装评分标准（60 分）见表 4.14。

表 4.14　电路安装评分标准

专业＿＿＿＿＿＿　　班级＿＿＿＿＿＿　　姓名＿＿＿＿＿＿＿　　学号＿＿＿＿＿＿＿

任务名称			
项目内容	配　分	评分标准	得　分
装前检查	5 分	电器元件漏检或错检,每处扣 1 分。	
安装元件	10 分	（1）不按布置图安装,扣 10 分。	
		（2）元件安装不牢固,每只扣 4 分。	
		（3）元件安装不整齐、不匀称、不合理,每只扣 3 分。	
		（4）损坏元件,扣 10 分。	
布线	25 分	（1）不按电路图接线,扣 25 分。	
		（2）布线不符合要求,每根扣 3 分。	
		（3）接点松动、露铜过长、反圈等,每处扣 1 分。	
		（4）损坏导线绝缘层或线芯,每根扣 2 分。	
		（5）漏装或套错编码套管,每处扣 1 分。	
		（6）漏接接地线,扣 10 分。	
通电试车	20 分	（1）热继电器未整定或整定错误,扣 5 分。	
		（2）熔体规格选用不当,扣 5 分。	
		（3）第一次试车不成功,扣 10 分。	
		（4）第二次试车不成功,扣 15 分。	
		（5）第三次试车不成功,扣 20 分。	

续表

任务名称				
项目内容	配分	评分标准		得　分
安全文明生产	违反安全文明生产规程,扣5~20分。			
定额时间	6课时,每超时5分钟(不足5分钟以5分钟计)扣5分。			
备注	除定额时间外,各项内容的最高扣分不得超过配分数		成绩	
开始时间		结束时间	实际时间	

教师(签名):_____　日期:_____

（2）检修训练评分标准

检修训练评分标准（总分40分）见表4.15。

表4.15　检修训练评分标准

专业_____　班级_____　姓名_____　学号_____

任务名称			
项目内容	配分	评分标准	得　分
故障分析	20分	(1)标错电路故障范围,每个扣10分。	
		(2)不能阐述圈出该故障范围的理由扣5~10分	
排除故障	20分	(1)不能查出故障,每个扣10分。	
		(2)工具及仪表使用不当,每次扣1~5分。	
		(3)不能制订故障查找计划扣20分。	
		(4)查找故障思路不清楚,每个扣2~5分。	
		(5)查出故障,但不能排除,每个扣5分。	
		(6)产生新的故障或扩大故障,每个扣5~10分。	
		(7)损坏电动机,扣20分。	
		(8)损坏电器元件,或排除故障方法不正确,每只扣5分。	
		(9)违反安全文明生产规程,扣5~20分。	
定额时间	40分钟	每超时1分钟,扣5分。	
备注	除定额时间外,各项内容的最高扣分不得超过配分数		成绩
开始时间		结束时间	实际时间

教师(签名):_____　日期:_____

【问题思考】

图4.12 电路能不能实现 M1、M2 同时停转？如果不行,如何改进线路？

【知识扩展】

三台电动机的顺序启动逆序停止电路

在实际生产过程中,多台电动机需要顺序控制。图4.14就是三台电动机顺序启动逆序停止控制电路,同学们可自行分析,还可以试一试设计四台电动机顺序启动逆序停止控制电路,每台电动机启动和停止之间还可以加上时间要求来进行控制。

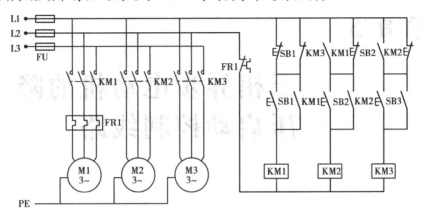

图4.14　三台电动机的顺序启动逆序停止电路

习题4.3

1. 写出图4.12电路控制电路中各个元件的作用。
2. 分析图4.2控制回路的FR1、FR2的连接方式与图4.12的优缺点。

项目 5

三相异步电动机的降压启动控制线路

●知识目标

- 知道自耦变压器的结构、功能。
- 能说明三相异步电动机降压启动控制线路工作原理。
- 解释并记住降压启动的实际涵义。
- 能运用理论知识分析三相异步电动机降压启动控制线路常见故障原因。

●技能目标

- 能够绘制三相异步电动机降压启动控制电路的原理图、安装图、接线图。
- 能够按工艺要求正确连接三相异步电动机降压启动控制电路并调试。
- 会正确检测三相异步电动机降压启动控制电路,能够根据故障现象分析诊断和排除故障。

任务 5.1　用灯箱模拟自耦变压器降压启动控制线路

5.1.1　自耦变压器降压启动控制电路

【工作任务】

- 认识自耦变压器,能说出自耦变压器的工作原理。
- 能说出自耦变压器降压启动控制线路的安装方法。

【相关知识】

 想一想

三相笼式异步电动机启动时的电流值和正常运行时的电流值是一样的吗? 如果不一样,它们的差别有多大?

在前面项目介绍的各种控制线路启动时,加在电动机定子绕组上的电压为电动机的额定电压,属于全压启动,也称直接启动。直接启动的优点是电气设备少,线路简单,维修量较小。异步电动机直接启动时,启动电流一般为额定电流的 4～7 倍。在电源变压器容量不够大而电动机功率较大的情况下,直接启动将导致电源变压器输出电压下降,不仅减小电动机本身的启动转矩,而且会影响同一供电线路中其他电气设备的正常工作。因此,较大容量的电动机需采用降压启动。

通常规定:电源容量在 180 kV·A 以上,电动机容量在 7 kW 以下的三相异步电动机可采用直接启动。

判断一台电动机能否直接启动,还可以用下面的经验公式来确定:

$$\frac{I_{st}}{I_N} \leqslant \frac{3}{4} + \frac{S}{4P}$$

式中　I_{st}——电动机全压启动电流,A;

　　　I_N——电动机额定电流,A;

　　　S——电源变压器容量 kV·A;

　　　P——电动机功率,kW。

凡不满足直接启动条件的,均须采用降压启动。

降压启动是指利用启动设备将电压适当降低后,加到电动机的定子绕组上进行启动,待电动机启动运转后,再使其电压恢复到额定电压正常运转。由于电流随电压的降低而减小,所以降压启动达到了减小启动电流之目的。但是,由于电动机转矩与电压的平方成正比,所以降压启动也将导致电动机的启动转矩大为降低。因此,降压启动需要在空载或轻载下启动。

常见的降压启动方法有四种:定子绕组串接电阻降压启动;自耦变压器降压启动;Y—△降压启动及延边△降压启动。

图5.1是自耦变压器外形及原理图。

1)自耦变压器

自耦变压器是输出和输入共用一组线圈的特殊变压器,升压和降压用不同的抽头来实现,比共用线圈少的部分其抽头电压就降低,比共用线圈多的部分其抽头电压就升高。其原理和普通变压器是一样的,只不过原线圈就是它的副线圈。一般的变压器是左边一个原线圈通过电磁感应,使右边的副线圈产生电压,自耦变压器是自己影响自己。

自耦变压器是只有一个绕组的变压器,当作为降压变压器使用时,从绕组中抽出一部分线匝作为二次绕组;当作为升压变压器使用时,外施电压只加在绕组的一部分线匝上。常用的单相和三相自耦变压器如图5.1所示。通常把同时属于一次和二次的那部分绕组称为公共绕组,自耦变压器的其余部分称为串联绕组。同容量的自耦变压器与普通变压器相比,不但尺寸小,而且效率高,并且变压器容量越大,电压越高,这个优点就越突出。因此随着电力系统的发展、电压等级的提高和输送容量的增大,自耦变压器由于其容量大、损耗小、造价低而得到广泛应用。

(a)单相自耦变压器外形

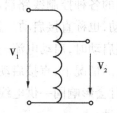

(b)单相自耦变压器原理图

(c)三相自耦变压器外形

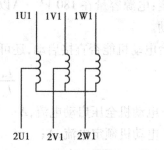

(d)三相自耦变压器原理图

图5.1 自耦变压器外形及原理图

2) 自耦变压器(补偿器)降压启动控制线路

自耦变压器降压启动是指电动机启动时利用自耦变压器来降低加在电动机定子绕组上的启动电压。待电动机启动后,再使电动机与自耦变压器脱离,从而在全压下正常运行。这种降压启动原理如图 5.2 所示。启动时,先合上电源开关 QS1,再将开关 QS2 扳向"启动"位置,此时电动机的定子绕组与变压器的二次侧相接,电动机进行降压启动。待电动机转速上升到一定值时,迅速将开关 QS2 从"启动"位置扳到"运行"位置,这

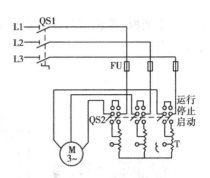

图 5.2 自耦变压器降压启动原理图

时电动机与自耦变压器脱离而直接与电源相接,在额定电压下正常运行。

自耦减压启动器又称补偿器,是利用自耦变压器来进行降压的启动装置,其产品有手动式和自动式两种。

①手动控制补偿器降压启动线路。常用的手动补偿器有 QJD3 系列油浸式和 QJ10 系列空气式两种。QJD3 属于淘汰产品,但仍有相当数量的补偿器在使用。QJD3 系列手动控制补偿器的结构如图 5.3 所示。它主要由箱体、自耦变压器、保护装置、触头系统和手柄操作机构五部分组成。

自耦变压器、保护装置和手柄操作机构在箱架的上部。自耦变压器的抽头电压有两种,分别是电源电压的 65% 和 80% (出厂时接在 65%),使用时可以根据电动机启动时负载的大小来选择不同的启动电压。线圈是按短时通电设计的,只允许连续启动两次。补偿器的电寿命为 5 000 次。

保护装置有欠压保护和过载保护两种。欠压保护用欠压脱扣器,它由线圈、铁芯和衔铁所组成。其线圈 KV 跨接在 U、W 两相之间。在电源电压正常情况下,线圈得电能使铁芯吸住衔铁。但当电源电压降低到额定电压的 85% 以下时,线圈中的电流减小,使铁芯吸力减弱而吸不住衔铁,故衔铁下落并通过操作机构使补偿器掉闸,切断电动机电源,起到欠压保护作用。同理,在电源突然断电时(失压或零压),补偿器同样会掉闸,从而避免了电源恢复供电时电动机自行全压启动。过载保护采用可以手动复位的 JRO 型热继电器 KH。KH 的热元件串接在电动机与电源之间,其常闭触头与欠压脱扣器线圈 KV、停止按钮 SB 串接在一起。在室温 35 ℃ 环境下,当电流增加到额定电流的 1.2 倍时,热继电器 KH 动作,其常闭触头分断,KV 线圈失电使补偿器掉闸,切断电源停车。

手柄操作机构包括手柄、主轴和机械联锁装置等。

触头系统包括两排静触头和一排动触头,并全部装在补偿器的下部,浸没在绝缘油内。绝缘油的作用是:熄灭触头分断时产生的电弧。绝缘油必须保持清洁,防止水分和杂物掺入,以保证有良好的绝缘性能。上面一排静触头共有 5 个,称为启动静触头,其中右边 3 个称为运行静触头;中间一排是动触头,共有 5 个,装在主轴上,右边 3 个触头用软金属带连接接线板上的三相电源,左边两个触头是自行接通的。

QJD3 系列补偿器的电路如图 5.3(b)所示,其动作原理如下:

当手柄扳"停止"位置时,装在主轴上的动触头与两排静触头都不接触,电动机处于断电停止状态;

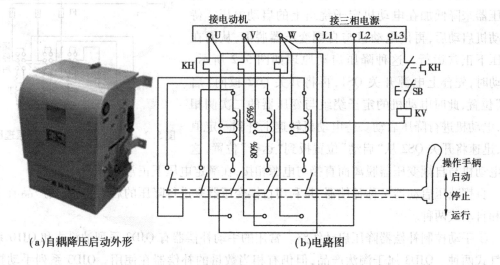

图 5.3　QJD3 系列手动控制补偿器

当手柄向前推到"启动"位置时,动触头与上面的一排启动静触头接触,三相电源 L1、L2、L3 通过右边 3 个动、静触头接入自耦变压器,又经自耦变压器的 3 个 65%(或 80%)抽头接入电动机进行降压启动;左边两个动、静触头接触则把自耦变压器接成了 Y 形。当电动机的转速上升到一定值时,将手柄向后迅速扳到"运行"位置,使右边 3 个动触头与下面一排的 3 个运行静触头接触,这时自耦变压器脱离,电动机与三相电源 L1、L2、L3 直接相接全压运行。停止时,只要按下停止按钮 SB,欠压脱扣器 KV 线圈失电,衔铁下落释放,通过机械操作机构使补偿器掉闸,手柄便自动回到"停止"位置,电动机断电停转。

由图 5.3(b)可看出,热继电器 KH 的常闭触头、停止按钮 SB、欠压脱扣器线圈 KV 串接在两相电源上,所以当出现电源电压不足、突然停电、电动机过载和停车时,都能使补偿器掉闸,电动机断电停转。

QJ3 系列油浸式自耦减压启动器适用于交流 50 Hz 或 60 Hz、电压 440 V 及以下、容量 75 kW 及以下的三相笼型电动机的不频繁启动和停止用。

QJ10 系列空气式手动补偿器是已达 IEC 标准、国家标准以及部颁标准的改进型产品,适用于交流 50 Hz、电压 380 V 及以下、容量 75 kW 及以下的三相笼型异步电动机作不频繁启动和停止用。

QJ10 系列空气式手动补偿器的电路如图 5.4 所示。

其动作原理是:当手柄扳到"停止"位置时,所有的动、静触头均断开,电动机处于断电停止状态;当手柄向前推至"启动"位置时,启动触头和中性触头同时闭合,三相电源经启动触头接入自耦变压器 TM,再由自耦变压器的 65%(或 80%)抽头处接入电动机进行降压启动,中性触头则把自耦变压器接成了 Y 形;当电动机转速升至一定值后,把手柄迅速扳至"运行"位置,启动触头和中性触头先同时断开,运行触头随后闭合,这时自耦变压器脱离,电动机与三相电源 L1、L2、L3 直接相接全压运行。停止时,按下 SB 即可。

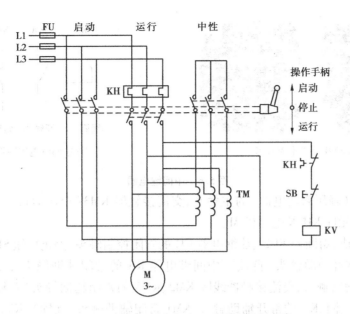

图 5.4　QJ10 系列空气式手动补偿器电路图

②按钮、按触器、中间继电器控制补偿器降压启动控制线路,如图 5.5 所示。

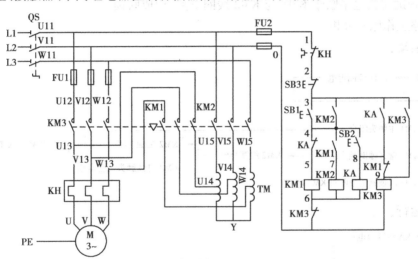

图 5.5　按钮、接触器、中间继电器控制的补偿器降压启动电路图

a. 中间继电器。中间继电器是用来增加控制电路中的信号数量或将信号放大的继电器,其输入信号是线圈的通电和断电,输出信号是触头的动作。由于触头数量较多,所以当其他电器的触头数量或触点容量不够时,可借助中间继电器作中间转换,来控制多个元件或回路。

中间继电器的结构及工作原理与接触器基本相同,但中间继电器的触头对数多,且没有主、辅触头之分,各对触头允许通过的电流大小相同,多数为 5 A,如图 5.6 所示。因此,对于工作电流小于 5 A 的电气控制线路,可用中间继电器代替接触器来控制。

b. 电路结构分析。

主电路组成:隔离开关 QS、主电路熔断器 FU1、交流接触器 KM1(降压启动)的主触头、

 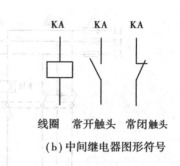

| (a) 中间继电器外形 | (b) 中间继电器图形符号 |

线圈　常开触头　常闭触头

图 5.6　中间继电器

交流接触器 KM2(降压启动电源)的主触头、交流接触器 KM3(全压运行)、自耦变压器 TM 和热继电器的热元件 KH 及电动机 M。

控制电路组成:熔断器 FU2 、热继电器 KH 的常闭控制触头、停止按钮 SB3、降压启动按钮 SB1、KM2 的常开辅助触头(自锁)、中间继电器 KA 的常闭辅助触头 、交流接触器线圈 KM1、KM1 常开辅助触头、交流接触器线圈 KM2、KM3 的常闭辅助触头(互锁);全压运行启动按钮 SB2、KA 线圈、KA 的常开辅助触头、KM1 常闭辅助触头(互锁)、KM3 的常开辅助触头(自锁)、交流接触器线圈 KM3 组成。其中,KM1 常闭辅助触头串联于 KM3 线圈支路,KM3 常闭辅助触头也串联于 KM1 与 KM2 线圈支路,构成联锁。

c.电路工作原理分析。

降压启动:

全压运行:

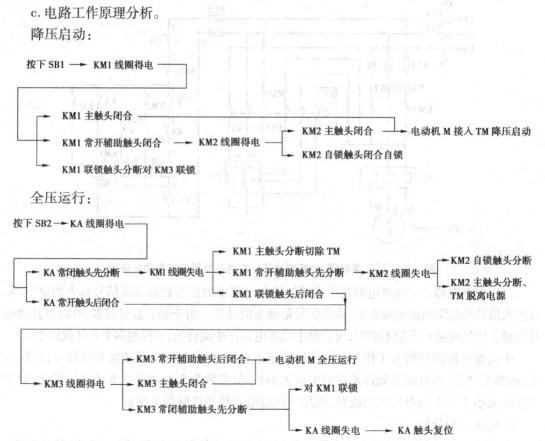

按下 SB3,整个控制回路断电,接触器 KM1、KM2、KM3 主触头全部分断,电动机停转。

该控制线路优点是:启动时若操作者直接误按 SB2,接触器 KM3 线圈也不会得电,避免电动机全压启动;由于接触器 KM1 的常开触头与 KM2 线圈串联,后当降压启动完毕后,接触器 KM1、KM2 均失电,即使接触器 KM3 出现故障使触头无法闭合时,也不会使电动机在低压下运行。该线路的缺点是从降压启动到全压运转,需两次按动按钮,操作不便,间隔时间不能准确掌握,故运行人员的工作经验很重要。

5.1.2 用灯箱模拟自耦变压器降压启动控制线路

【工作任务】

- 绘制自耦变压器降压启动控制线路安装接线图。
- 学会安装自耦变压器降压启动控制线路。
- 能利用灯箱进行模拟自耦变压器降压启动控制线路安装试验。

【相关知识】

主电路如图 5.7 所示,控制电路与图 5.4 相同。

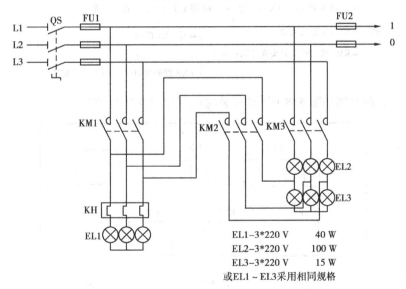

EL1-3*220 V   40 W
EL2-3*220 V   100 W
EL3-3*220 V   15 W
或EL1～EL3采用相同规格

图 5.7 用灯箱模拟自耦变压器降压启动控制线路

1)电路结构分析

①主电路组成:隔离开关 QS、主电路熔断器 FU1、交流接触器 KM1(全压运行)的主触头、交流接触器 KM2(降压启动)的主触头、交流接触器 KM3(降压启动电源)的主触头、热继电器的热元件 KH 及灯箱 EL1、EL2、EL3。

②控制电路组成:与图 5.5 相同。

2)电路工作原理分析

①降压启动(用灯箱模拟自耦变压器和电动机):

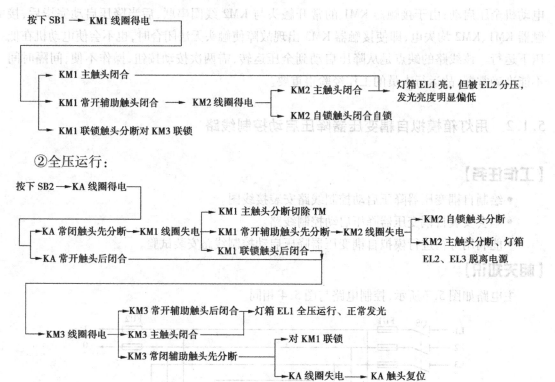

②全压运行:

③设备安装布置图如图 5.8 所示(安装接线图要求学生自绘)。

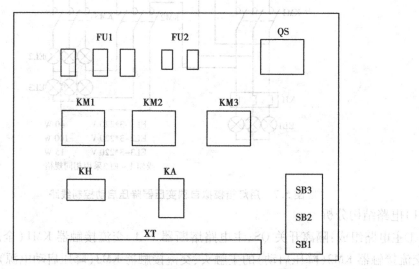

图 5.8 自耦变压器降压启动控制线路布置图

【任务准备与实施】

（1）实训器材

工具、仪表见表5.1，原件明细表见5.2。

表5.1 工具与仪表

工具	测电笔、螺钉旋具、尖嘴钳、斜口钳、剥线钳、电工刀等
仪表	ZC25-3型兆欧表（500 V、0～500 MΩ）、T301-A型钳形电流表、MF47型万用表

表5.2 原件明细表

代号	名　称	型号	规　格	数量
QS	组合开关	HZ10-25/3	三极、25 A	1
FU1	熔断器	RL1-60/25	500 V、60 A、配熔体25 A	3
FU2	熔断器	RL1-15/2	500 V、15 A、配熔体2 A	2
KM1～KM3	交流接触器	CJT1-20	20 A、线圈电压380 V	3
KH	热继电器	JR36B-20/3	三极、20 A、整定电流8.8 A	2
KA	中间继电器	JZ7-44	380 V、5 A、4常开4常闭	1
SB1～SB3	按钮	LA4-3H	保护式、500 V、5 V、按钮数3	2
XT	端子板	JX2-1015	500 V、10 A、15节	1
	控制板		500 mm×500 mm×20 mm	1
EL1	灯箱1	自制	3×220 V　40 W	1
EL2	灯箱2	自制	3×220 V　100 W	1
EL3	灯箱3	自制	3×220 V　15 W	1
	线槽		18×25 mm	若干

（2）安装步骤

①按元件明细表将所需器材配齐并检验元件质量。

②在控制板上按图5.8安装所有电器元件，并自绘安装接线图。

③在控制板上按图5.5和图5.7进行板前槽板布线，并在导线端部套编码套管和冷压接线头。

④安装灯箱（灯箱要求外接）。

⑤连接灯箱和电器元件金属外壳的保护接地线。

⑥连接控制板外部的导线。

⑦自检。

⑧检查无误后通电试车。

（3）注意事项

①所有电气设备金属外壳都要可靠接地。

②电源进线应接在螺旋式熔断器底座的中心端上，出线应接在螺纹外壳上。

③热继电器的整定值应在不通电时预先整定好，并在试车时校正。

④用两组灯箱分别代替电动机和自耦变压器进行模拟试验，其三相规格必须相同，如图5.7所示。

⑤灯箱要采取遮护或隔离措施，并在进出线的端子上进行绝缘处理，以防止发生触电事故。

⑥通电试车前必须经教师检查无误后，才能通电操作，且必须要有指导老师现场监护，确保用电安全。

⑦实训中一定要注意安全操作，文明生产。

（4）检修训练

在图5.5的主电路或控制电路中，人为设置电气自然故障两处。如：将灯箱中任意一灯头处设置断点，然后根据故障情况查找故障点；将热继电器的常闭触头接在常开触头上，然后根据故障情况查找故障。自编检修步骤，经指导教师审查合格后开始检修。

检修注意事项如下：

①要先掌握电路图中各个控制环节的作用和原理。

②检修思路和方法要正确，尽量考虑在断电的情况下检修。

③在检修过程中严禁扩大原有故障和产生新的故障。

④如需带电检修故障时，必须有指导教师在现场监护，确保用电安全。

⑤检修要求在定额时间内完成。

【任务评价】

（1）电路安装评分标准（表5.3）

表5.3　电路安装评分标准

专业_____ 班级_____ 姓名_____ 学号_____

任务名称			
项目内容	配分（总分100分）	评分标准	得分
绘制安装接线图	20分	图纸整洁、画图正确，编号合理。所画图形、符号每一处不规范扣0.5分；少一处标号扣0.5分。	
装前检查	10分	电器元件漏检或错检，每处扣1分。	
安装元件	10分	(1)未按布置图安装，扣10分。(2)元件安装不整齐、不匀称，每只扣3分。(3)元件安装不牢固，每只扣4分。(4)元件安装不合理，每只扣5分。(5)损坏元件，扣10分。	

任务名称			
项目内容	配分 （总分100分）	评分标准	得　分
布线工艺	30分	（1）未按电路图接线，扣15分。 （2）布线不符合要求，每根扣3分。 （3）灯箱三相规格不一致，扣15分。 （4）接点松动、露铜过长、反圈等，每个扣1分。 （5）损坏导线绝缘层或线芯，每根扣2分。 （6）漏接接地线，扣5分。	
通电试车	20分	（1）热继电器未整定或整定错误，扣5分。 （2）熔体规格选用不当，扣5分。 （3）第一次试车不成功，扣10分。 　　第二次试车不成功，扣20分。	
安全文明生产	10分	违反安全文明生产规程，扣5～20分。 （注：总配分10分，此项可以加倍扣分）	
定额时间	6课时，每超时5分钟（不足5分以5分钟计），扣5分。		
备注	除定额时间外，各项内容的最高扣分不得超过配分数		成绩
开始时间		结束时间	实际时间

教师（签名）：＿＿＿＿＿＿＿　　日期：＿＿＿＿＿＿

（2）检修训练评分标准（表5.4）

表5.4　检修训练评分标准

专业＿＿＿＿＿＿　　班级＿＿＿＿＿＿　　姓名＿＿＿＿＿＿　　学号＿＿＿＿＿＿

任务名称			
项目内容	配分 （总分100分）	评分标准	得　分
自编检修步骤	20分	（1）检修步骤不合理、不完善，扣5～15分。 （2）检修步骤不正确，扣20分。	
故障分析	35分	（1）标错电路故障范围，每个扣15分。 （2）在实际排除故障时无思路无头绪，每个故障扣 10分。	

续表

任务名称				
项目内容	配分 （总分100分）	评分标准		得 分
排除故障	35分	(1)不能查出故障,每个扣15分。 (2)工具及仪表使用不当,扣5分。 (3)查出故障,但不能排除,扣5分。 (4)产生新的故障或扩大故障: 　　不能排除,每个扣10分。 　　已经排除,每个扣5分。 (5)或排除故障方法不正确(次)扣5分。		
安全文明生产	10分	(1)损坏电器元件,每只扣5分。 (2)违反安全文明生产规程,扣5~20分。		
定额时间	40分钟	每超时1分钟,扣5分。		
备注	除定额时间外,各项内容的最高扣分不得超过配分数		成绩	
开始时间		结束时间	实际时间	

教师(签名)：_____　　日期：_____

【问题思考】

电动机启动时接成 Y 形,加在每相定子绕组上的启动电压、启动电流和启动转矩分别是△形接法时的多少倍?

【知识扩展】

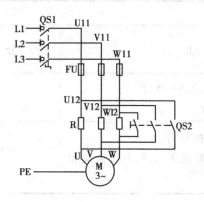

图 5.9　定子绕组串接电阻降压启动

定子绕组串接电阻降压启动手动控制电路如图 5.9 所示。其工作原理是:先合上电源开关 QS1,电源电压通过串联电阻 R 分压后加到电动机的定子绕组上进行降压启动;当电动机的转速升高到一定值时,再合上 QS2,这时电阻 R 被开关 QS2 的触头短接,电源电压直接加到定子绕组上,电动机便在额定电压下正常运转。在这种启动方法中,串联电阻上有电能的损耗,一般使用电抗器以减少电能的损耗,电抗器体积大、成本低。所以此方法已很少使用。

习题5.1

    1.什么叫全压启动？全压启动有何特点？

    2.什么叫降压启动？常见的降压启动方法有哪四种？

    3.简述 QJ3 型手动控制补偿器保护装置的欠压和过载保护原理。

    4.分析并写出图 5.2 所示控制线路的工作原理。

任务 5.2　时间继电器自动控制 Y—△降压启动控制线路

5.2.1　时间继电器

【工作任务】

    ●认识时间继电器,熟悉 JS7-A 系列时间继电器的结构和工作原理。

    ●记住时间继电器的图形符号和文字符号,能说出时间继电器的各种图形符号所代表的含义。

【相关知识】

    在生产生活中经常需要按一定的时间间隔对生产机械进行控制,例如电动机的降压启动一定的时间后才能加上额定电压;在一条自动线中的多台电动机,经常需要分批启动,在第一批启动后,需经过一定时间,才能启动第二批;高层建筑的电梯从开门到关门都需要有一定的时间等。这类自动控制称为时间控制。时间控制通常是利用什么电器来实现的？

    时间继电器是一种利用电磁原理或机械动作原理来实现触头延时闭合或分断的自动控制电器。它从得到动作信号到触头动作有一定的延时,广泛用于需要按时间顺序进行控制的电气控制线路中。

    常用的时间继电器有电磁式、电动式、空气阻尼式、晶体管式等。其中,电磁式时间继电器的结构简单,价格低,但体积和质量较大,延时较短(如 JT3 型只有 0.3 ~ 5.5 s)且只能用于直流断电延时;电动式时间继电器的延时精度高,延时时间可调范围大(由几分钟到几小时),但结构复杂,价格贵。

    在电力拖动线路中应用较多的是空气阻尼式时间继电器。随着电子技术的发展,近年来晶体管式时间继电器的应用日益广泛。为了能更好地理解时间继电器通电延时与断电延时,下面先对 JS7-A 系列空气阻尼式时间继电器作介绍:

(1)JS7-A 系列空气阻尼式时间继电器

空气阻尼式时间继电器又称气囊式时间继电器,是利用气囊中的空气通过小孔节流的原理来获得延时动作的。根据触头延时的特点,它可分为通电延时动作型和断电延时复位型两种。

1)型号及含义

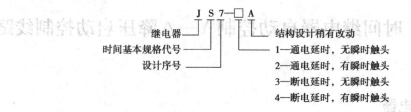

2)结构

JS7-A 系列时间继电器的外形和结构如图 5.10 所示,它主要由以下几部分组成:

①电磁系统:由线圈、铁芯和衔铁组成。

②触头系统:包括两对瞬时触头(一常开、一常闭)和两对延时触头(一常开、一常闭),瞬时触头和延时触头分别是两个微动开关的触头。

③空气室:为一空腔,由橡皮膜、活塞等组成。橡皮膜可随空气的增减而移动,顶部的调节螺钉可调节延时时间。

④传动机构:由推杆、活塞杆、杠杆及各种类型的弹簧等组成。

⑤基座:用金属板制成,用以固定电磁机构和气室。

3)工作原理

JS7-A 系列时间继电器的工作原理示意图见图 5.10 所示。其中图 5.10(a)所示为通电延时型,图 5.10(b)所示为断电延时型。

①通电延时型时间继电器。

其工作原理是:当线圈 2 通电后,铁芯 1 产生吸力,衔铁 3 克服反力弹簧 4 的阻力与铁芯吸合,带动推板 5 立即动作,压合微动开关 SQ2,使其常闭触头瞬时断开,常开触头瞬时闭合。同时活塞杆 6 在宝塔形弹簧 7 的作用下向上移动,带动与活塞 13 相连的橡皮膜 9 向上运动,运动的速度受进气孔 12 进气速度的限制。这时橡皮膜下面形成空气较稀薄的空间,与橡皮膜上面的空气形成压力差,对活塞的移动产生阻尼作用。活塞杆带动杠杆 15 只能缓慢地移动。经过一段时间,活塞完成全部行程而压动微动开关 SQ1,使其常闭触头断开,常开触头闭合。由于从线圈通电到触头动作需延时一段时间,因此 SQ1 的两对触头分别被称为延时闭合瞬时断开的常开触头和延时断开瞬时闭合的常闭触头。这种时间继电器延时时间的长短取决于进气的快慢,旋动调节螺钉 11 可调节进气孔的大小,即可达到调节延时时间长短的目的。JS7-A 系列时间继电器的延时范围有 0.4～60 s 和 0.4～180 s 两种。

当线圈 2 断电时,衔铁 3 在反力弹簧 4 的作用下,通过活塞杆 6 将活塞推向下端,这时橡皮膜 9 下方腔内的空气通过橡皮膜 9、弱弹簧 8 和活塞 13 局部所形成的单向阀迅速从橡皮膜上方的气室缝隙中排掉,使微动开关 SQ1、SQ2 的各对触头均瞬时复位。

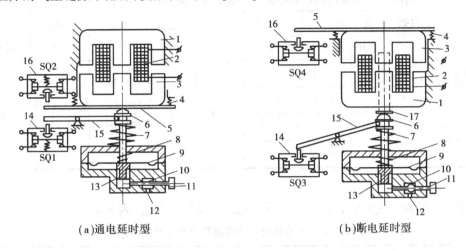

(a)通电延时型　　　　　　　　　　(b)断电延时型

图 5.10　空气阻尼式时间继电器的结构

1—铁芯;2—线圈;3—衔铁;4—反力弹簧;5—推板;6—活塞杆;7—宝塔形弹簧;

8—弱弹簧;9—橡皮膜;10—螺旋;11—调节螺钉;12—进气口;13—活塞;

14,16—微动开关;15—杠杆;17—推杆

②断电延时型时间继电器。

JS7-A 系列断电延时型和通电延时型时间继电器的组成元件是通用的。如果将通电延时型时间继电器的电磁机构翻转 180°安装即成为断电延时型时间继电器。其工作原理读者可自行分析。

空气阻尼式时间继电器的优点是延时范围较大(0.4~180 s),且不受电压和频率波动的影响;可以做成通电和断电两种延时形式;结构简单、寿命长、价格低。其缺点是:延时误差大,难以精确地整定延时值,且延时值易受周围环境温度、尘埃等影响。因此,延时精度要求较高的场合不宜采用断电延时型时间继电器。

时间继电器在电路图中的符号如图 5.11 所示。

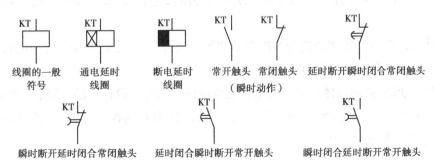

图 5.11　时间继电器的符号

4）JS7-A 系列空气阻尼式时间继电器的技术数据（表 5.5）。

表 5.5　JS7-A 系列空气阻尼式时间继电器的技术数据

型号	瞬时动作触头对数		有延时的触头对数				触头额定电压/V	触头额定电流/A	线圈电压/V	延时范围/S	额定操作频率/(次·h⁻¹)
			通电延时		断电延时						
	常开	常闭	常开	常闭	常开	常闭					
JS7-1A	—	—	1	1			380	5	24、36、110、127、220、380、420	0.4～60 及 0.4～180	600
JS7-2A	1	1	1	1							
JS7-3A	—	—	—	—	1	1					
JS7-4A	1	1	—	—	1	1					

5）JS7-A 系列空气阻尼式时间继电器常见故障及处理方法（表 5.6）。

表 5.6　JS7-A 系列时间继电器常见故障及处理方法

故障现象	可能原因	处理方法
延时触头不动作	①电磁线圈断线； ②电源电压过低； ③传动机构卡住或损坏。	①更换线圈； ②调高电源电压； ③排除卡住故障或更换部件。
延时时间缩短	①气室装配不严,漏气； ②橡皮膜损坏。	①修理或更换气室； ②更换橡皮膜。
延时时间变长	气室内有灰尘,使气道阻塞。	清除气室内灰尘,使气道畅通。

（2）晶体管时间继电器

晶体管时间继电器也称为半导体时间继电器或电子式时间继电器,具有机械结构简单、延时范围广、精度高、消耗功率小、调整方便及寿命长等优点,所以发展迅速,其应用越来越广泛。

晶体管时间继电器按结构分为阻容式和数字式两类；按延时方式分为通电延时型、断电延时型及带瞬动触点的通电延时型。

常用的 JS20 系列晶体管时间继电器是全国推广的统一设计产品,适用于交流 50 Hz、电压 380 V 及以下或直流 220 V 及以下的控制电路,作为时间控制元件,按预定的时间延时,周期性地接通或分断电路。

1)型号及含义

型号及含义如下所示：

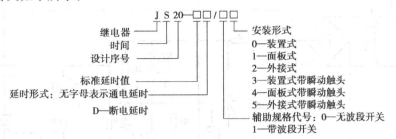

2)结构

JS20 系列时间继电器的形如图 5.12(a)所示。继电器具有保护外壳,其内部结构采用印刷电路组件。其安装和接线采用专用的插接座,并配有带插脚标记的下标牌作接线指示,上标盘上还带有发光二极管作为动作指示。结构形式有外接式、装置式和面板式三种。外接式的整定电位器可通过插座用导线接到需要的控制板上;装置式具有带接线端子的胶木底座;面板式采用八大脚插座,可直接安装在控制台的面板上,另外还带有延时刻度和延时旋钮整定延时时间用。JS20 系列通电延时型时间继电器的接线示意图如图 5.12(b)所示。

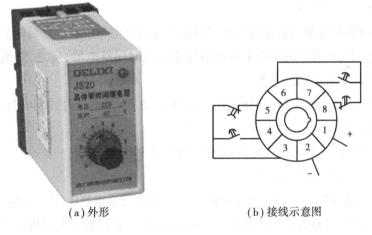

（a）外形　　　　　　（b）接线示意图

图 5.12　JS20 系列时间继电器的外形与接线

3)工作原理

JS20 系列通电延时时间继电器的线路如图 5.13 所示。它由电源、电容充放电电路、电压鉴别电路、输出和指示电路五部分组成。电源接通后,经整流滤波和稳压后的直流电经过RP1 和 R2 向电容 C2 充电。当场效应管 V6 的栅源电压 U_{gs} 低于夹断电压 U_p 时,V6 截止,因而 V7、V8 也处于截止状态。随着充电不断进行,电容 C2 的电位按指数规律上升,当满足 U_{gs} 高于 U_p 时,V6 导通,V7、V8 也导通,继电器 KA 吸合,输出延时信号。同时电容 C2 通过 R8 和 KA 的常开触头放电,为下次动作做好准备。当切断电源时,继电器 KA 释放,电路恢复原始状态,等待下次动作。调节 RP1 和 RP2 即可调整延时时间。

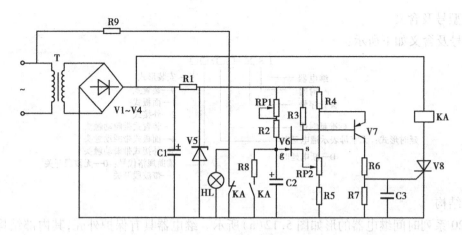

图 5.13　JS20 系列通电延时继电器的电路图

4）晶体管时间继电器的适用场合

①当电磁式时间继电器不能满足要求时；

②当要求的延时精度较高时；

③控制回路相互协调需要无触点输出等。

（3）时间继电器的选用

①根据系统的延时范围和精度选择时间继电器的类型和系列。在延时精度要求不高的场合，一般可选用价格较低的 JS7-A 系列空气阻尼式时间继电器，反之，对精度要求较高的场合，可选用晶体管式时间继电器。

②根据控制线路的要求选择时间继电器的延时方式（通电延时或断电延时），同时，还必须考虑线路对瞬时动作触头的要求。

③根据控制线路电压选择时间继电器吸引线圈的电压。

（4）时间继电器的安装与使用

①时间继电器应按说明书规定的方向安装。无论是通电延时型还是断电延时型，都必须使继电器在断电后，释放时衔铁的运动方向垂直向下，其倾斜度不得超过 5°。

②时间继电器的整定值应预先在不通电时整定好，并在试车时校正。

③时间继电器金属底板上的接地螺钉必须与接地线可靠连接。

④通电延时型和断电延时型可在整定时间内自行调换。

⑤使用时应经常清除灰尘，否则延时误差将更大。

5.2.2　时间继电器自动控制 Y—△ 降压启动控制线路

【工作任务】

• 能说出时间继电器自动控制 Y—△ 降压启动控制线路的工作原理。

● 会安装时间继电器自动控制 Y—△降压启动控制线路。

● 会检测并维修时间继电器自动控制 Y—△降压启动控制线路常见故障。

【相关知识】

什么是 Y—△降压启动控制线路？三相笼形异步电动机降压启动的目的是什么？

Y—△降压启动是指电动机启动时,把定子绕组接成 Y 形,以降低启动电压,限制启动电流;待电动机启动后,再把定子绕组改接成△形,使电动机全压运行。凡是在正常运行时定子绕组作△形接异步电动机,均可采用这种降压启动方法。

电动机启动时接成 Y 形,加在每相定子绕组上的启动电压只有△形接法的 $\frac{1}{\sqrt{3}}$,启动电流为△形接接法 $\frac{1}{3}$,启动转矩也只有△接法的 $\frac{1}{3}$。所以这种降压启动方法只适用于轻载或空载下启动。常用的 Y—△降压启动控制线路有以下几种。

（1）手动控制 Y—△降压启动控制线路

双投开启式负荷开关手动控制 Y—△降压启动的电路如图 5.14 所示。线路的工作原理是:启动时,先合上电源开关 QS1,然后把开启式负荷开关 QS2 扳到"启动"位置,电动机定子绕组便接成 Y 形降压启动;当电动机转速上升并接近额定值时,再将 QS2 扳到"运行"位置,电动机定子绕组改接成△形全压正常运行。

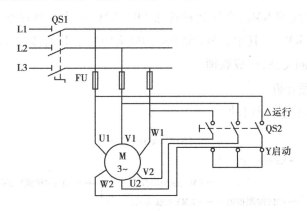

图 5.14　手动 Y—△降压启动电路图

（2）按钮、接触器控制 Y—△降压启动控制线路

用按钮和接触器控制 Y—△降压启动电路如图 5.15 所示。

该线路使用了 3 个接触器、1 个热继电器和 3 个按钮。接触器 KM 作引入电源用,接触器 KM_Y 和 $KM_\triangle$ 作 Y 形启动用和△形运行用,SB1 是启动按钮,SB2 是 Y—△换接按钮,

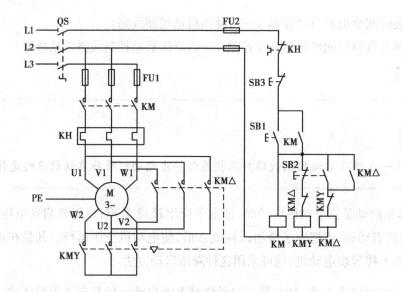

图 5.15　按钮、接触器控制 Y—△ 降压启动电路图

SB3 是停止按钮,FU1 作为主电路的短路保护,FU 作为控制电路的短路保护,KH 作为过载保护。

1)电路结构分析

①主电路组成:隔离开关 QS、主电路熔断器 FU1、交流接触器 KM(引入电源)的主触头、交流接触器 KMY(Y 形启动)的主触头、交流接触器 KM△(△形运行)主触头、热继电器的热元件 KH 及电动机 M。

②控制电路组成:熔断器 FU2,热继电器 KH 的常闭控制触头,停止按钮 SB3,降压启动按钮 SB1,KM 的常开辅助触头,交流接触器线圈 KM;全压启动按钮 SB2 常闭,KM△ 常闭辅助触头,交流接触器线圈 KMY,全压启动按钮 SB2,KM△ 的常开辅助触头,KMY 常闭辅助触头,交流接触器线圈 KM△。其中,KM△ 常闭辅助触头串联于 KMY 线圈支路,KMY 常闭辅助触头也串联于 KM△ 线圈支路,构成联锁。

2)电路工作原理分析

①电动机 Y 形接法降压启动:

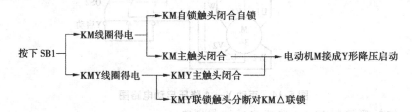

②电动机 △形接法全压运行。当电动机转速上升并接近额定值时:

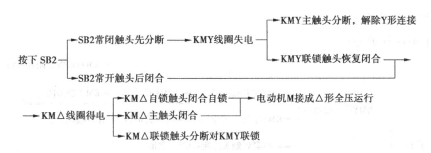

停止时按下 SB3 即可实现。

（3）时间继电器自动控制 Y—△降压启动控制线路

按钮、接触器控制 Y—△降压启动控制线路存在的缺点是：当电动机从 Y 形连接启动转换为△连接正常运行的过程中，必须按两次按钮，电路才能从 Y 形启动运行转换为△运行，这样会给操作上带来不便。而时间继电器自动控制 Y—△降压启动电路克服了这一缺点。时间继电器自动控制 Y—△降压启动电路如图 5.16 所示。

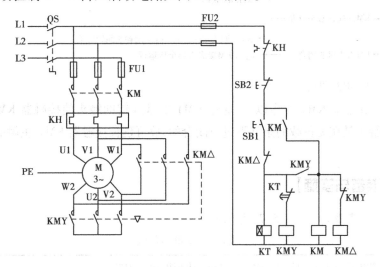

图 5.16　时间继电器自动控制 Y—△降压启动电路图

该线路由 3 个接触器、1 个热继电器、1 个时间继电器和 2 个按钮组成。时间继电器 KT 用作控制 Y 形降压启动时间和完成 Y—△自动切换。

1）电路结构分析

①主电路组成：与前面图 5.14 相同。

②控制电路组成：熔断器 FU2，热继电器 KH 的常闭控制触头，停止按钮 SB2，Y 形降压启动运行时由启动按钮 SB1，KM 的常开辅助触头（自锁），KM△常闭辅助触头，时间继电器 KT 线圈；时间继电器 KT 常闭触头，交流接触器线圈 KMY，KMY 常开辅助触头组成；△全压运行时由 KMY 常闭辅助触头，KMY 的常开辅助触头，交流接触器线圈 KM，交流接触器线圈 KM△组成。其中，KM△常闭辅助触头串联于 KMY 线圈支路，KMY 常闭辅助触头也串联于 KM△线圈支路，构成联锁。

2)电路工作原理分析

先合上电源开关 QS。

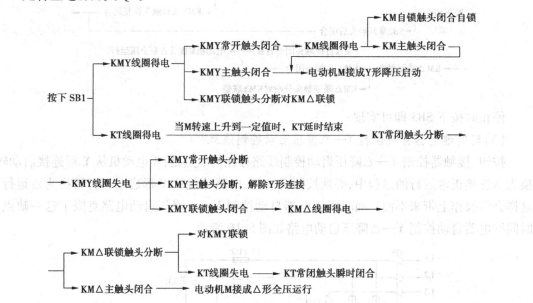

停止时按下 SB2 即可。

该线路中,接触器 KMY 得电以后,通过 KMY 的常开辅助触头使接触器 KM 得电动作,这样 KMY 的主触头是在无负载的条件下进行闭合的,故可延长接触器 KMY 主触头的使用寿命。

【任务准备与实施】

(1)工具、仪表及器材(表5.7,表5.8)

表 5.7 工具与仪表

工具	测电笔、螺钉旋具、尖嘴钳、斜口钳、剥线钳、电工刀等
仪表	ZC25-3 型兆欧表(500 V、0 ~ 500 MΩ)、T301-A 型钳形电流表、MF47 型万用表

表 5.8 原件明细表

代号	名 称	型号	规 格	数量
QS	组合开关	HZ10-25/3	三极、25 A	1
FU1	熔断器	RL1-60/25	500 V、60 A、配熔体25 A	1
FU2	熔断器	RL1-15/2	500 V、15 A、配熔体2 A	3
KM1 ~ KM3	交流接触器	CJT1-20	20 A、线圈电压380 V	2
KH	热继电器	JR36B-20/3	三极、20 A、整定电流8.8 A	2
SB1 ~ SB3	按钮	LA4-3H	保护式、500 V、5 V、按钮数3	1

续表

代号	名　称	型号	规　格	数量
XT	端子板	JX2-1015	500 V、10 A、15 节	1
KT	时间继电器	JS20	线圈电压 380 V	1
	主电路导线	BVR-1.5	1.5 mm^2(7×0.52 mm)	若干
	控制电路导线	BVR-1.0	1 mm^2(7×0.43 mm)	若干
	按钮线	BVR-0.75	0.75 mm^2	若干
	控制板		500 mm×500 mm×20 mm	1
	走线槽		18 mm×25 mm	若干

（2）安装步骤

①按元件明细表5.8将所需器材配齐并检验元件质量。

②参照图5.8自绘电器元件布置图及安装接线图。

③在控制板上按自绘的电器元件布置图安装所有电器元件。

④在控制板上按图5.16电路原理图及自绘的安装接线图进行线槽布线，并在导线端部套编码套管和冷压接线头。

⑤安装电动机。

⑥可靠连接电动机和电器元件金属外壳的保护接地线。

⑦连接控制板外部的导线。

⑧自检。

⑨交验检查无误后通电试车。

（3）注意事项

①电动机、时间继电器、接线端子板的不带电金属外壳或底板应可靠接地。

②电源进线应接在螺旋式熔断器底座的中心端上，出线应接在螺纹外壳上。

③进行 Y—△启动控制的电动机，必须是有6个出线端子且定子绕组在△接法时的额定电压等于三相电源线电压的电动机。

④接线时，要保证电动机△形接法的正确性，即接触器主触头闭合时，应保证定子绕组的 U1 与 W2、V1 与 U2、W1 与 V2 相连接。

⑤KM$_Y$接触器的进线必须从三相绕组的末端引入，若误将首端引入，则在 KM$_Y$接触器吸合时会产生三相电源短路事故。

⑥通电校验前要检查一下熔体规格及各整定值是否符合原理图的要求。

⑦接电前必须经教师检查无误后，才能通电操作。

⑧试验中一定要注意安全操作，文明生产。

（4）检修训练

在图5.16的主电路或控制电路中人为设置电气自然故障（如：FU1 熔丝熔断一处，或

FU2 熔断一处,KT 线圈开路等)两处。自编检修步骤,经指导教师审查合格后开始检修。检修注意事项如下:

①检修前,要先掌握电路图中各个控制环节的作用和原理,能够分析电路的动作原理。

②根据故障现象分析故障要有逻辑性,要清楚各元件动作的先后次序。

③在检修过程中不要扩大故障范围,严禁产生新的故障。

④带电排除故障时,必须有指导教师在现场监护,确保用电安全。

⑤检修必须在定额时间内完成。

【任务评价】

(1)电路安装评分标准(表 5.9)

表 5.9 电路安装评分标准

专业_____ 班级_____ 姓名_____ 学号_____

任务名称			
项目内容	配分 (总分100分)	评分标准	得 分
自绘安装图和接线图	20分	元器件布局合理,编号合理。图纸整洁、元件符号正确。所画图形、符号每一处不规范扣0.5分;少一处标号扣0.5分。	
装前检查	10分	电器元件漏检或错检,每处扣1分。	
安装元件	10分	(1)未按布置图安装,扣10分。 (2)元件安装不整齐、不匀称,每只扣3分。 (3)元件安装不合理,每只扣5分。 (4)损坏元件,扣10分。	
布线	30分	(1)不按电路图接线,扣15分。 (2)布线不符合要求,每根扣2分。 (3)电动机绕组6个接线头接错,每个扣5分。 (4)接点松动、露铜过长、露毛刺等,每个扣1分。 (5)损坏导线绝缘层或线芯,每根扣2分。 (6)漏接接地线,扣5分。	
通电试车	20分	(1)热继电器未整定或整定错误,扣5分。 (2)熔体规格选用不当,扣5分。 (3)第一次试车不成功,扣10分。 第二次试车不成功,扣20分。	
安全文明生产	10分	违反安全文明生产规程,扣5~20分。 (注:总配分10分,此项可以加倍扣分)	
定额时间		6课时,每超时5分钟(不足5分以5分钟计)扣5分。	

续表

任务名称				
项目内容	配分 （总分100分）	评分标准		得　分
备注	除定额时间外,各项内容的最高扣分不得超过配分数		成绩	
开始时间		结束时间		实际时间

教师(签名)：_____　日期：_____

（2）检修训练评分标准（表5.10）

表5.10　检修训练评分标准

专业_____　班级_____　姓名_____　学号_____

任务名称				
项目内容	配分 （总分100分）	评分标准		得　分
自编检修步骤	20分	(1)检修步骤不合理、不完善,扣5~15分。 (2)检修步骤不正确,扣20分。		
故障分析	35分	(1)故障分析,排除故障思路不正确,扣15分。 (2)标错电路故障范围,每个扣10分。		
排除故障	35分	(1)不能查出故障,每个扣10分。 (2)工具及仪表使用不当,扣5分。 (3)查出故障,但不能排除,扣5分。 (4)产生新的故障或扩大故障: 　　不能排除,每个扣10分。 　　已经排除,每个扣5分。 (5)排除故障方法不正确(次),扣5分。		
安全文明生产	10分	(1)损坏电器元件,每只扣5分。 (2)违反安全文明生产规程,扣5~20分。		
时间	40分钟	每超时1分钟,扣5分。		
备注	除定额时间外,各项内容的最高扣分不得超过配分数		成绩	
开始时间		结束时间		实际时间

教师(签名)：_____　日期：_____

【问题思考】

在图5.15中,若交流接触器 KM$_\triangle$ 在运行过程中发生故障,主触头熔焊粘接,会造成什么故障现象?

【知识扩展】

时间继电器自动控制 Y—△ 降压启动线路的定型产品有 QX3、QX4 两个系列,称为 Y—△ 自动启动器。Y—△ 自动启动器的基本技术数据见表5.11。

表5.11 Y—△自动启动器的基本技术数据

启动器型号	控制功率/kW			配用热元件的额定电流/A	延时调整范围/s
	220 V	380 V	550 V		
QX3-13	7	13	13	11、16、22	4～16
QX3-30	17	30	30	32、45	4～16
QX4-17		17	13	15、19	11、13
QX4-30		30	22	25、34	15、17
QX4-55		55	44	45、61	20、24
QX4-75		75		85	30
QX4-125		125		100～160	14～60

QX3-13 型 Y—△ 自动启动器外形结构和电路如图5.17所示。

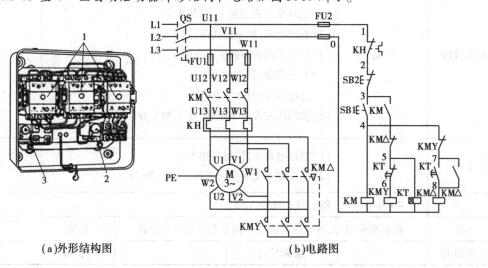

(a)外形结构图   (b)电路图

图5.17 QX3-13 型 Y—△ 自动启动器
1—接触器;2—热继电器;3—时间继电器

这种启动器主要由3个接触器(KM、KMY、KM△)、一个热继电器 KH、一个通电延时型时间继电器 KT 和两个按钮组成。关于各电器的作用和线路的工作原理,读者可参照上述几个线路自行分析。

习题5.2

1.画出时间继电器的电气符号(包括线圈、瞬时触头和延时触头的图形符号和文字符号)。

2.简述时间继电器的触头动作特点。

3.简述 Y—△降压启动控制线路的特点。

4.题图 5.1 所示是 Y—△降压启动控制线路的电路图。请检查图中哪些地方画错了?把错处改正过来。

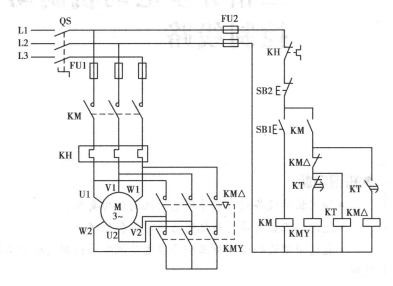

题图 5.1

项目 6

三相异步电动机制动
控制线路

●知识目标

- 知道机械设备对三相异步电动机制动的要求。
- 能说出三相异步电动机制动的方法和原理。
- 能运用理论知识分析三相异步电动机制动控制线路的工作
原理。

●技能目标

- 能绘制三相异步电动机制动控制电路的原理图、接线图。
- 会安装、检测三相异步电动机的制动控制电路，能够根据故
障现象分析和排除故障。

任务 6.1 单向启动能耗制动自动控制线路

【工作任务】

- 理解单向启动能耗制动自动控制线路工作原理。
- 会正确安装与检修无变压器半波整流单向启动能耗制动控制线路。
- 会检测并维修单向启动能耗制动自动控制线路常见故障。

【相关知识】

在公路上行驶的汽车,当遇到红灯或前方有障碍物的时候是怎么快速停下来的? 在江河上行驶的轮船、机场降落的飞机又是如何快速停下来的?

电动机断开电源以后,由于惯性作用不会马上停止转动,而是需要转动一段时间后才会完全停下来。这种情况对于某些生产机械是不适宜的。例如:起重机的吊钩需要准确定位;万能铣床求要立即停转等。要满足生产机械的这种要求就需要对电动机进行制动。

(1)制动的方法和原理

所谓制动,就是给电动机一个与转动方向相反的转矩使它迅速停转(或限制其转速)。制动的方法一般有两类:机械制动和电力制动。

1)机械制动

利用机械装置使电动机断开电源后迅速停转的方法叫机械制动。机械制动常用的方法有:电磁抱闸制动器和电磁离合器制动。

①电磁抱闸制动器。图 6.1 所示是电磁抱闸的结构图和符号。它的结构主要有两大部分:电磁铁和闸瓦制动器。电磁铁又有单相电磁铁和三相电磁铁之分,主要由电磁线圈和铁芯组成。闸瓦制动器包括弹簧、闸轮、杠杆、闸瓦轴等,闸轮与电动机转轴是刚性固定式连接。

电磁抱闸制动器分为断电制动型和通电制动型两种。

②电磁抱闸制动器断电制动控制线路如图 6.2 所示。

线路工作原理如下:

先合上电源开关 QS。

启动运转:按下启动按钮 SB1,接触器 KM 线圈得电,主触头和自锁触头闭合,电动机接通电源,同时电磁抱闸制动器 YB 线圈得电,衔铁与铁芯吸合,衔铁克服弹簧的拉力,迫使制动杠杆向上移动,从而使制动器的闸瓦与闸轮分开,电动机正常运转。

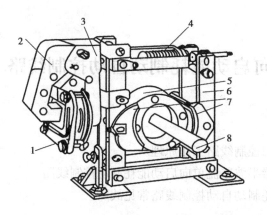
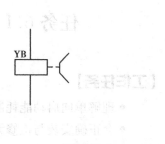

图 6.1 电磁抱闸结构和符号图

1—线圈;2—衔铁;3—铁芯;4—弹簧;

5—闸轮;6—杠杆;7—闸瓦;8—轴

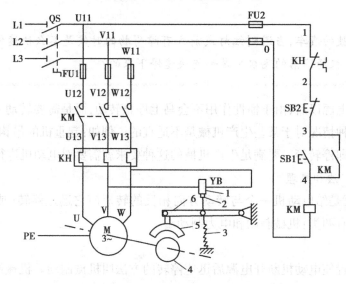

图 6.2 电磁抱闸制动器断电制动控制电路图

1—线圈;2—衔铁;3—弹簧;

4—闸轮;5—闸瓦;6—杠杆

制动停转:按下停止按钮 SB2,接触器 KM 线圈失电,其主触头和自锁触头分断,电动机失电;同时电磁抱闸制动器 YB 线圈失电,衔铁与铁芯分开,在弹簧拉力的作用下,制动器的闸瓦紧紧抱住闸轮,使电动机迅速制动而停止运转。

电磁抱闸制动器断电制动在起重机械上被广泛采用。其优点是能够准确定位,同时可防止电动机突然断电时重物的自行坠落。缺点是:由于电磁抱闸制动器线圈耗电时间与电动机一样长,因此不够经济。另外,由于电磁抱闸制动器在切断电源后的制动作用,使手动调整工件很困难。

电磁抱闸制动器通电制动器克服了电磁抱闸制动器断电制动器的缺点。因此,对要求电动机制动后能调整工件位置的机床设备,可采用通电制动控制线路。

③电磁抱闸制动器通电制动控制线路如图6.3所示。

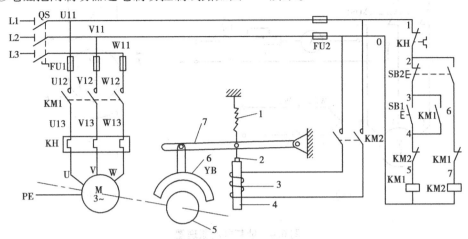

图6.3 电磁抱闸制动器通电制动控制电路图

1—弹簧;2—衔铁;3—线圈;4—铁芯;5—闸轮;6—闸瓦;7—杠杆

这种通电制动与上述断电制动方法稍有不同。当电动机得电运转时,电磁抱闸制动器线圈失电,制动器的闸瓦与闸轮分开,无制动作用;当电动机失电需停转时,电磁抱闸制动器线圈得电,使闸瓦紧紧抱住闸轮制动;当电动机处于停转常态时,电磁抱闸制动器线圈也无电,闸瓦与闸轮分开,这样操作人员可以用手扳动主轴进行调整工件、对刀等操作。

2)电力制动

使电动机在切断电源停转的过程中产生和电动机实际旋转方向相反的电磁力矩(制动力矩),迫使电动机迅速制动停转的方法叫电力制动。电力制动的方法有:反接制动、能耗制动、电容制动和再生发电制动等。

①能耗制动。当电动机切断交流电源后,立即在定子绕组的任意两相中通入直流电,迫使电动机迅速停转的方法叫能耗制动。其制动原理如图6.4所示。电动机需停止时,先断开电源开关QS1,切断电动机的交流电源,这时转子仍然沿原方向惯性运转;随后立即合上开关QS2,并将QS1向下合闸,电动机V、W两相定子绕组通入直流电,使定子中产生一个恒定的静止磁场,这样做惯性运转的转子因切割磁力线而在转子绕组中产生感生电流,其方向可用右手定则判断出来,如图6.4(b)所示。转子绕组中一旦产生了感生电流,又立即受到静止磁场的作用,产生电磁转矩,用左手定则判断,可知此转矩的方向正好与电动机的转向相反,使电动机受制动迅速停转。由于这种制动方法是通过在定子绕组中通入直流电以消耗转子惯性运动的动能来进行制动的,所以称为能耗制动,又称动能制动。

②反接制动。依靠改变电动机定子绕组的电源相序来产生制动力矩,迫使电动机迅速停转的方法叫反接制动。其制动原理如图6.5所示。图中,当QS向上投合时,电动机定子绕组电源相序为L1—L2—L3,电动机将沿旋转磁场方向(图中为顺时针方向),以$n < n_1$的转速正常运转。

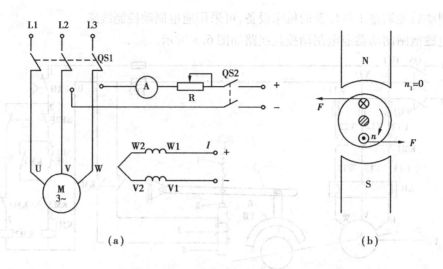

图 6.4　能耗制动原理图

当电动机需要停转时,拉下开关 QS,使电动机先脱离电源(此时转子由于惯性仍按原方向旋转),随后将开关 QS 迅速向下投合,由于 L1、L2 两相电源线对调,电动机定子绕组电源相序变为 L2—L1—L3,旋转磁场反转(图 6.5(b)图中逆时针方向)。此时转子将以 $n_1 + n$ 的相对转速沿原转动方向切割旋转磁场,在转子绕组中产生感生电流,其方向可用右手定则判断;而转子绕组一旦产生感生电流,又受到旋转磁场的作用,产生电磁转矩,其方向可用左手定则判断出来,如图 6.4(b)所示。可见此方向与电动机的转动方向相反,使电动机受制动迅速停转。

因此,反接制动是依靠改变电动机定子绕组的电源相序来产生制动力矩,迫使电动机迅速停转的。

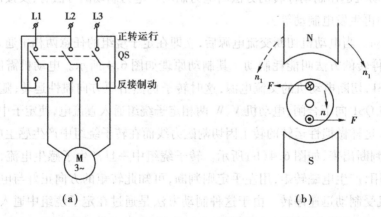

图 6.5　反接制动原理图

值得注意的是当电动机转速接近零值时,应立即切断电动机电源,以防电动机反转。

③再生制动(发电制动)。再生发电制动(又称回馈制动)主要用在起重机械和多速异步电动机上。下面以起重机械为例说明其制动原理,如图 6.6 所示。

当起重机在高处开始下放重物时,由于外力的作用,电动机的转速 n 超过同步转速 n_1,

电动机处于发电状态,定子电流和电动机转子导体的电流方向反向,驱动力矩变为制动力矩,即电动机是将机械能转化为电能,向电网反送电,故称为再生制动(发电制动)。再生制动应用范围很窄,只有 $n > n_1$ 时才能实现。它常用于起重机、电力机车和多速电动机中。这种制动的特点不是把转速下降到零,而是使转速受到限制,不需要任何设备装置,还能向电网送电,经济性较好。

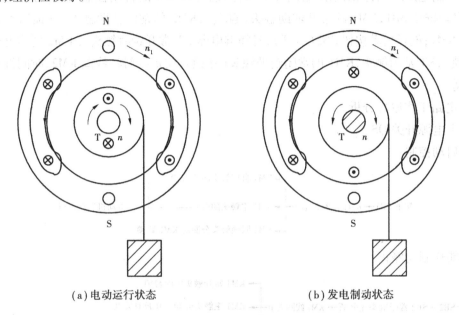

（a）电动运行状态　　　　　　（b）发电制动状态

图6.6　发电制动原理图

（2）无变压器单相半波整流单向启动能耗制动自动控制线路

无变压器单相半波整流单向启动能耗制动自动控制电路如图6.7所示。

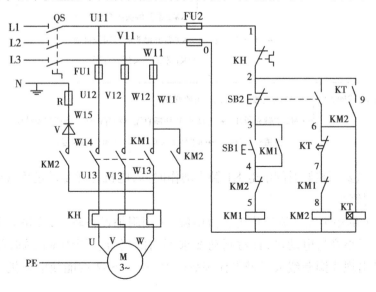

图6.7　无变压器单相半波整流能耗制动自动控制线路

1)电路结构分析

①主电路组成:隔离开关 QS、主电路熔断器 FU1、交流接触器 KM1 的主触头、制动时用交流接触器 KM2 的主触头、单相半波整流器二极管 V、电阻器 R 和热继电器的热元件 KH 及电动机 M。

②控制电路组成:控制电路熔断器 FU2,热继电器 KH 的常闭控制触头,停止按钮 SB2 常闭,启动按钮 SB1,KM1 的常开辅助触头(自锁),KM2 的常闭辅助触头(互锁),交流接触器线圈 KM1;能耗启动按钮 SB2(常开),时间继电器 KT 常开瞬时触头及 KM2 的常开辅助触头(自锁),KT 常闭触头,KM1 的常闭辅助触头(互锁),交流接触器线圈 KM2,时间继电器线圈 KT 等。

2)电路工作原理分析

合上电源开关 QS。

①启动控制:

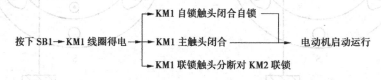

②能耗制动停止:

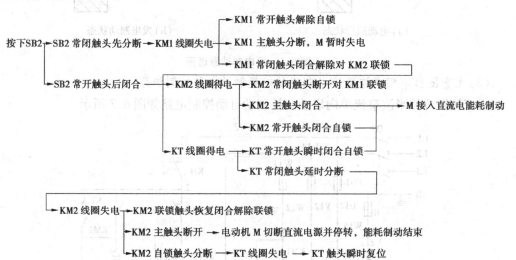

由上分析,只要调整好时间继电 KT 触头动作时间,电机能耗制动过程就能够准确可靠地完成制动控制停车。

该线路采用单相半波整流器作为直流电源,所用附加设备较少,线路简单,成本低,常用于 10 kW 以下小容量电动机,且对制动要求不高的场合。图中 KT 瞬时闭合常开触头的作用:当 KT 出现线圈断线或机械卡住等故障时,按下 SB2 后能使电动机制动后脱离直流电源。

【任务准备与实施】

（1）工具、仪表及器材（表 6.1，表 6.2）

表 6.1 工具与仪表

工具	测电笔、螺钉旋具、尖嘴钳、斜口钳、剥线钳、电工刀等
仪表	ZC25-3 型兆欧表（500 V、0～500 MΩ）、T301-A 型钳形电流表、MF47 型万用表

表 6.2 原件明细表

代号	名　称	型号	规　　格	数量
M	三相异步电动机	Y-112M-4	4 kW、380 V、△接法、8.8 A、1 440 r/min	1
QS	组合开关		三级、25 A	1
FU1	熔断器	HZ10-25/3	500 V、60 A、配熔体 25 A	3
FU2	熔断器	RL1-60/25	500 V、15 A、配熔体 2 A	2
KM1、KM2	交流接触器	RL1-15/2	20 A、线圈电压 380 V	1
KH	热继电器	CJT1-20	三极、20 A、整定电流 8.8 A	1
SB1～SB3	按钮	JR16-20/3	保护式、500 V、5 V、按钮数 3	1
XT	端子板	LA4-3H	500 V、10 A、15 节	1
KT	时间继电器	JX2-1015	线圈电压 380 V	1
V	整流二极管	JS7-2A	30 A、600 V	1
R	制动电阻	2CZ30	0.5 Ω、50 W（外接）	1
	控制板		500 mm×500 mm×20 mm	1
	主电路导线		1.5 mm^2（7×0.52 mm）	若干
	控制线导线	BVR-1.5	1.0 mm^2（7×0.43 mm）	若干
	按钮线	BVR-1.0	0.75 mm^2	若干
	接地线	BVR-0.75	1.5 mm^2 双色线	若干
	走线槽	BVR-1.5	18 mm×25 mm	若干

（2）安装步骤

①按元件明细表将所需器材配齐并检验元件质量。

②参照图 6.7 自绘电器元件布置图及安装接线图。

③在控制板上按布置图安装所有电器元件。

④在控制板上按接线图进行线槽布线，并在导线端部套编码套管和冷压接线头。

⑤连接电动机和电器元件金属外壳的保护接地线。

⑥检查电路连接是否正确。

⑦通电试车，看电动机能否正常工作。

⑧操作启动、停止按钮，观察电动机的运行情况。

（3）注意事项

①时间继电器的整定时间不要调得太长，以防止制动时间过长引起电机定子绕组发热。

②整流二极管要配装散热板和固装散热器支架。

③制动电阻 R 要安装在控制板外面。

④停车制动时停止按钮 SB2 要按到底，注意观察电动机停止与以前有何不同。

⑤应做到安全操作，通电试车必须有指导教师在现场监护，确保用电安全。

⑥若出现故障必须断电检修，再检查，再通电，直到试车成功。

（4）检修训练

在图 6.7 的主电路或控制电路中，人为设置电气自然故障（如：FU1 熔丝熔断器一处或 FU2 熔断器一处，KM2 线圈开路或是 KM2 触点开路等）两处。自编检修步骤，经指导教师审查合格后开始检修。检修注意事项如下：

①检修前，要先掌握电路图中各个控制环节的作用和原理，能够说出电路各元件动作的先后顺序。

②根据故障现象分析故障原因，要有逻辑性。

③在检修过程中，要求停电采用电阻法检查故障。

④带电排除故障时，必须有指导教师在现场监护，确保用电安全。

⑤检修必须在规定时间内完成。

【任务评价】

（1）电路安装评分标准（表6.3）

表6.3 **电路安装评分标准**

专业_____ 班级_____ 姓名_____ 学号_____

任务名称			
项目内容	配分 （总分100分）	评分标准	得　分
自绘安装图和接线图	20分	图纸整洁、画图正确、编号合理。所画图形、符号每一处不规范扣0.5分；少一处标号扣0.5分。	
装前检查	10分	(1)电器元件漏检或错检，每处扣1分。 (2)检测方法不对，扣2分。	
安装电器元件	10分	(1)电器元件安装布置不合理，扣5分。 (2)电器元件安装不牢固，每只扣1分。 (3)元件安装不整齐、不匀称、不合理，每只扣3分。 (4)损坏元件，扣10分。	

续表

任务名称			
项目内容	配分 （总分 100 分）	评分标准	得　分
布线	30 分	(1)不按电路图接线,扣 30 分。 (2)布线不符合要求,每根扣 3 分。 (3)接点松动、露铜过长、露毛刺等,每个扣 1 分。 (4)损坏导线绝缘层或线芯,每根扣 2 分。 (5)漏装或套错编码套管,每处扣 1 分。 (6)漏接接地线,扣 5 分。	
通电试车	20 分	(1)热继电器未整定或整定错误,扣 5 分。 (2)熔体规格选用不当,扣 5 分。 (3)电动机不能正常启动或不能停止,扣 10 分。 (4)电动机不能工作,主电路或控制电路连接错误,扣 10 分。 (5)电动机不能工作,主电路和控制电路均连接错误,扣 20 分。	
安全文明生产	10 分	违反安全文明生产规程,扣 5 ~ 10 分。	
定额时间	4 课时,每超时 5 分钟(不足 5 分以 5 分钟计),扣 5 分。		
备注	除定额时间外,各项内容的最高扣分不得超过配分数。	成绩	
开始时间		结束时间	实际时间

教师(签名)：_____　日期：_____

（2）检修训练评分标准（表 6.4）

表 6.4　检修训练评分标准

专业_____　班级_____　姓名_____　学号_____

任务名称			
项目内容	配分 （总分 100 分）	评分标准	得　分
故障分析	40 分	(1)不能阐述电路动作原理,扣 10 分。 (2)在实际排除故障时,分析思路不正确,每个故障扣 10 分。 (3)标错电路故障范围,每个扣 10 分。	

续表

任务名称			
项目内容	配分 （总分100分）	评分标准	得　分
排除故障	50分	(1)断电不验电,扣5分。 (2)工具及仪表使用不当,每次扣5分。 (3)排除故障的顺序不对,扣10分。 (4)不能查出故障点,每个扣25分。 (5)查出故障点,但不能排除,每个故障扣10分。 (6)产生新的故障或扩大故障： 　　不能排除,每个扣10分。 　　已经排除,每个扣5分。 (7)损坏电动机,扣30分。 (8)损坏电器元件,或排故方法不正确,每只(次)扣10分。	
安全文明生产	10分	违反安全文明生产规程,扣5~20分。	
定额时间	40分钟	每超时1分钟,扣5分。	
备注	除定额时间外,各项内容的最高扣分不得超过配分数。	成绩	
开始时间		结束时间	实际时间

教师(签名)：_____　　日期：_____

【问题思考】

反接制动和能耗制动的原理是什么？各有什么特点？

【知识扩展】

电容制动

当电动机切断交流电源时,通过立即在电动机定子绕组的出线端接入电容器迫使电动机迅速停转的方法叫电容制动。其电路图如图6.8所示。

电容制动的原理是：当旋转着的电动机断开交流电源时,转子内仍有剩磁。随着转子的惯性转动,形成一个随转子转动的旋转磁场。该磁场切割定子绕组产生感应电动势,并通过电容器回路形成感应电流,这个电流产生的磁场与转子绕组中的感应电流相互作用,产生一个与旋转方向相反的制动力矩,使电动机受制动迅速停转。

图6.8是电容制动控制电路图。电动机正常运行时,KM1主触头闭合,KM2主触头断开；制动时,KM2主触头闭合,KM1主触头断开。

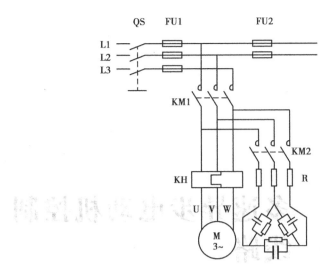

图 6.8　电容制动控制电路图

习题6.1

1. 电磁抱闸主要由＿＿＿＿＿＿＿＿和＿＿＿＿＿＿＿＿两大部分组成,其制动方式分为＿＿＿＿制动型和＿＿＿＿制动型两种。

2. 什么叫电力制动? 常用的电力制动方法有哪两种? 简述各种制动方法的制动原理。

3. 请叙述无变压器单相半波整流单向启动能耗制动自动控制线路的工作原理。

项目 7

多速异步电动机控制线路

●**知识目标**
- 知道多速异步电动机的调速方法。
- 理解双速异步电动机控制线路的工作原理。
- 能设计绘出接触器控制三速异步电动机的控制线路图。

●**技能目标**
- 会正确安装与检修多速异步电动机控制线路。

任务 7.1　接触器控制双速异步电动机的控制线路

【工作任务】

- 知道三相异步电动机调速的方法。
- 能说明双速异步电动机定子绕组的连接方法。
- 理解接触器控制双速异步电动机控制线路的工作原理。
- 会安装与检修接触器控制双速异步电动机控制线路。

【相关知识】

想一想

三相笼型异步电动机有哪几种调速方法？

（1）多速异步电动机定子绕组的连接

由电动机原理可知,三相异步电动机的转速公式为:

$$n_2 = (1 - s) \frac{60 f_1}{p}$$

从上面公式可以看出,改变异步电动机转速可通过三种方法来实现:

一是改变电源频率 f_1——变频调速。

二是改变转差率 s——改变转子电阻,或改变定子绕组上的电压。

三是改变磁极对数 p——变极调速。

通常三相笼型异步电动机采用变极调速。

变极调速是通过改变定子绕组的连接方式来实现的。它是有级调速,且只适用于笼型异步电动机。

凡磁极对数可改变的电动机称为多速电动机,常见的多速电动机有双速、三速、四速等几种类型。

1）双速异步电动机定子绕组的连接

①双速异步电动机外形如图 7.1 所示。

②双速异步电动机定子绕组的连接。双速异步电动机定子绕组的△/YY 接线图如图 7.2 所示。

如图 7.2 所示,双速电动机定子绕组的每相绕组的中点各有一个出线端 U2、V2、W2。

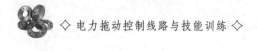

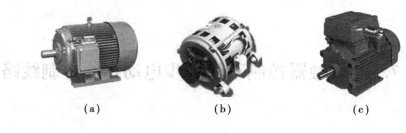

(a)　　　　　　　　(b)　　　　　　　　(c)

图7.1　双速电动机外形

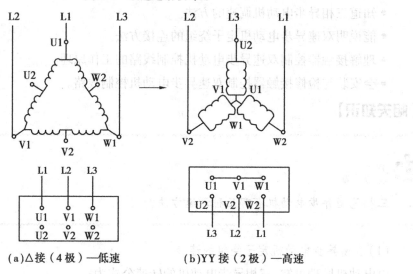

(a)△接（4极）—低速　　　　(b)YY接（2极）—高速

图7.2　4/2极双速电动机定子绕组接线图

当电动机低速运转时,把三相电源分别接定子绕组的 U1、V1、W1 端,定子绕组呈△形连接,磁极为 4 极,同步转速为 1 500 转/分。

当电动机高速运转时,就把 3 个出线端 U1、V1、W1 并接在一起,另外 3 个出线端 U2、V2、W2 分别接到三相电源上,定子呈 YY 形连接,磁极为 2 极,同步转速为 3 000 转/分。

注意:双速电动机定子绕组从一种接法改变为另一种接法时,必须把电源相序反接,以保证电动机的旋转方向不变。

2)三速异步电动机定子绕组的连接

三速异步电动机定子绕组的连接如图7.3所示。

三速异步电动机有两套定子绕组,分两层安放在定子槽内,第一套绕组(双速)有 7 个出线端:U1、V1、W1、U3、U2、V2、W2,可作△或 YY 连接;第二套绕组(单速)有 3 个出线端:U4、V4、W4,只作 Y 形连接,如图7.3所示。当分别改变两套定子绕组的连接方式(即改变磁极对数)时,电动机就可以得到 3 种不同的转速。

（2）接触器控制双速异步电动机的控制线路

电路图如图7.4所示,实物接线图如图7.5所示。

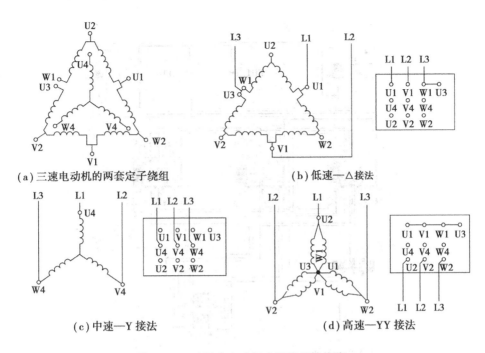

（a）三速电动机的两套定子绕组　　　　（b）低速—△接法

（c）中速—Y 接法　　　　　　　　（d）高速—YY 接法

图 7.3　三速异步电动机定子绕组接线图

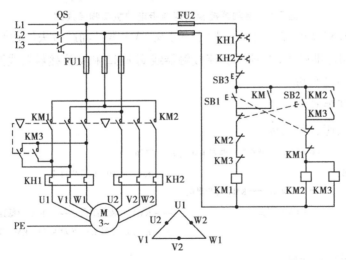

图 7.4　接触器控制双速异步电动机电路图

1）电路结构分析

①主电路组成：隔离开关 QS，主电路熔断器 FU1，交流接触器 KM1（△连接）的主触头，交流接触器 KM2（YY 连接）的主触头，交流接触器 KM3 主触头（改变连接方式），热继电器的热元件 KH1、KH2，电动机 M。

②控制电路组成：熔断器 FU2，热继电器 KH1 和 KH2 的常闭控制触头，停止按钮 SB3，△运行（低速）启动按钮 SB1，KM1 的常开辅助触头（自锁），SB2 常闭触头（互锁），KM2 的常闭辅助触头（互锁），KM3 的常闭辅助触头（双 YY），交流接触器线圈 KM1；双 YY 运行（高

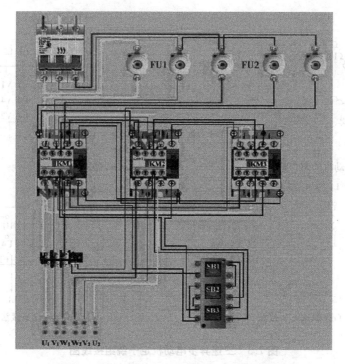

图 7.5 接触器控制双速异步电动机实物接线图

速)启动按钮 SB2,KM2 的常开辅助触头(自锁)及 KM3 常开辅助触头(自锁),SB1 常闭触头(互锁),KM1 常闭辅助触头(互锁),交流接触器线圈 KM2 和交流接触器线圈 KM3。

2)电路工作原理分析

先合上电源开关 QS。

①电机△形低速启动运转:

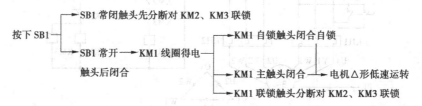

②电机 YY 形高速运转:

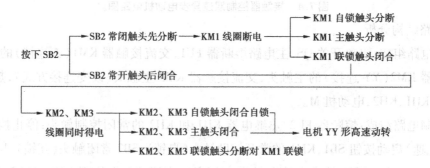

③停转时,按下 SB3 即可实现。

该电路具有过载、短路、欠压、失压等保护功能。

 【任务准备与实施】

(1)工具、仪表及器材(表7.1和表7.2)

表7.1　工具与仪表

工具	测电笔、螺钉旋具、尖嘴钳、斜口钳、剥线钳、电工刀等
仪表	ZC25-3 型兆欧表(500 V、0 ~ 500 MΩ)、MG3-1 型钳形电流表、MF47 型万用表、转速表

表7.2　元件明细表

序　号	名　　称	符　号	数　　量	规　　格
1	电动机	M	1	YD112M-4/2：3.3 kW/4 kW、380 V、7.4/8。6 A、△/YY、1 440/2 890 r/min
2	组合开关	QS	1	HZ10-25/3
3	熔断器	FU1	3	RL1-60/25
		FU2	2	RL1-15/4
4	热继电器	FR	2	JR16-20/3
5	交流接触器	KM	3	CJ10-20
6	按钮	SB1 SB2 SB3	3	LA10-3H
7	端子板	XT	1	JD0-1020
8	主电路导线		若干	BVR—1.5
9	控制电路导线		若干	BVR—1.0
10	按钮线		若干	BVR—0.75
11	接地线		若干	BVR—1.5

(2)安装步骤

①按表7.2配齐所用的电器元件,并检查元件质量。

②画出元件布置图、接线图。

③安装电器元件和走线槽,并贴上醒目的文字符号。

④按照电路图进行板前线槽布线,并在线头上套编码套管和冷压接线头。

⑤安装电动机。

⑥可靠连接电动机和电器元件金属外壳的保护接地线。

⑦自检。根据电路原理图和安装接线图自行检查接线是否正确,用万用表的电阻挡检查接线有无错接、漏接和短接,并排除故障。

⑧检查无误经老师检查确认后通电试车。

⑨操作按钮 SB1 和 SB2,观察电动机的低速运转和高速运转情况;改变按钮 SB1 和 SB2 的操作顺序,比较电动机的运转情况,并用转速表测量电动机的转速。

(3)注意事项

①接线时,注意主电路中接触器 KM1、KM2 在两种转速下电源相序的改变,不能接错。否则换向时将产生很大的冲击电流。

②控制双速电动机△形接法的接触器 KM1 和 YY 接法的 KM2 的主触头不能对换接线,否则不但无法实现双速控制要求,而且会在 YY 形运转时造成电源短路事故。

③热继电器 KH1、KH2 的整定电流及其在主电路中的接线不要搞错。

④通电试车前要复验一下电动机的接线是否正确,并测试绝缘电阻是否符合要求。

⑤通电试车必须有指导老师在现场监护,学生应根据电路图的控制要求独立进行操作,如发现电路不能正常工作或出现异常现象,应立即切断电源,查找原因,故障排除后再通电试车。

⑥必须在规定时间内完成。

(4)检修训练

1)故障设置

在控制电路或主电路中人为设置非短路电气故障两处。

2)故障检修步骤和方法

①用通电试验法观察故障现象。观察电动机、各电器元件及线路工作是否正常,如发现异常现象,应立即断电检查。

②用逻辑分析法缩小故障范围,并在电路图上用虚线标出故障部位的最小范围。

③用测量法正确、迅速地找出故障点。

④根据故障点的不同情况,采取正确的方法迅速排除故障。

⑤排除故障后再通电试车。

3)故障分析检修示例

①故障现象:电路只能高速运行,不能低速运行。

②根据故障现象和电路工作原理分析故障可能出现于低速控制电路回路;主电路 KM1 触头至电动机 U1、V1、W1 出线端部分电路。用虚线圈出故障部位的最小范围。

③故障检修:切断电源,按下或松开低速控制回路上各电器触头,用万用表欧姆挡依次测量各电器触头电阻值看是否正常,经查 SB1 按钮常开触头在按下和松开时,电阻值都为

∞。说明故障在 SB1 按钮,修复 SB1 按钮,故障排除。

　　4)注意事项

①检修前要先掌握电路图中各个控制环节作用和原理,并熟悉电动机的接线方法。

②在检修过程中严禁扩大和产生新的故障,否则要立即停止检修。

③检修思路和方法要正确。

④带电检修故障时,必须有指导老师在现场监护,确保用电安全。

⑤检修必须在规定时间内完成。

【任务评价】

　　(1)电路安装评分标准(表7.3)

表 7.3　电路安装评分标准

专业_____　　班级_____　　姓名_____　　学号_____

任务名称				
项目内容	配分(100 分)	评分标准及要求		得　分
元器件清点、选择	5	清点、选择元器件。未清点或选择元器件错误,每个扣1分。		
元器件测试	5	在实训20分钟内对主要器材测试。如有损坏,应及时报告监考老师。未进行检查,一个电器元件扣1分。		
画出电路元件布置图和接线图	20	图纸整洁、画图正确,编号合理。所画图形、符号每一处不规范扣0.5分;少一处标号扣0.5分。		
布线	30	不同规格导线的使用	每错一根扣2分。	
		接线工艺	导线不平直、损伤导线绝缘层、未贴板走线或导线交叉扣1分。	
		元件安装正确	缺螺钉,每一处扣1分。	
		电气接触	接线错误(含未接线)、接触不良,接点松动,每处扣4分。	
		线头旋向错误	每处扣1分。	
		连接点处理	导线接头过长或过短每处扣2分。	
		接线端子排列	不规范、不正确每处扣1分。	
通电试车	20	试运行一次不成功,扣5分。		
		试运行二次不成功,扣15分。		
		试运行三次不成功,扣20分。		

续表

任务名称			
项目内容	配分(100分)	评分标准及要求	得　分
安全、文明规范	20	操作台不整洁,扣2分。	
		工具、器件摆放凌乱,扣2分。	
		发生一般事故:如带电操作、考试中有大声喧哗等影响他人的行为等,每次扣2分。	
		发生重大事故,本次总成绩以0分计。	
备注	每一项最高扣分不应超过该项配分(除发生重大事故)	总成绩	
开始时间		结束时间	工位号

教师(签名):_____ 日期:_____

（2）检修训练评分标准（表7.4）

表7.4　检修训练评分标准

专业_____ 班级_____ 姓名_____ 学号_____

任务名称			
项目内容	配分(100分)	评分标准	得　分
自编检修步骤	20	(1)检修步骤不合理、不完善,扣10分。 (2)检修步骤不正确,扣10分。	
故障分析	40	(1)故障分析、排除故障思路不正确,扣20分。 (2)标错电路故障范围,扣20分。	
排除故障	40	(1)工具及仪表使用不当,扣5分。 (2)排除故障的顺序不对,扣5分。 (3)不能查出故障,扣5分。 (4)查出故障点,但不能排除,扣5分。 (5)产生新的故障,且不能排除,扣5分。 (6)损坏电气元件,扣5分。 (7)排除故障方法不正确,扣5分。 (8)排除故障后通电试车不成功,扣5分。	
安全文明生产	违反安全及文明规程,扣10~60分。		
任课教师		学生姓名	
定额时间	40分钟	开始时间	结束时间

教师(签名):_____ 日期:_____

【问题思考】

双速电动机高速运行时通常须先低速起动而后转入高速运行,这是为什么?

【知识扩展】

电动机的保护

(1)传统的电动机保护装置

为了避免因系统发生故障或不正常工作而引起事故,在电气控制系统的设计与运行中,都必须考虑提高电气控制系统运行的可靠性和安全性。例如,电动机在运行过程中,除按生产机械的工艺要求完成各种正常运转外,还必须在线路出现短路、过载、过电流、欠电压、失压及弱磁等现象时能自动切断电源停转,以防止和避免电气设备和机械设备的损坏事故,保证操作人员的人身安全。因此,在生产机械的电气控制线路中,采取了对电动机的各种保护措施。常用的保护环节有短路保护、过载保护、过电流保护、过压保护、失压保护、断相保护等,如表7.5所示。

选择和设置保护装置在使电动机免受损坏的同时,还应使电动机得到充分利用。因此,一个正确的保护方案应该是:在免于损坏的情况下使电动机充分发挥过载能力(即过载的承受能力),使其在工作过程中功率被充分利用,温升达到国家标准规定的数值,同时还能提高电力拖动系统的可靠性和生产的连续性。

表7.5　电动机的保护

	故障危害	常用保护电器	工作原理
短路保护	线路出现短路现象时,会产生很大的短路电流,使电动机、电器及导线等电气设备严重损坏甚至引发火灾。	熔断器和低压断路器	熔断器的熔体与被保护的电路串联。当电路正常工作时,熔断器的熔体不起作用,相当于一根导线,其压降很小,可忽略不计。当电路短路时,很大的短路电流流过熔体,使熔体立即熔断,切断电动机电源,电动机停转。同样,若电路中接入低压断路器,当出现短路现象时,低压断路器会立即动作,切断电源使电动机停转。
过载保护	电动机负载过大、启动操作频繁成缺相运行,会使电动机的工作电流长时间超过其额定电流,使电动机绕组过热,温升超过其允许值,导致电动机的绝缘材料变脆,寿命缩短,严重时会使电动机损坏。	热继电器	当电动机的工作电流等于额定电流时,热继电器不动作;当电动机短时过载或过载电流较小时,热继电器不动作,或经过较长时间才动作;当过载电流较大时,串接在主电路中的热元件会在较短的时间内发热弯曲,使串接在控制电路中的常闭触头断开,先后切断控制电路和主电路的电源,使电动机停转。

续表

	故障危害	常用保护电器	工作原理
欠压保护	电动机欠压下运行,负载没有改变,欠压电动机转速下降,定子绕组的电流增加。此时电流增加的幅度尚不足以使熔断器和热继电器动作,如长时间不采取措施,会使电动机过热损坏。欠压还会引起一些电器释放,使线路不能正常工作,可能危害人身安全或导致设备事故。	接触器和电磁式电压继电器	大多数机床电气控制线路中,接触器兼有欠压保护功能,少数线路需专门装设电磁式电压继电器起欠压保护作用。一般当电网电压降低到额定电压的85%以下时,接触器(或电压继电器)线圈产生的电磁吸力将小于复位弹簧拉力,动铁芯被迫释放,其主触头和自锁触头同时断开,切断主电路和控制电路电源,使电动机停转。
失压保护／零压保护	生产机械在工作时,由于某种原因导致电网突然停电后,电源电压下降为零,电动机停转,生产机械的运动部件也随之停止运转。一般情况下,操作人员不可能及时拉开电源开关,如不采取措施,当电源电压恢复正常时,电动机便会自行启动运转,很可能造成人身和设备事故,并引起电网过电流和瞬间网络电压下降。	接触器和中间继电器	当电网停电时,接触器和中间继电器线圈中的电流消失,电磁吸力减小为零,动铁芯释放,触头复位供电时,若不重新按下启动按钮,则电动机就不会自行启动。
过流保护	为了限制电动机的启动电流或制动电流,在直流电动机的电枢绕组中或在交流绕线转子异步电动机的转子绕组中需要串入附加的限流电阻。如果在启动或制动时,附加电阻被短接,将会造成很大的启动或制动电流,使电动机或机械设备损坏。	电磁式过电流继电器	当电动机电流值达到过电流继电器的动作值时,继电器动作,使串接在控制电路中的常闭触头断开,切断控制电路,电动机随之脱离电源停转,从而达到过流保护的目的。
弱磁保护	若直流电动机启动时,电动机的励磁电流太小,产生的磁场太弱,将会使电动机的启动电流很大;若电动机在正常运转过程中,磁场突然减弱或消失,电动机的转速将迅速升高,甚至发生"飞车"。	弱磁继电器(即欠电流继电器)	弱磁继电器串入励磁回路。在电动机启动运行过程中,当励磁电流值达到弱磁继电器的动作值时,继电器吸合,使串接在控制电路中的常开触头闭合,允许电动机启动或维持正常运转;当励磁电流断开,切断控制电路,接触器线圈失电,电动机断电停转。

（2）多功能保护器

随着生产的发展和技术的进步,对配电线路、控制电器和电动机的运行可靠性要求越来越高,既要最大限度地保证生产过程的连续性,又要避免在各种情况下对设备和人身安全的危害。熔断器、热继电器、热脱扣器等传统的保护装置因其本身的缺陷和外部条件的限制,已不能满足现代生产的要求。例如,由于现代电动机工作时绕组电流密度显著增大,当电动机过载时,绕组电流密度增长速率比过去的电动机大 $2 \sim 2.5$ 倍。这就要求温度检测元件具有更小的发热时间常数,保护装置具有更高的灵敏度和精度,并且最好能在一个保护装置内同时实现电动机的过载、断相及堵转瞬动保护。电子式电动机多功能保护器就是这样一种高精度、高灵敏度的保护装置。

近年来出现的电子式多功能保护装置品种很多,性能各异。例如 3DB 系列电子式电机多功能保护器具有过载、缺相、欠压、过压、漏电、电机堵转等多种保护功能,是理想的电动机综合保护装置。该产品无机械误差与磨损,耐冲击振动,体积小,功耗低,功能全,安装调试简便,维护工作量小,适用范围广。

对电动机的保护问题,现代技术正在提供更加广阔的途径。例如,研制发热时间常数小的新型 PTC 热敏电阻,增加电动机绕组对热敏电阻的热传导;发展高性能和多功能综合保护装置,其主要方向是采用固态集成电路和微处理器作为电流、电压、时间、频率、相位和功率等方面的检测和逻辑单元以取代电动原则。

对于频繁或反复启动、制动和重载启动的笼型电动机以及大容量电动机,由于它们的转子温升比定子绕组温升高,所以较好的办法是检测转子的温度。国外已有红外线保护装置的实际应用,是用红外线温度计从外部检测转子温度并加以保护。

在电气控制线路设计中,经常要对生产过程中的温度、压力、流量、运动速度等设置必要的控制和保护,将以上各物理量限制在一定的范围以内,以保证整个系统安全运行。为此,需要采用各种专用的温度、压力、流量、速度传感器或继电器,它们的基本原理都是在控制回路中串联一些受这些参数控制的常开触头或常闭触头,通过逻辑组合、联锁控制等实现保护功能。

习题7.1

1.三速异步电动机高速、中速与低速运转时,定子绕组分别接成什么形式? 分别是几对磁极?

2.三相异步电动机的调速方法有哪三种? 笼型异步电动机的变极调速是如何实现的?

3.叙述接触器控制双速异步电动机控制线路的工作原理。

任务7.2 时间继电器控制双速异步电动机的控制线路

【工作任务】

- 理解时间继电器控制双速异步电动机控制线路的工作原理。
- 会安装与检修时间继电器控制双速异步电动机控制线路。

【相关知识】

想一想

时间继电器的作用是什么？

在前面接触器控制双速异步电动机的控制线路学习中我们知道,当电路要高速运行时,必须再按一次高速启动按钮SB2,电动机才能从低速运行状态转入高速运行状态,这样给操作上带来不便。下面学习电动机高速运行时只按一次按钮就能实现电动机从低速启动运转自动转换到 YY 高速运转的电路,即时间继电器控制双速异步电动机控制线路。

时间继电器控制双速异步电动机的控制线路如图7.6 所示。

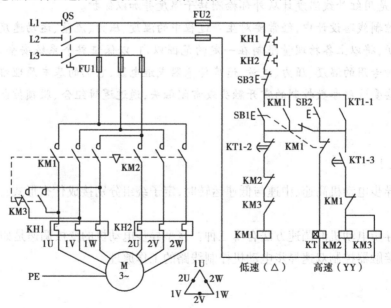

图7.6　时间继电器控制双速异步电动机的控制线路

（1）电路结构分析

①主电路组成：与图 7.4 主电路相同。

②控制电路组成：熔断器 FU2，热继电器 KH1 和 KH2 的常闭控制触头，停止按钮 SB3，△运行（低速）启动按钮 SB1，KM1 的常开辅助触头（自锁），时间继电器延时断开常闭触头 KT-2，KM2 和 KM3 的常闭辅助触头（互锁），交流接触器线圈 KM1；双 YY 运行（高速）启动按钮 SB2，时间继电器瞬时闭合常开触头 KT-1（自锁），KM1 常闭辅助触头，SB1 常闭触头（互锁），时间继电器线圈 KT，时间继电器延时闭合常开触头 KT-3，KM1 的常闭辅助触头（互锁），交流接触器线圈 KM2，交流接触器线圈 KM3。

（2）电路工作原理分析

先合上电源开关 QS。

①△形低速启动运转。

②YY 形高速启动运转。

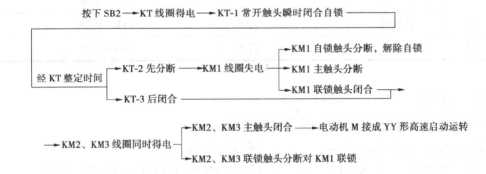

③停止时，按下 SB3 即可。

若电动机只需高速运转时，可直接按下 SB2，则电动机△形低速启动后，YY 高速运转。

 【任务准备与实施】

（1）工具、仪表及器材（表 7.6，表 7.7）

表 7.6　工具与仪表

工具	测电笔、螺钉旋具、尖嘴钳、斜口钳、剥线钳、电工刀等
仪表	ZC25-3 型兆欧表（500 V，0～500 MΩ）、MG3-1 型钳形电流表、MF47 型万用表、转速表

表 7.7　元件明细表

序　号	名　　称	符　号	数量	规　　格
1	电动机	M	1	YD112M-4/2：3.3 kW/4 kW、380 V、7.4 A/8.6 A、△/YY 接法、1 440/2 890 r/min
2	组合开关	QS	1	HZ10-25/3
3	熔断器	FU1	3	RL1-60/25
		FU2	2	RL1-15/4
4	热继电器	KH1	2	JR16-20/3
5	时间继电器	KT	1	JS7-2A，线圈电压 380 V
5	交流接触器	KM	3	CJT1-10
6	按钮	SB1 SB2 SB3	3	LA10-3H
7	端子板	XT	1	JD0-1020
8	主电路导线		若干	BVR—1.5
9	控制电路导线		若干	BVR—1.0
10	按钮线		若干	BVR—0.75
11	接地线		若干	BVR—1.5

（2）安装步骤

①按表7.7将所需器材配齐并检验元件质量。

②根据电路原理图绘出电器元件布置图和安装接线图。

③自编安装步骤，并熟悉其工艺要求，经指导教师审查合格后，开始安装训练。

（3）注意事项

①接线时，注意主电路接触器 KM1、KM2 在两种转速下电源相序的改变，不能接错，否则两种转速下电机的转向相反，换向时将产生很大的冲击电流。

②控制双速电动机△形接法的接触器 KM1 和 YY 形接法的 KM2 的主接触头不能对换接线，否则不但无法实现双速控制要求，而且会在 YY 形运转时运转时造成电源短路事故。

③热继电器 KH1、KH2 的整定电流及其在主电路中的接线不要搞错。

④通电试车前，要复验一下电动机的接线是否正确，并测试绝缘电阻是否符合要求。

⑤通电试车时必须有指导教师在现场监护，并用转速表测量电动机的转速。

（4）检修训练

在控制电路或主电路中人为设置电气自然故障两处。由学生自编检修步骤，经教师审阅合格后进行检修。

故障分析检修示例：

①故障现象：按 SB1、SB2 按钮，电路都无反应。

②根据故障现象和电路工作原理分析故障原因可能是：控制回路供电电路出故障。用虚线圈出故障范围。

③故障检修：切断电源，用万用表欧姆挡测量电源 QS 出线端至 SB3 与 SB1 连接处的电阻值，其阻值为∞，说明故障在这段线路上的某连接点或元件的触头上。经过检查发现热继电器 KH2 常闭触头与停止按钮 SB3 的连线漏接。连接后，电路工作正常。

（5）检修注意事项

①检修前，要认真阅读电路图，掌握线路的构成、工作原理及接线方式。

②在排除故障的过程中，故障分析、排除故障的思路和方法要正确。

③工具和仪表使用要正确。

④不能随意更改线路和带电触摸电器元件。

⑤带电检修故障时，必须有教师在现场监护，确保用电安全。

【任务评价】

（1）电路安装评分标准（表 7.8）

表 7.8　电路安装评分标准

专业_____　班级_____　姓名_____　学号_____

任务名称			
项目内容	配分（100 分）	评分标准	得　分
画出电路元件布置图和接线图	20	图纸整洁、画图正确，编号合理。所画图形、符号每 1 处不规范扣 1 分；少一处标号扣 1 分。	
装前检查	5	电器元件漏检或错检，每处扣 1 分。	
安装元件	20	(1)不按布置图安装，扣 10 分。 (2)元件安装不牢固，每只扣 4 分。 (3)元件安装不整齐、不匀称、不合理，每只扣 3 分。 (4)损坏元件，扣 10 分。	
布线	35	(1)不按电路图接线，扣 25 分。 (2)布线不符合要求，每根扣 3 分。 (3)接点松动、露铜过长、反圈等，每个扣 1 分。 (4)损坏导线绝缘层或线芯，每根扣 2 分。 (5)漏装或套错编码套管，每处扣 1 分。 (6)漏接接地线，扣 5 分。	

续表

任务名称			
项目内容	配分 (100 分)	评分标准	得 分
通电试车	20	(1)热继电器未整定或整定错误,扣 5 分。 (2)熔体规格选用不当,扣 5 分。 (3)第一次试车不成功,扣 10 分。 　　第二次试车不成功,扣 15 分。 　　第三次试车不成功,扣 20 分。	
安全文明生产		违反安全文明生产规程,扣 5 ~ 20 分。	
定额时间		6 课时,每超时 5 分钟(不足 5 分以 5 分钟计)扣 5 分。	
备注		除定额时间外,各项内容的最高扣分不得超过配分数	成绩	
开始时间		结束时间		实际时间	

教师(签名):＿＿＿＿＿＿　日期:＿＿＿＿＿＿

(2)检修训练评分标准(表 7.9)

表 7.9　检修训练评分标准

专业＿＿＿＿＿　班级＿＿＿＿＿　姓名＿＿＿＿＿　学号＿＿＿＿＿

任务名称			
项目内容	配分 (100 分)	评分标准	得 分
自编检修步骤	10	检修步骤不合理、不完善,扣 10 分。	
故障分析	40	(1)标错电路故障范围,每个扣 20 分。 (2)在实际排除故障时无思路,每个故障扣 20 分。	
排除故障	40	(1)不能查出故障,每个扣 20 分。 (2)工具及仪表使用不当,扣 5 分。 (3)查出故障,但不能排除,扣 10 分。 (4)产生新的故障或扩大故障: 　　不能排除,每个扣 10 分。 　　已经排除,每个扣 5 分。 (5)损坏电动机,扣 40 分。 (6)损坏电器元件,或排除故障方法不正确,每只(次)扣 　　5 分。	
安全文明生产	10	违反安全文明生产规程,扣 5 ~ 10 分。	
定额时间	40 分钟	每超时 1 分钟,扣 5 分。	
备注		除定额时间外,各项内容的最高扣分不得超过配分数	成绩	
开始时间		结束时间		实际时间	

教师(签名):＿＿＿＿＿＿　日期:＿＿＿＿＿＿

【问题思考】

三速异步电动机有几套定子绕组？定子绕组共有几个出线端？请根据接触器控制双速异步电动机的控制线路图，设计出接触器控制三速异步电动机的控制线路图。

【知识扩展】

电动机的选择

在电力拖动系统中，正确选择拖动生产机械的电动机是系统安全、经济、可靠和合理运行的重要保证。而衡量电动机的选择合理与否，要看选择电动机时是否遵循了以下基本原则：

第一，电动机能够完全满足生产机械在机械特性方面的要求，如生产机械所需要的工作速度、调整指标、加速度以及启动、制动时间等。

第二，电动机在工作过程中，其功率能被充分利用，即温升应达到国家标准规定的数值。

第三，电动机的结构形式应适合周围环境的条件，如防止外界灰尘、水滴等物质进入电动机内部；防止绕组绝缘受有害气体的侵蚀；在有爆炸危险的环境中应把电动机的导电部位和有火花的部位封闭起来，不使它们影响外部等。

电动机的选择主要包括以下内容：电动机的额定功率（即额定容量）、额定电压、额定转速、种类、结构形式等。其中以电动机额定功率的选择最为重要。

（1）电动机额定功率的选择

正确合理地选择电动机的功率是很重要的。因为如果电动机的功率选得过小，电动机将过载运行，使温度超过允许值，从而缩短电动机的使用寿命，甚至烧坏电动机；如果选得过大，虽然能保证设备正常工作，但由于电动机不在满载下运行，其用电效率和功率因数较低，电动机的容量得不到充分利用，造成电力浪费，且设备投资大，运行费用高，很不经济。

电动机的工作方式有连续工作制、短期工作制和周期性断续工作制三种。

1）连续工作制电动机额定功率的选择

在这种工作方式下，电动机连续工作时间很长，可使其温升达到规定的稳定值，如通风机、泵等机械的拖动运转。连续工作制电动机的负载可分为恒定负载和变化负载两类。

①恒定负载下电动机额定功率的选择。在工业生产中，相当多的生产机械是在长期恒定的或变化很小的负载下运转。这一类机械选择电动机的功率比较简单，只要电动机的额定功率等于或略大于生产机械所需要的功率即可。若负载功率为 P_L，电动机的额定功率为 P_N，则应满足：

$$P_N \geqslant P_L$$

电机制造厂生产的电动机一般都是按照恒定负载连续运转设计，并进行形式试验和出厂试验的，完全可以保证电动机在额定功率工作时电动机的温升不会超过允许值。

通常电动机的容量是按周围环境温度为 40 ℃ 而确定的。绝缘材料最高允许温度与

40 ℃的差值称为允许温升。

②变化负载下电动机额定功率的选择。在变化负载下使用的电动机，一般是为恒定负载工作而设计的，因此使用时必须进行发热校验。

所谓发热校验，就是看电动机在整个运行过程中所达到的最高温升是否接近并低于允许温升。只有这样，电动机的绝缘材料才能充分利用而又不致过热。

2）短期工作制电动机额定功率的选择

在这种工作方式下，电动机的工作时间较短，温度在运行期间未升到规定的稳定值，而在停止运转期间则可能降到周围环境的温度值，如吊桥、水闸、车床的夹紧装置的拖动运转。

为了满足某些生产机械短期工作的需要，电机生产厂家专门制造了一些具有较大过载能力的短期工作制电动机，其标准工作时间有 15 min、30 min、60 min、90 min 四种。因此，当电动机的实际工作时间符合标准工作时间时，选择电动机的额定功率 P_N 只要不小于负载功率 P_L 即可，即满足 $P_N \geqslant P_L$。

3）周期性断续工作制电动机额定功率的选择性

这种工作方式下电动机的工作与停止交替进行。温度在工作期间未升到稳定值，而在停止期间也来不及降到周围温度值，如很多起重设备以及某些金属切削机床的拖动运转。

电机制造厂专门设计生产的周期性断续工作制的交流电动机有 YZR 和 YZ 系列，标准负载持续率 FC（负载工作时间与整个周期之比称为负载持续率）有 15%、25%、40% 和 60% 四种，一个周期的时间规定不大于 10 min。

周期性断续工作制电动机功率的选择方法和连续工作制变化负载下的功率选择相类似，在此不再叙述。但需指出的是，当负载持续率≤10% 时，应按短期工作制选择；当负载持续率≥70% 时，可按长期工作制选择。

（2）电动机额定电压的选择

电动机额定电压要与现场供电电网电压等级相符。若选择的额定电压低于供电电源电压，电动机将由于电流过大而被烧毁；若选择的额定电压高于供电电源电压，电动机有可能因电压过低而不能启动，或虽能启动但因电流过大而减少其使用寿命甚至烧毁。

中小型交流电动机的额定电压一般为 380 V，大型交流电动机一般为 3 kV、6 kV 等。直流电动机的额定电压一般为 110 V、220 V、440 V 等，最常用的直流电压等级为 220 V。直流电动机一般是由车间交流供电电压经整流后的直流电压供电。选择电动机的额定电压时，要与供电电网的交流电压及不同形式的整流电路相配合。当交流电压为 380 V 时，若采用晶闸管整流装置直接供电，电动机的额定电压应选用 440 V（配合三相桥式整流电路）或 160 V（配合单相整流电路），电动机采用改进的 Z3 型。

（3）电动机额定转速的选择

电动机额定转速选择得合理与否，将直接影响电动机的价格、能量损耗及生产机械的生产率等各项技术指标和经济指标。额定功率相同的电动机，转速高的电动机尺寸小，所用材料少，因而体积小，质量轻，价格低，所以选用高额定转速的电动机比较经济。但由于生产机械的工作速度一定且较低(30～900 r/min),因此电动机转速越高,传动机构的传动比越大,传动机构越复杂。所以选择电动机的额定转速时,必须全面考虑。在电动机性能满足生产机械要求的前提下,力求电能损耗少,设备投资少,维护费用少。通常,电动机的额定转速选在为750～1 500 r/min 比较合适。

(4)电动机种类的选择

选择电动机的种类时,在考虑电动机的性能必须满足生产机械的要求下,优先选用结构简单、价格便宜、运行可靠、维修方便的电动机。在这方面,交流电动机优于直流电动机,笼型电动机优于绕线转子电动机,异步电动机优于同步电动机。随着技术的发展,各种电动机的应用范围也在逐渐扩大,如变频调速技术的发展,使三相笼型异步电动机越来越多地应用在要求无级调速的生产机械上;使用晶闸管串级调速,可扩展绕线转子异步电动机的应用范围,如水泵、风机的节能调速;近年来,在大功率的生产机械上,还广泛采用晶闸管励磁的直流发电机—电动机组或晶闸管—直流电动机组。

(5)电动机形式的选择

原则上,电动机与生产机械的工作方式应该一致。在连续工作制、短期工作制和周期性断续工作制三种方式中选取,但也可选用连续工作制的电动机来代替。

电动机按其安装方式不同可分为卧式和立式两种。由于立式电动机的价格较贵,所以一般情况下应选用卧式电动机。只有当需要简化传动装置时,如深井水泵和钻床等,才使用立式电动机。

电动机按轴伸个数分为单轴伸和双轴伸两种。一般情况下选用单轴伸电动机;特殊情况下才选用双轴伸电动机。如需要一边安装测速发电机,另一边需要拖动生产机械时,则必须选用双轴伸电动机。

电动机按防护形式分为开启式、防护式、封闭式和防爆式四种。为防止周围的媒介质对电动机的损坏以及因电动机本身故障而引起的危害,电动机必须根据不同环境选择适当的防护形式。

开启式电动机价格便宜,散热好,但灰尘、铁屑、水滴及油垢等容易进入其内部,影响电动机的正常工作和寿命,因此只能在干燥、清洁的环境中使用。

防护式电动机的通风孔在机壳的下部,通风冷却条件较好,并能防止水滴、铁屑等杂物落入电动机内部,但不能防止潮气和灰尘侵入,因此只能用于比较干燥、灰尘不多、无腐蚀性气体和爆炸性气体的环境。

封闭式电动机分为自扇冷式、他扇冷式和密闭式三种。前两种用于潮湿、尘土多、有腐蚀性气体、易引起火灾和易受风雨侵蚀的环境中,如纺织厂、水泥厂等。密闭式电动机则用于浸入水中的机械,如潜水泵电动机。

防爆式电动机主要用于有易燃、易爆气体的危险环境中,如煤气站、油库及矿井等场所。

总之,选择电动机时,应从额定功率、额定电压、额定转速、种类和形式几方面综合考虑,做到既经济又合理。

习题 7.2

1. 叙述图 7.6 电路双 Y 形高速运行时的工作原理。

2. 在图 7.6 电路中：

（1）电路通电后，按下启动按钮 SB2，时间继电器 KT 不动作，试分析其故障原因。

（2）时间继电器预定时间到达，KM2、KM3 不吸合，试分析其故障原因。

3. 在图 7.6 电路中，接触器 KM3 的作用是什么？

项目 8

电气控制线路设计基础

●**知识目标**
- ●熟悉电气控制线路设计的基本原则。
- ●知道设计电气控制线路应注意的问题。

●**技能目标**
- ●会用经验设计方法设计简单的电气控制线路。
- ●会安装、调试、完善所设计的电气控制线路。

在实际生活和工作中,你知道怎样设计一个电气控制线路吗?

工业生产中所用的机械设备种类繁多,对电动机提出的控制要求各不相同,从而构成的电气控制线路也不一样。那么,如何根据生产机械的控制要求来正确合理地设计电气控制线路呢?下面将作简单介绍。

(1)设计电气控制线路的基本原则

由于电气控制线路是为整个电气控制设备和工艺过程服务的,所以在设计前要深入现场收集有关资料,进行必要的调查研究。电气控制线路的设计应遵循以下基本原则:

①应最大限度地满足机械设备对电气控制线路的控制要求和保护要求。

②在满足生产工艺要求的前提下,应力求使控制线路简单、经济、合理。

③保证控制的可靠性和安全性。

④操作和维修方便。

(2)电气控制线路的设计方法和举例

1)电气控制线路的设计方法

电气控制线路的设计方法通常有两种。一种是一般设计法,也叫经验设计法。它是根据生产工艺要求,利用各种典型的线路环节直接设计控制线路。它的特点是无固定设计程序和设计模式,灵活性很大,主要靠经验进行。这种设计方法比较简单,但要求设计人员必须熟悉大量的控制线路,掌握多种典型线路的设计资料,同时具有丰富的设计经验。在设计过程中往往还要经过多次反复地修改、试验,才能使线路符合设计要求。即使这样,设计出来的线路可能不是最简化的线路,所用的电器及触点不一定是最少,所得出的方案不一定是最佳方案。

另一种是逻辑设计法。它是根据生产工艺要求,利用逻辑代数来分析、设计线路。用这种方法设计的线路比较合理,特别适合完成较复杂的生产工艺所要求的控制线路。但是相对而言,逻辑设计法难度较大,不易掌握。本次任务介绍一般设计法。

一般设计法由于是靠经验进行设计的,因而灵活性很大,初步设计出来的线路可能是几个,这时要加以比较分析,甚至要通过实验加以验证,才能确定比较合理的设计方案。这种设计方法没有固定模式。通常先用一些典型线路环节拼凑起来实现某些基本要求,然后根据生产工艺要求逐步完善其功能,并添加适当的联锁与保护环节。

2)电气控制线路设计举例

现要设计一个龙门刨床的横梁升降控制系统。

龙门刨床(或立车)上装有横梁机构,刀架装在横梁上,用来加工工件。由于加工工件位置高低不同,要求横梁能沿立柱上下移动,而在加工过程中,横梁又需要夹紧在立柱上,不允许松动。因此,横梁机构对电气控制系统提出了如下要求:

①保证横梁能上下移动,夹紧机构能实现横梁的夹紧或放松。

②横梁夹紧与横梁移动之间必须有一定的操作程序。当横梁上下移动时,应能自动按照"放松横梁→横梁上下移动→夹紧横梁→夹紧电动机自动停止运动"的顺序动作。

③横梁在上升与下降时应有限位保护。

④横梁夹紧与横梁移动之间及正反向运动之间应有必要的联锁。

龙门刨床外观及结构如图8.1所示。

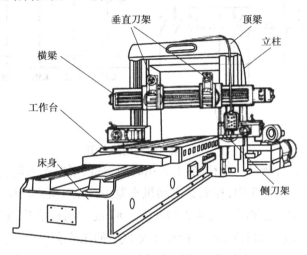

图8.1 龙门刨床外观及结构图

3)电气控制线路设计步骤

①设计主电路。根据工艺要求可知,横梁移动和横梁夹紧需用两台异步电动机(横梁升降电动机 M1 和夹紧放松电动机 M2)拖动。为了保证实现上下移动和夹紧放松的要求,电动机必须能实现正反转,因此需要 4 个接触器 KM1、KM2、KM3、KM4 分别控制两个电动机的正反转。那么,主电路就是两台电动机的正反转电路。

②设计基本控制电路。4 个接触器具有 4 个控制线圈。由于只能用两个点动按钮去控制上下移动和放松夹紧两个运动,按钮的触点不够,因此需要通过两个中间继电器 KA1 和 KA2 进行控制。根据上述要求,可以设计出如图8.2所示的控制电路,但它还不能实现在横梁放松后自动向上或向下移动,也不能在横梁夹紧后使夹紧电动机自动停止。为了实现这两个自动控制要求,还需要做相应的改进,这需要恰当地选择控制过程中的变化参量。

③选择控制参量、确定控制方案。对于第一个自动控制要求,可选行程这个变化参量来反映横梁的放松程度,采用行程开关 SQ1 来控制,如图8.3所示。当按下向上移动按钮 SB1 时,中间继电器 KA1 通电,其常开触点闭合,KM4 通电,则夹紧电动机作放松运动;同时,其常闭触点断开,实现与夹紧和下移的联锁。放松完毕,压块就会压合 SQ1,其常闭触点断开,接触器线圈 KM4 失电;同时 SQ1 常开触点闭合,接通向上移动接触器 KM1。这样,横梁放松以后,就会自动向上移动。向下的过程类似。

对于第二个自动控制要求,即在横梁夹紧后使夹紧电动机自动停止,也需要选择一个变化参量来反映夹紧程度,可以用行程、时间和反映夹紧力的电流作为变化参量。如采用行程

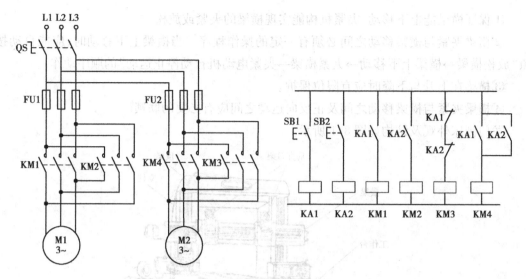

图 8.2　电气控制线路草图

参量,当夹紧机构磨损后,测量会不精确;如采用时间参量,则更不易调整准确。因此这里选用电流参量进行控制。图 8.3 中,在夹紧电动机夹紧方向的主电路中串联接入一个电流继电器 KI,其动作电流可整定在额定电流 2 倍左右。KI 的常闭触点应该串接在 KM3 接触器电路中。横梁移动停止后,如上升停止,行程开关 SQ2 的压块会压合,其常闭触点断开,KM3通电,因此夹紧电动机立即自动起动。当较大的起动电流达到 KI 的整定值时,KI 将动作,其常闭触点一旦断开,KM3 又断电,自动停止夹紧电动机的工作。

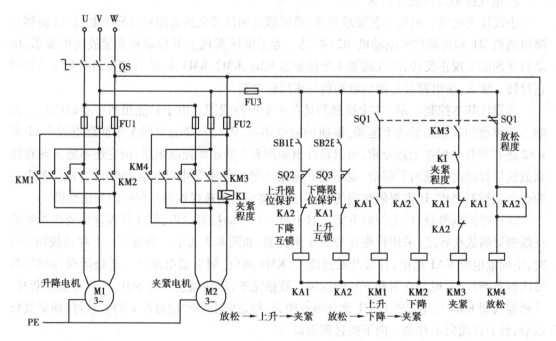

图 8.3　修改完善后的控制线路

④设计联锁保护环节。这主要是将反映相互关联运动的电器触点串联或并联接入被联锁运动的相应电器电路中,这里采用 KA1 和 KA2 的常闭触点实现横梁移动电动机和夹紧电动机正反转工作的联锁保护。

横梁上下需要有限位保护,采用行程开关 SQ2 和 SQ3 分别实现向上和向下限位保护。例如,横梁上升到预定位置时,SQ2 压块就会压合,其常闭触点断开,KA1 断开,接触器 KM1 线圈断电,则横梁停止上升。SQ1 除了反映放松信号外,还能实现横梁移动和横梁夹紧间的联锁控制。

⑤线路的完善和校核。控制线路初步设计完毕后,可能还有不合理的地方,应仔细校核。特别应该对照生产要求再次分析设计线路是否逐条予以实现,线路在误操作时是否会产生事故。修改完善后的控制线路如图 8.3 所示。

(3)设计电气控制线路应注意的问题

用经验设计法设计线路时,除应牢固掌握各种基本控制线路的构成和原理外,还应注意了解机械设备的控制要求以及设计、使用和维修人员在长期实践中总结出的经验,这对于安全、可靠、经济、合理地设计控制线路是十分重要的。这些经验概括起来有以下几点:

①控制线路应标准,即尽量选用标准的、常用的或经过实际考验过的线路和环节。

②控制线路应简短。设计控制线路时,尽量缩减连接导线的数量和长度。应考虑到各元器件之间的实际接线。特别要注意电气柜、操作台和限位开关之间的连接线。如图 8.4 (a)所示是不合理的连线方法,图 8.4(b)是合理的连线方法。因为按钮在操作台上,而接触器在电气柜内,一般都将起动按钮和停止按钮直接连接,这样可以减少一次引出线。

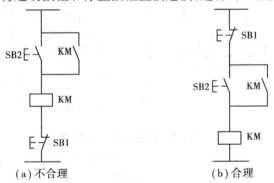

图 8.4　缩减连接导线的数量和长度

③减少不必要的触点以简化线路。使用的触点越少,则控制线路出故障的机会就越低,工作的可靠性就越高。在简化、合并触点过程中,着眼点应放在同类性质触点的合并上。一个触点能完成的动作,不用两个触点。在简化过程中应注意触点的额定电流是否允许,也应考虑对其他回路的影响。图 8.5 列举了一些触点简化与合并的例子。

④尽量减少电器通电数量。控制线路在工作时,除必要的电器必须通电外,其余的电器尽量不通电,以节约电能。以异步电动机 Y—△降压起动的控制线路为例,如图 8.6 所示。

在电动机起动后,接触器 KM3 和时间继电器 KT 就失去了作用,可以在启动后利用 KM2 的常闭触点切除 KM3 和 KT 线圈的电源。

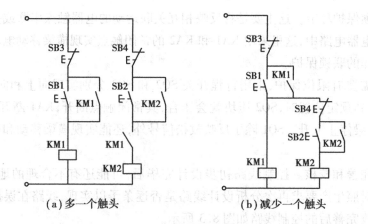

（a）多一个触头 　　　　　　　（b）减少一个触头

图8.5　简化电路可减少触头

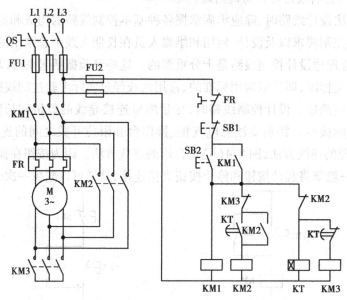

图8.6　尽量减少电器通电数量

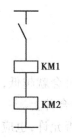

图8.7　电器线圈不能串联

⑤正确连接电器的线圈。交流电器线圈不能串联使用，如图8.7所示。即使外加电压是两个线圈的额定电压之和，也是不允许的。因为两个电器动作总是有先有后，有一个电器吸合动作，它的线圈上的电压降也相应增大，从而使另一个电器达不到所需要的动作电压。因此，两个电器需要同时动作时，其线圈应该并联连接。

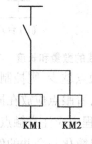

⑥在线路中应尽量避免许多电器依次动作才能接通另一个电器的现象。如图8.8（a）所示，接通线圈KA3要经过KA、KA1、KA2三对常开触点。若改为图8.8（c），则每个线圈通电只需经过一对触点，这样可靠性更高。

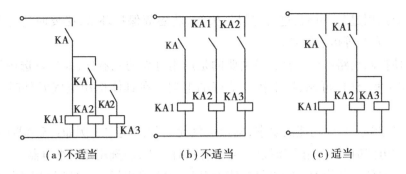

　　　(a)不适当　　　　　　(b)不适当　　　　　　(c)适当

图8.8　触头的合理使用

　　⑦在控制线路的设计中,要注意避免产生寄生电路(或叫假电路)。如图8.9所示是一个具有指示灯和热保护的电动机正反转电路。在正常工作时,线路能完成正反转起动、停止和信号指示,但当电动机过载、热继电器 FR 动作时,线路就出现了寄生电路,如图8.9虚线所示。这样会使正向接触器 KM1 不能释放,起不到保护作用。

　　⑧避免发生触点"竞争"与"冒险"现象。在电气控制电路中,由于某一控制信号的作用,电路从一个状态转换到另一个状态时,常常有几个电器的状态发生变化。由于电气元器件总有一定的固有动作时间,因此往往会发生不按预订时序动作的情况。触点争先吸合,发生振荡,这种现象称为电路的"竞争"。另外,由于电气元器件的固有释放延时作用,因此也会出现开关电器不按要求的逻辑功能转换状态的可能性,这种现象称为"冒险"。"竞争"与"冒险"现象都造成控制回路不能按要求动作,引起控制失灵,如图8.10所示。

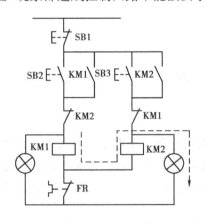

图8.9　寄生回路

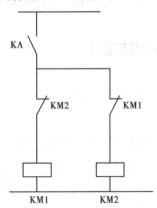

图8.10　触点的"竞争"与"冒险"

　　当 KA 闭合时,接触器 KM1、KM2 竞争吸合,只有经过多次振荡吸合"竞争"后,才能稳定在一个状态上;同样在 KA 断开时,KM1、KM2 又会争先断开,产生振荡。分析控制电路的电器动作及触点的接通和断开通常都是静态分析,没有考虑其动作时间。实际上,由于电磁线圈的电磁惯性、机械惯性等因素,通断过程中总存在一定的固有时间(几十毫秒到几百毫秒),这是电气元器件的固有特性。设计时要避免发生触点"竞争"与"冒险"现象,防止电路中因电气元器件固有特性引起配合不良的后果。

　　⑨线路应具有必要的保护环节,保证即使在误操作情况下也不会造成事故。一般应根

据线路的需要选用过载、短路、过流、过压、失压、弱磁等保护环节,必要时还应考虑设置合闸、断开、事故、安全等指示信号。

⑩为了使控制线路可靠、安全,最主要的是选用可靠的元器件,如尽量选用机械和电气寿命长、结构坚实、动作可靠、抗干扰性能好的电器。在具体选用电气元件时应注意以下几点:

a. 根据对控制元器件功能的要求,确定电气元器件的类型。例如:当元器件用于通、断功率较大的主电路时,应选用交流接触器;若有延时要求,应选用延时继电器。

b. 确定元器件承载能力的临界值及使用寿命,主要是根据电气控制的电压、电流及功率大小来确定元器件的规格。

c. 确定元器件预期的工作环境及供应情况,如防油、防尘、货源等。

d. 确定元器件在供应时所需的可靠性等。确定用以改善元器件失效率用的老化或其他筛选实验,采用与可靠性预计相适应的降额系数等,进行一些必要的核算和校核。

【问题思考】

试根据下述要求为一台三相笼型异步电动机设计画出控制线路:

(1)能正反转;

(2)采用能耗制动停转;

(3)有过载、短路、失压及欠压保护。

【知识扩展】

常用电气元器件的选择

(1)各种按钮、开关的选用

1)按钮

按钮通常是用来短时接通或断开小电流控制电路的一种主令电器。其选用依据主要是根据需要的触点对数、动作要求、结构形式、颜色以及是否需要带指示灯等要求。如启动按钮选绿色、停止按钮选红色、紧急操作选蘑菇式等。目前,按钮产品有多种结构形式、多种触点组合以及多种颜色,供不同使用条件选用。

按钮的额定电压有交流500 V,直流440 V,额定电流为5 A。常选用的按钮有LA2、LA10、LA19及LA20等系列。符合IEC国际标准的新产品有LAY3系列,额定工作电流为1.5~8 A。

2)刀开关

刀开关又称闸刀,主要用于接通和断开长期工作设备的电源以及不经常启动、制动和容量小于75 kW的异步电动机。刀开关主要是根据电源种类、电压等级、电动机容量、所需极数及使用场合来选用。当用刀开关来控制电动机时,其额定电流要大于电动机额定电流的3倍。

3）组合开关

组合开关主要用于电源的引入与隔离，又叫电源隔离开关。其选用依据是电源种类、电压等级、触点数量以及电动机容量。当采用组合开关来控制 5 kW 以下小容量异步电动机时，其额定电流一般取电动机额定电流的 1.5 ~ 3 倍。接通次数为 15 ~ 20 次/h 时，常用的组合开关为 HZ 系列，如 HZ1、HZ2、…、HZ10 等。其额定电流有 10 A、25 A、60 A 和 100 A 四种，适用于交流 380 V 以下或直流 220 V 以下的电气设备中。

4）行程开关

行程开关主要用于控制运动机构的行程、位置或联锁等。一般根据控制功能、安装位置、电压电流等级、触点种类及数量来选择结构和型号。常用的有 LXZ、LX19、JLXK1 型行程开关以及 JXW-Ⅱ、JLXKI-Ⅱ型微动开关等。

对于要求动作快、灵敏度高的行程控制，可采用无触点接近开关。特别是近年来出现的霍尔接近开关性能好，寿命长，是一种值得推荐的无触点行程开关。

5）自动开关（自动空气开关）

由于自动开关具有过载、欠压、短路保护作用，故在电气设计的应用中越来越多。自动开关的类型较多，有框架式、塑料外壳式、限流式、手动操作式和电动操作式。在选用时，主要从保护特性要求、分断能力、电网电压类型、电压等级、长期工作负载的平均电流、操作频繁程度等几方面来确定它的型号。常用的有 DZ10 系列（额定电流有 10 A、100 A、200 A、600 A四个等级）。符合 IEC 标准的有 3VE 系列（额定电流为 0.1 ~ 63 A）。

（2）接触器的选择

接触器的额定电流或额定控制功率随使用场合及控制对象的不同、操作条件与工作繁重程度不同而变化。接触器分直流接触器和交流接触器两大类，交流接触器主要有 CJ10 及 CJ20 系列，直流接触器多用 CZO 系列。目前，符合 IEC 和新国家标准的产品有 LC1-D 系列，可与西门子 3TB 系列互换使用的 CJX1、CJX2 系列等，这些新产品正逐步取代 CJ 和 CZO 系列产品。

在一般情况下，接触器的选用主要依据是接触器主触点的额定电压、电流要求，辅助触点的种类、数量及其额定电流，控制线圈电源种类，频率与额定电压，操作频繁程度和负载类型等因素。

（3）继电器的选择

热继电器有两相式、三相式及三相带断相保护等形式。对于 Y 联接的电动机及电源对称性较好的情况可采用两相结构的热继电器；对于 △联接的电动机或电源对称性不够好的情况则应选用三相结构或带断相保护的三相结构热继电器；在重要场合或容量较大的电动机，可选用半导体温度继电器来进行过载保护。

热继电器发热元件的额定电流，一般按被控制电动机的额定电流的 0.95 ~ 1.05 倍选用，对过载能力较差的电动机可选得更小一些，其热继电器的额定电流应大于或等于发热元件的额定整定电流。过去常用的热继电器有 JR0 系列，新产品有 JRS1 系列、LR1-D 系列及西门子 3UA 系列。

如遇到下列情况,选择的热继电器元件的额定电流要比电动机额定电流高一些,以便保护设备:

①电动机负载惯性转矩非常大,启动时间长。

②电动机所带的设备不允许任意停电。

③电动机拖动的设备负载为冲击性负载,如冲床、剪床等设备。

(4)熔断器的选择

熔断器的选择包括熔断器的类型、额定电压、额定电流和熔体额定电流等。

1)熔断器类型的选择

熔断器类型的选择,主要依据负载的保护特性和短路电流的大小。例如,用于照明电路和电动机的保护时,一般应考虑过载保护,此时希望熔断器的熔断系数适当小些,所以容量较小的照明线路和电动机宜采用熔体为铅锌合金的 RC1A 系列熔断器。而大容量的照明线路和电动机,除过载保护外,还应考虑短路时的分断短路电流能力。若短路电流较小时,可采用熔体为锡质的 RC1A 系列或熔体为锌质的 RM10 系列熔断器。用于车间低压供电线路的保护时,一般应考虑短路时分断能力。当短路电流较大时,宜采用具有较高分断能力的 RL1 系列熔断器;当短路电流相当大时,宜采用有限流作用的 RT10 及 RT12 系列熔断器。

2)熔体额定电流的选择

用于照明或电热设备的保护时,由于负载电流比较稳定,所以熔体的额定电流应等于或稍大于负载的额定电流,即 $I_{RN} \geq I_N$(I_{RN} 为熔体的额定电流、I_N 为负载的额定电流);用于单台长期工作电动机的保护时,考虑到电动机启动时不应熔断,所以 $I_{RN} \geq (1.5 \sim 2.5)I_R$($I_{RN}$ 为熔体的额定电流、I_R 为电动机的额定电流),轻载启动或启动时间较短时,系数可取近 1.5;带重载启动或启动时间较长时,系数可取近 2.5;用于频繁启动电动机的保护时,考虑频繁起动时发热熔断器也不应熔断,所以 $I_{RN} \geq (3 \sim 3.5)I_N$。用于多台电动机的保护时,在出现尖峰电流时也不应熔断。通常将其中容量最大的一台电动机启动,而其余电动机正常运行时出现的电流作为其尖峰电流,为此,熔体的额定电流应满足 $I_{RN} \geq (1.5 \sim 2.5)I_{Nmax} + \sum I_N$($I_{Nmax}$ 为多台电动机中容量最大的一台电动机额定电流、I_N 为其余电动机额定电流之和)。

为防止发生越级熔断,上、下级(即供电干、支线)熔断器间应有良好的协调配合,为此应使上一级(供电干线)熔断器的熔体额定电流比下一级(供电支线)大 1~2 个级差。

3)熔断器额定电压的选择

应使熔断器的额定电压大于或等于所在电路的额定电压。

习题 8

1. 两个相同的交流电磁线圈能否串联使用?为什么?

2. 分析题图 8.1 各控制电路,并按正常操作时出现的问题加以改进。

3. 设计电气控制线路时应注意哪些问题?

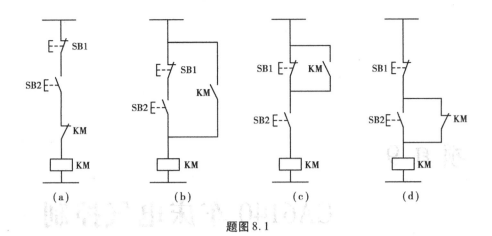

题图 8.1

项目 9

CA6140 车床电气控制
线路的原理与维修

●**知识目标**

- 能说出 CA6140 车床的结构及运动方式。
- 能阐述 CA6140 车床所涉及的各种低压电器的工作原理、好坏判断方法;记住其图形符号、接线方式。
- 理解 CA6140 车床的工作原理。
- 能归纳机床电路常见的排除故障方法。

●**技能目标**

- 在实训台上能正确操作 CA6140 车床。
- 能正确圈定故障范围。
- 能正确制订故障查找步骤。
- 能用"电阻法"检测出 CA6140 车床常见的断路故障,并能排除故障。

任务9.1　工业机械电气设备维修的一般要求和方法

【工作任务】

- ●熟悉工业机械电气设备维修的一般要求。
- ●知道工业机械电气设备的日常维护保养。
- ●叙述电气设备维修的十项原则。
- ●叙述电气故障检修的一般步骤。

【相关知识】

你知道电动机基本控制线路故障检修的一般步骤和方法吗?

工业机械电气设备在运行的过程中常因为各种原因而产生故障,致使设备不能正常工作。这不但影响生产效率,严重时还会造成人身或设备事故。因此,电气设备发生故障后,维修人员必须及时、熟练、准确、迅速、安全地检查出故障并加以排除,尽快恢复其正常生产。

(1)工业机械电气设备维修的一般要求

1)对工业机械电气设备维修的一般要求

①采取的维修步骤和方法必须正确,切实可行。

②不得损坏完好的电器元件。

③不得随意更换电器元件及连接导线的型号、规格。

④不得擅自改动线路。

⑤损坏的电器装置应尽量修复使用,但不得降低其固有的性能。

⑥电气设备的各种保护性能必须满足使用要求。

⑦绝缘电阻合格,通电试车能满足电路的各种功能控制环节的动作程序符合要求。

⑧修理后的电器装置必须满足其质量标准要求。

2)电器装置的检修质量标准

①外观整洁,无破损和炭化现象。

②所有的触头均应完整、光洁、接触良好。

③压力弹簧和反作用力弹簧应具备有足够的弹力。

④操纵、复位机构都必须灵活可靠。

⑤各种衔铁运动灵活,无卡阻现象。

⑥灭弧罩完整、清洁,安装牢固。

⑦整定数值大小应符合电路使用要求。

⑧指示装置能正常发出信号。

（2）工业机械电气设备维修的一般方法

电气设备的维修包括日常维护保养和故障检修两方面。

1）电气设备的日常维护保养

电气设备的日常维护保养包括电动机和控制设备的日常维护保养。这里只介绍控制设备的日常维护保养。

①控制设备的日常维护保养:

a.电气柜(配电箱)的门、盖、锁及门框周边的耐油密封垫均应良好。

b.操纵台上的所有操纵按钮、主令开关的手柄、信号灯及仪表护罩都应保持清洁完好。

c.检查接触器、继电器等电器的触头系统吸合是否良好,有无噪声、卡住或迟滞现象,触头接触面有无烧蚀、毛刺或穴坑;电磁线圈是否过热;各种弹簧弹力是否适当;灭弧装置是否完好无损等。

d.试验门开关能否起保护作用。

e.检查各电器的操作机构是否灵活可靠,有关整定值是否符合要求。

f.检查各线路接头与端子板的接头是否牢靠,各部件之间的连接导线、电缆或保护导线的软管不得被冷却液、油污等腐蚀,管接头处不得产生脱落或散头等现象。

g.检查电气柜及导线通道的散热情况是否良好。

h.检查各类指示信号装置和照明装置是否完好。

i.检查电气设备和生产机械上所有裸露导体是否保护接地。

②电气设备的维护保养周期。对设置在电气柜内的电器元件,一般不需要经常进行开门监护,主要靠定期的维护保养来实现电气设备较长时间的安全稳定运行。其维护保养周期应根据电气设备的构造、使用情况及环境条件等来确定。一般可配合生产机械的一、二级保养同时进行其电气设备的维护保养工作。保养的周期及内容如表9.1所示。

表9.1　电气设备的维护保养周期及内容

保养级别	保养周期	机床作业时间	电气设备保养内容
一级保养	一季度左右	6~12 h	(1)清扫配电箱内的积灰异物,清扫配电箱内的积灰异物。 (2)修复或更换即将损坏的电器元件修复或更换即将损坏的电器元件。 (3)整理内部接线,使之整齐美观。特别是在平时应急修理处,应尽量复原成正规状态。 (4)紧固熔断器的可动部分,使之接触良好。 (5)紧固接线端子和电器元件上的压线螺钉,使所有压接线头牢固可靠,以减小接触电阻。 (6)对电动机进行小修和中修检查。 (7)通电试车,使电器元件的动作程序正确可靠。

续表

保养级别	保养周期	机床作业时间	电气设备保养内容
二级保养	一年左右	6~12 d	(1)机床一级保养时,对机床电器进行各项维护保养工作。 (2)检修动作频繁且电流较大的接触器、继电器触头。 (3)检修有明显噪声的接触器和继电器。 (4)校验热继电器,看其是否能正常工作。 (5)校验时间继电器,看其延时时间是否符合要求。

2)电气故障检修的一般步骤和方法

尽管机床日常维护保养后,降低了电气故障的发生率,但绝不可能杜绝电气故障的发生。因此,维修电工除了掌握日常维护保养技术外,还必须在电气故障发生后能够采用正确的检修步骤和方法,找出故障点并排除故障。

①电气故障检修的一般步骤:

a. 检修前的故障调查。当电气设备发生故障后,切忌盲目动手检修。在检修前,应通过闻、看、听、摸、问等手段来了解故障前后的操作情况和故障发生后出现的异常现象,根据故障现象来判断故障发生的部位,为下一步确定故障范围做好准备。

b. 确定故障范围。对简单的线路可采取每个电器元件、每根连接导线逐一检查的方法来找到故障点;对复杂的线路,应根据电气设备的工作原理和故障现象,采用逻辑分析法结合外观检查法、通电试验法等来确定故障可能发生的范围。

c. 查找故障点。选择合适的检修方法查找故障点。常用的检修方法有:直观法、电压测量法、电阻测量法、短接法、试灯法、波形测试法等。查找故障必须在确定的故障范围内,顺着检修思路逐点检查,直到找出故障点。

d. 排除故障。针对不同故障情况和部位采取正确的方法修复故障。对更换的新元件要注意使用相同规格、型号并进行性能检测,确认性能完好后方可替换。在故障排除中,还要注意避免损坏周围的元件、导线等,防止故障扩大。

e. 通电试车。故障修复后,应重新通电试车,检测生产机械的各项操作是否符合技术要求。

②电气设备维修的十项原则:

a. 先动口,再动手。应先询问产生故障的前后经过及故障现象,先熟悉电路原理和结构特点,遵守相应规则。拆卸前要充分熟悉每个电气部件的功能、位置、连接方式及周围其他器件的关系,在没有组装图的情况下,应一边拆卸,一边画草图,并记上标记。

b. 先外后内。应先检查设备有无明显裂痕、缺损,了解其维修史、使用年限等,然后再对机内进行检查。拆前应排除周边的故障因素,确定为机内故障后才能拆卸。否则,盲目拆卸可能使设备越修越坏。

c. 先机械后电气。只有在确定机械零件无故障后,才进行电气方面的检查。检查电路故障时,应利用检测仪器寻找故障部件,确认无接触不良故障后,再有针对性地查看线路与机械的动作关系,以免误判。

d. 先静态后动态。在设备未通电时,判断电气设备按钮接触器、热继电器以及保险丝的好坏,从而断定故障的所在。通电试验听其声,测参数判断故障,最后进行维修。如电机缺相时,若测量三相电压值无法判断时,就应该听其声单独测每相对地电压,方可判断哪一相缺损。

e. 先清洁后维修。对污染较重的电气设备,应先对其按钮、接线点、接触点进行清洁,检查外部控制键是否失灵。许多故障都是由脏污及导电尘块引起的,清洁后故障往往会排除。

f. 先电源后设备。电源部分的故障率在整个故障设备中占的比例很高,所以先检修电源往往可以事半功倍。

g. 先普遍后特殊。因装配配件质量或其他设备故障而引起的故障,一般占常见故障的50%。电气设备的特殊故障多为软故障,要靠经验和仪表来测量和维修。

h. 先外围后内部。先不要急于更换损坏的电气部件,在确认外围设备电路正常后,再考虑更换损坏的电气部件。

i. 先直流后交流。检修时,必须先检查直流回路静态工作点,再检查交流回路动态工作点。

j. 先故障后调试。对于调试和故障并存的电气设备,应先排除故障,再进行调试,调试必须在电气线路正常的前提下进行。

【任务评价】

工业机械电气设备维修的一般要求和方法评分标准见表9.2。

表9.2　工业机械电气设备维修的一般要求和方法评分表

专业_____　班级_____　姓名_____　学号_____

任务名称			
项目内容	配　分	评分标准	得　分
电气故障检修的一般步骤	20分	不能回答电气故障检修的一般步骤,每少1步扣5分。	
电气设备维修的十项原则	20分	不能回答电气设备维修的十项原则,每少1个扣5分。	
电气设备的维护保养周期	20分	不能回答保养周期,扣5分。 不能回答一级保养的主要内容,扣2~10分。 不能回答二级保养的主要内容,扣2~10分。	
控制设备的日常维护保养	20分	控制设备的日常维护保养内容,每少1个扣5分。	
表达能力	20分	声音不洪亮,口齿不清楚,思路不清晰,扣5~20分。	
备注	各项内容的最高扣分不得超过配分	成绩	

教师(签名):_____　时间:_____

习题 9

一、填空题

1. 电气设备的维修包括_____和_____两方面。

2. 电气设备存在两种故障, 即_____和_____。

3. 电气设备的日常维护保养包括_____和_____的日常维护保养。

4. 当电气设备发生故障后, 切忌_____。在检修前, 应通过_____、_____、_____、_____来了解故障前后的操作情况和故障发生后出现的异常现象。

二、简答题

1. 检修前怎样进行故障调查?

2. CA6140 车床电气控制线路中有几台电动机, 它们的作用是什么?

3. 在 CA6140 车床电气控制线路中, 为什么未对 M3 进行过载保护?

任务 9.2　CA6140 车床电气控制线路工作原理

【工作任务】

- 能说出 CA6140 车床电路结构及机械传动原理。

- 阐述 CA6140 车床涉及的各种低压电器的工作原理、好坏判断方法; 记住其图形符号、接线方式。

- 能解释 CA6140 车床电路工作原理, 阐述电路中每个元件的作用。

【相关知识】

如图 9.1 所示零件中的螺纹、外圆、退刀槽等外形是哪种机床加工形成的?

图 9.1　外圆、螺纹加工实例

（1）CA6140 车床的主要结构和运动方式

车床是一种应用极为广泛的金属切削机床，能够车削外圆、端面、螺纹、切断、切槽等，装上钻头或铰刀还可以进行钻孔和铰孔等加工，加工方式如图 9.2 所示。如图 9.3 所示为机械加工中应用较广的 CA6140 型卧式车床，主要由床身、主轴箱、进给箱、溜板箱（简称三箱）、刀架、尾座等组成。CA6140 车床的型号意义如下：

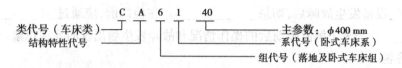

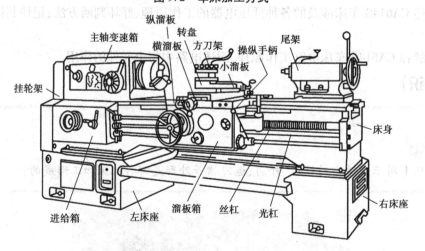

图 9.2　车床加工方式

图 9.3　CA6140 卧式车床外形及其结构

（2）CA6140 卧式车床的主要运动形式及控制要求

CA6140 车床是一种中型车床，除有主轴电动机 M1 和冷却泵电动机 M2 外，还设置了刀架快速移动电动机 M3。它的控制特点是：

①主拖动电动机一般选用三相笼型异步电动机，为满足调速要求，采用机械变速。

②为车削螺纹，主轴要求正、反转，采用机械方法来实现。

③采用齿轮箱进行机械有级调速。主轴电动机采用直接启动,为实现快速停车,一般采用机械制动。

④设有冷却泵电动机且要求冷却泵电动机应在主轴电动机启动后方可选择启动与否;当主轴电动机停止时,冷却泵电动机应立即停止。

⑤为实现溜板箱的快速移动,由单独的快速移动电动机拖动,采用点动控制。

CA6140 卧式车床的主要运动形式及控制要求如表 9.3 所示。

表 9.3　CA6140 卧式车床的主要运动形式及控制要求

运动种类	运动形式	控制要求
主运动	主轴通过卡盘或顶尖带动工件的旋转运动	(1)主轴电动机选用三相笼型异步电动机,不进行调速,主轴采用齿轮箱进行机械有级调速。 (2)车削螺纹时要求主轴有正反转,一般由机械方法实现,主轴电动机只作单向旋转。 (3)主轴电动机的容量不大,可采用直接启动。
进给运动	刀架带动刀具的直线运动	进给运动也由主轴电动机拖动,主轴电动机的动力通过挂轮箱传递给进给箱来实现刀具的纵向和横向进给。加工螺纹时,要求刀具移动和主轴转动有固定的比例关系。
辅助运动	刀架的快速移动	由刀架快速移动电动机拖动,该电动机可直接启动,也不需要正反转和调速。
	尾架的纵向移动	由手动操作控制。
	工件的夹紧与放松	由手动操作控制。
	加工过程的冷却	冷却泵电动机和主轴电动机要实现顺序控制,冷却泵电动机也不需要正反转和调速。

(3)CA6140 车床电气控制线路分析

1)绘制和识读机床电路图的基本知识

①电路图按电路功能分成若干个单元,并用文字将其功能标注在电路图上部的栏内。如图 9.4 所示电路图按功能分为电源保护、电源开关、主轴电动机等 11 个单元。

②电路图下部(或上部)分若干图区,从左向右依次用阿拉伯数字编号标注在图区栏内,通常是一条回路或一条支路划为一个图区。如图 9.4 所示电路图共划分了 12 个图区。

③电路图中,在每个接触器线圈下方画出两条竖直线,分成左、中、右三栏;每个继电器线圈下方画出一条竖直线,分成左、右两栏。把受其线圈控制而动作的触头所处的图区号填入相应的栏内,对备用的触头在相应的栏内用记号"×"标出或不标出任何符号,见表 9.4 和表 9.5。

④电路图中触头文字符号下面用数字表示该电器线圈所处的图区号。

表9.4　接触器触头在电路图中的位置的标记

栏　目	左　栏	中　栏	右　栏
触头类型	主触头所处 的图区号	辅助常开触头所 处的图区号	辅助常闭触头 所处的图区号
例子： 　　KM 2　|　8　|　× 2　|　10　|　× 2	表示3对主触头 均在图区2	表示一对辅助常开触头 在图区8，一对常开触头 在图区10	表示2对辅助常 闭触头未用

表9.5　继电器触头在电路图中位置的标记

栏　目	左　栏	右　栏
触头类型	常开触头所处的图区号	常闭触头所处的图区号
例子： 　　KA1 3　|　× 3　|　× 3	表示3对常开触头均在图区3	表示常闭触头未用

2)机床电气控制电路分析步骤

①了解机床的主要结构、运动方式、各部分对电气控制的要求。

②分析主电路。了解各电动机的用途、传动方案、控制方法及其工作状态。

③分析控制电路。

④分析电路中的各种保护、联锁以及信号电路和照明电路的控制。

3)电路分析时的注意事项

①"先读机，后读电"。"先读机"，就是先了解生产机械的基本结构、运行情况和操作方法，以便对生产机械的结构及其运行情况有总体了解。

"后读电"，就是在了解机械运行情况的基础上明确对电力拖动的控制要求，为分析电路做好准备。这种模式可以使学生明确识图思路，从而更容易读懂电气控制原理图。

②"先读主，后读辅"。"先读主"，就是先从主电路开始读图。首先，要看清楚机床设备由几台电动机拖动，各台电动机的作用，结合加工工艺与主电路分析电动机的启动方式、制动方式等。其次，要弄清楚用电设备是由什么电气元件控制的，如刀开关、接触器、继电器等。再次，了解主电路中其他元器件的作用，最后看电源。

"后读辅"，就是识读辅助电路时应从主电路入手，根据每台电动机、电磁阀等执行电器的控制要求去分析它们的控制内容。控制电路包含控制电路、信号电路和照明电路。

图9.4是CA6140车床电路图，下面具体分析该车床电路的工作原理。

4)主电路分析

CA6140车床的电源采用380 V，QS1为电源开关。

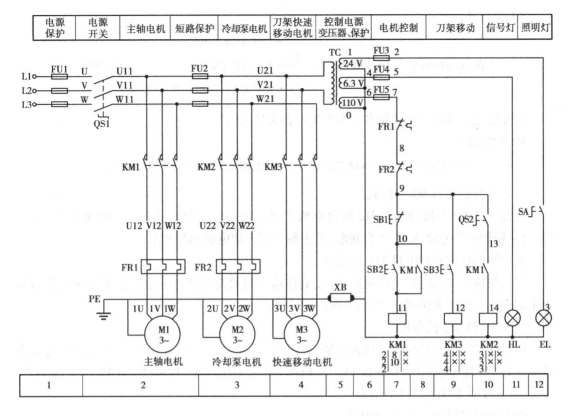

图9.4　CA6140车床电路图

电气控制线路中共有3台电动机:M1为主轴电动机,带动主轴旋转和刀架作进给运动,接触器KM1的主触点控制主轴电动机M1,FU1为主轴电动机M1的短路保护用熔断器,FR1为其过载保护用热继电器;M2为冷却泵电动机,供应冷却液,KM2为接通冷却泵电动机M2的接触器,FR2为M2过载保护用热继电器;M3为刀架快速移动电动机,用以拖动刀架快速移动,KM3为接通快速移动电动机M3的接触器。由于M3点动短时运转,故不设置热继电器。其控制和保护见表9.6。

表9.6　主电路中的控制和保护电器

电动机的名称及代号	控制电器	过载保护电器	短路保护电器
主轴电动机M1	由接触器KM1控制单向运转	热继电器FR1	熔断器FU1
冷却泵电动机M2	由接触器KM2控制单向运转	热继电器FR2	熔断器FU2
快速移动电动机M3	由接触器KM3控制单向运转	无	熔断器FU2

5)控制电路分析

控制电路的电源由控制变压器TC的二次侧输出110 V电压提供。

①主轴电动机M1的控制。

M1 的启动：

主轴的正反转控制是采用多片摩擦离合器来实现的。

M1 的停止：

停止按钮 SB1 ⟶ KM1 线圈失电 ⟶ KM1 主触头复位断开 ⟶ M1 失电停转

②冷却泵电动机 M2 的控制。

主轴电机 M1 与冷却电机 M2 两台电机之间实现顺序控制。只有当电机 M1 启动运转后,合上旋钮开关 QS2,KM2 才会获电,其主触头闭合使电机 M2 运转。

③刀架的快速移动电机 M3 的控制。

刀架快速移动的电路为点动控制,刀架移动方向的改变是由进给操作手柄配合机械装置来实现的。如需要快速移动,按下按钮 SB3 即可。

④照明、信号电路分析。

照明灯 EL 和指示灯 HL 的电源分别由控制变压器 TC 二次侧输出 24 V 和 6.3 V 电压提供。开关 SA 为照明开关。熔断器 FU3 和 FU4 分别作为指示灯 HL 和照明灯 EL 的短路保护。

6)CA6140 车床元器件明细表

CA6140 元器件明细表见表 9.7。

表 9.7 CA6140 车床元器件明细表

序号	电气代号	名称	数量	技术参数	用途
1	M1	主轴电动机	1	7.5 kW1 450 r/min	主轴及进给传动
2	M2	冷却泵电动机	1	125 W3 000 r/min	提供冷却液
3	M3	快速移动电动机	1	250 W1 360 r/min	刀架快速移动
4	KM1	交流接触器	1	CJ10-20	控制主轴电动机
5	KM2	交流接触器	1	CJ10-10	控制冷却泵电动机
6	KM3	交流接触器	1	CJ10-10	控制快速电动机
7	SB2	起动按钮	1	LA4-3H	启动
8	SB1	急停按钮	1	LA4-3H	停止
10	SB3	快速按钮	1	LA4-3H	启动刀架快速移动
11	FR1	热继电器	1	JR36-20/3	M1 的过载保护
13	FR2	热继电器	1	JR36-20/3	M2 的过载保护
15	TC	控制变压器	1	JBK2-100	为控制回路提供电源
14	QS1	刀开关	1	HK1-30/3	电源开关

续表

序号	电气代号	名 称	数量	技术参数	用 途
15	QS2	单联开关			冷却泵开关
16	SA	单联开关			照明开关
17	FU1	熔断器	3	RL1-60/25	M1 的短路保护
18	FU2	熔断器	3	RL1-60/25	M2、M3 的短路保护
19	FU3	熔断器	1	RL1-15/2	照明灯短路保护
20	FU4	熔断器	1	RL1-15/2	信号灯短路保护
21	FU5	熔断器		RL1-15/15	控制回路的短路保护
22	HL	信号灯	1	6 V	电源指示
23	EL	机床照明灯	1	24 V/40 W	照明

【任务评价】

CA6140 车床电气控制线路原理分析评分表见表 9.8。

表 9.8　CA6140 车床电气控制线路原理分析评分表

专业＿＿＿＿＿＿　班级＿＿＿＿＿＿　姓名＿＿＿＿＿＿　学号＿＿＿＿＿＿

任务名称			
项目内容	配 分	评分标准	得 分
车床的作用、结构	10 分	阐述对车床的作用,回答不全面、不正确,扣 2~5 分。 阐述对车床的结构,回答不全面、不正确,扣 2~5 分。	
四诊法的内容	10 分	阐述四诊法,回答不全面、不正确,扣 2~10 分。	
主电路中的控制和保护电器	20 分	阐述电动机 M1、M2、M3 的作用,答错 1 个扣 5 分。 在原理图上指出 M1、M2、M3 的控制及保护电器,每错 1 处扣 3 分。	
KM1、KM2、KM3 的得电路径	30 分	在原理图上指出 KM1、KM2、KM3 的得电路径,每错 1 个扣 5 分。	
元器件的作用	20 分	KM1(10-11)、KM1(13-14)、FR2(8-9)、FU1、TC 等的作用,每错一个扣 5 分。	
表达能力	10 分	声音不洪亮、口齿不清楚、思路不清晰,扣 5~20 分。	
备注	各项内容的最高扣分不得超过配分		成绩

教师(签名):＿＿＿＿＿＿　日期:＿＿＿＿＿＿

任务 9.3 CA6140 车床电气控制线路的检修

【工作任务】

- 能正确操作 CA6140 车床,并说出故障现象。
- 能正确圈定故障范围。
- 能正确制订故障查找步骤。
- 能用"电阻法"检测出 CA6140 车床常见的断路故障,并能排除故障。

【相关知识】

 想一想

用电阻测量法检查电气故障时应注意哪几点?

（1）实训设备

①CA6140 车床电气控制电路模拟板。

②工具:电工常用工具一套。

③仪表:MF47 型万用表。

（2）故障分析与检修

1）电气故障的设置原则

①人为设置的故障点,必须是模拟机床在使用过程中由于受到振动、受潮、高温、异物侵入、电动机负载及线路长期过载运行、启动频繁、安装质量低劣和调整不当等原因造成的"自然"故障。

②切忌设置改动线路、换线、更换电器元件等由于人为原因造成的非"自然"的故障点。

③故障点的设置,应做到隐蔽且设置方便,除简单控制线路外,两处故障一般不宜设置在单独支路或单一回路中。

④对于设置一个以上故障点的线路,其故障现象应尽可能不要相互掩盖。

⑤应尽量不设置容易造成人身或设备事故的故障点,如有必要时,教师必须在现场密切注意学生的检修动态,随时做好采取应急措施的准备。

⑥设置的故障点必须与学生应该具有的修复能力相适应。

2）故障设置

设备可以通过人为设置故障来模仿实际机床的电气故障,采用"触点"绝缘、设置假线、导线头绝缘等方式形成电气故障。

本线路共设故障 20 处,均为断路故障,开始训练时最好只设置一个故障。各故障点的故障现象见表 9.9。

表 9.9　CA6140 车床各故障点的故障现象

故障号	故障现象
G1	M1 缺相运行
G2	变压器不得电
G3	冷却泵电动机不能启动
G4	控制变压器不得电
G5	M3 缺相运行
G6	M2、M3 缺相运行
G7	照明灯不亮
G8	信号灯、照明灯正常,其余控制电路未得电
G9	M2 缺相运行
G10	三台电动机都缺相
G11	控制变压器输出电压为 0 V
G12	M1 缺相运行
G13	主轴电动机不能启动
G14	照明灯不亮
G15	信号灯不亮
G16	冷却泵电动机不能启动
G17	主轴电动机不能自锁
G18	信号灯、照明灯正常,其余控制电路未得电
G19	M2 缺相运行
G20	刀架电动机不能启动

CA6140 车床故障设置情况如图 9.5 所示;CA6140 车床电气控制电路板如图 9.6 所示。

3)CA6140 车床电气线路常见故障与维修实例

查找故障时应参照电路图、机床电气安装接线图和机床电器布置图。

①故障现象:主轴电动机 M1 不能启动。

故障原因分析:首先判断是主回路的故障,还是控制电路的故障。

按下按钮开关 SB2,接触器 KM1 如果不吸合,故障必定在控制电路。有可能是控制电路没有电压或控制线路中的熔断器 FU5 熔断。检修方法:可依次检查变压器输出电压是否正常?熔断器 FU5 是否熔断? 6-7-8-9-10-11- 0 这条线路中连线是否完好? FR1、SB1、SB2、KM1 这几个元器件是否完好?

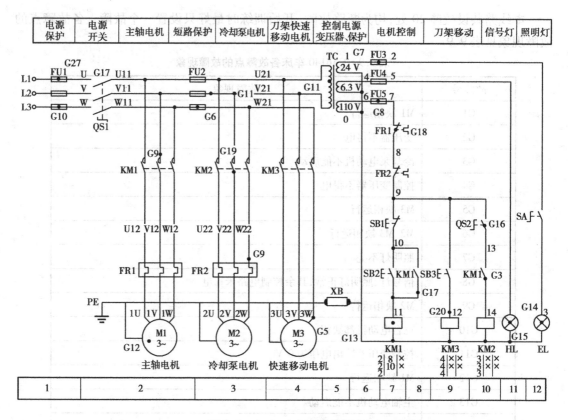

图 9.5　CA6140 车床故障图

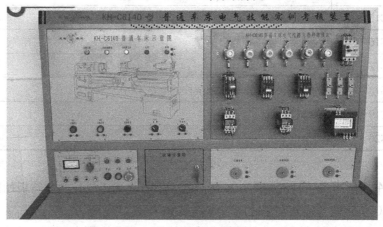

图 9.6　CA6140 控制电路板

按下按钮开关 SB2,接触器 KM1 如果吸合,故障必定在主电路。有可能是 FU1 的 W 相熔断或 QS1 的 W 相接触不良等。检修方法:可依次检查 FU1 的 W 相是否熔断? QS1 的 W 相接触是否良好? 11-12-M1 的接线端子-M1 这条线路中连线是否完好? KM1、FR1、电动机 M1 这几个元器件是否完好?

②故障现象:主轴电动机 M1 点动运行。

故障原因分析:由于 M1 能启动,说明 KM1 线圈得电路径完好,电动机 M1 的得电路径完好,故障出在自锁触头 KM1(10-11)上。

检修方法:多数情况是由于接触器 KM1 的辅助常开触头接触不良或位置偏移、卡阻现象引起的故障,这时只要将接触器 KM1 的辅助常开触头进行修整或更换即可排除故障。辅助常开触头的连接导线松脱或断裂也会使电动机不能自锁。

③故障现象:刀架快速移动电动机不能运转。

故障原因分析:首先判断是主回路的故障,还是控制电路的故障。

按点动按钮开关 SB3,接触器 KM3 如果不吸合,故障必定在控制电路中(KM1、EL 等得电)。措施:检查 SB3、KM3 是否完好? 9-12-0 这条线路是否完好?

按点动按钮开关 SB3,接触器 KM3 如果吸合,故障必定在控制电路中。措施:检查 KM3、电动机 M3 是否完好? 以及它们的连接导线是否松脱?

4)实训过程

①在知道 CA6140 车床工作原理的基础上,说出模拟电路板元器件的名称,并与工作原理图上的元器件一一对应,并阐述每个元件的工作原理、接线方式、在线路中的作用。检查合格(由指导老师检查或由老师指定的同学检查)后方可进入下一步骤(每一步骤均要检查)。CA6140 车床电路见图 9.4。

②在教师的指导下对 CA6140 车床模拟板(或实训台,后同)进行操作,掌握车床的各种工作状态和操作方法。

③在 CA6140 车床模拟板上设置断路故障,故障由易到难,由少到多。学生通过操作,要能正确说出故障现象,分析产生故障的原因并圈出故障范围。

④参照 CA6140 车床模拟板元器件布置图、安装接线图及钻床工作原理图,熟悉车床走线情况,并通过测量等方法找出实际走线路径。

⑤学生观摩检修。在 CA6140 车床模拟板上人为设置故障点(断路故障,故障之间互不干扰),由教师示范检修,边分析边检查,直至故障排除。教师示范检修时,应将工作原理、机床操作、元器件布置图、安装接线图、如何圈故障范围、检测故障思路、如何排除故障点等内容贯穿其中,边操作边讲解。

⑥教师在线路中人为设置两处故障点(断路故障),由学生按照检查步骤和检修方法进行检修。

⑦写实训报告。

5)注意事项

①设备应指导教师指导下操作,安全第一。设备通电后,严禁在电器侧随意扳动电器。排除故障训练时,尽量采用不带电检修。若带电检修,则必须有指导教师在现场监护。

②必须安装好各电机、支架接地线,设备下方垫好绝缘橡胶垫,厚度不小于 8 mm,操作前要仔细查看各接线端有无松动或脱落,以免通电后发生意外或损坏电器。

③在操作中若发出不正常音响,应立即断电,查明故障原因待修。故障噪声主要来自电机缺相运行,接触器、继电器吸合不正常等。

④发现熔芯熔断,应找出故障后,方可更换同规格熔芯。

⑤在维修设置故障中不要随便互换线端处号码管。

⑥操作时用力不要过大,速度不宜过快;操作频率不宜过于频繁。

⑦本项目实训只能采用"电阻法"查找故障。

⑧实训结束后,应拔出电源插头,将各开关置分断位。

⑨作好实训记录。

【任务评价】

CA6140 车床电气控制线路的排故评分标准见表 9.10。

表 9.10　排故评分标准

专业＿＿＿＿＿＿　班级＿＿＿＿＿＿　姓名＿＿＿＿＿＿　学号＿＿＿＿＿＿

任务名称				
项目内容	配　分	评分标准		得　分
元器件的认识	10 分	(1)不能说出每个元件的工作原理,每个扣 1 分。 (2)不能说出每个元件接线方式,每个扣 1 分。 (3)不能说出每个元件在线路当中的作用,每个扣 1 分。 (4)不能根据外形说出元器件的名称,每个扣 1 分。		
正确操作	10 分	(1)操作不规范,每次扣 2 分。 (2)不能正确说出故障现象,每个扣 2 分。 (3)少说 1 个故障现象,每个扣 2 分。		
故障分析	10 分	(1)将正常工作的元器件认定为故障元器件,每个扣 2 分。 (2)不能说出故障元器件的得电路径,该项不得分。		
圈故障范围	25 分	(1)故障点不在标定的故障范围内,每个扣 5 分。 (2)故障范围过大,每超过 1 个元件扣 2 分。 (3)故障范围过小,每少 1 个元件扣 2 分。		
故障查找计划	10 分	(1)不制订计划,该项不得分。 (2)漏掉 1 个元器件或一根线,每个扣 2 分。 (3)思路不清楚,扣 2～10 分。		
故障检查及排除故障	30 分	(1)工具及仪表使用不当,每次扣 5 分。 (2)检查故障的方法不正确,扣 5～15 分。 (3)排除故障的方法不正确,扣 5～15 分。 (4)不能排除故障点,每个扣 15 分。 (5)扩大故障范围或产生新的故障点,每扩大 1 个扣 15 分。 (6)损坏电器元件,每损坏一个扣 20～30 分。		

续表

任务名称			
项目内容	配　分	评分标准	得　分
团队精神 遵章守纪	5 分	根据学生不良表现,扣 1 ~ 5 分。	
安全文明生产	违反安全文明生产规程,扣 10 ~ 70 分。		
定额时间	30 min,每超过 1 min(不足 1 min 按 1 min 计),扣 5 分。		
备注	除定额时间外,各项内容的最高扣分不得超过配分	成　绩	
开始时间		结束时间 实际时间	

教师(签名):＿＿＿＿＿　日期:＿＿＿＿＿

【问题思考】

CA6140 车床的主轴电动机运行中自动停车后,操作者立即按下启动按钮开关,但电动机不能启动,试分析故障原因。

【知识扩展】

电气故障检修"四诊法"

中医看病讲究"四诊法",我们给机床线路"看病"也采用"四诊法":问、看、听、摸。

"问":询问操作者故障发生前后机床的运行状况,有无异常响动、冒烟等;故障发生前有无切削力过大和频繁启动、停止、制动等工作状况;故障发生前有无经过保养检修或改动线路等情况。

"看":通电后,看电路是否出现明显的外观征兆,如电源指示灯、电路指示灯等是否正常,保护电器是否动作,触头是否熔焊,线圈是否过热烧毁等。

"听":在线路还能运行和不扩大故障范围、不损坏设备的前提下,通电试车,细听发动机、接触器、继电器等电器的声音是否正常。

"摸":在刚切断电源后,尽快触摸检查电动机、变压器、电磁线圈及熔断器等,看是否有过热现象。

查找故障点的常用方法

检修过程的重点是判断故障范围和确定故障点,测量法是维修电工工作中用来准确确定故障点的一种行之有效的检查方法。常用的测试工具和仪表有校验灯、测电笔、万用表、钳形电流表、兆欧表等,通过对电路进行带电或断电时有关参数如电压、电阻、电流等的测量来判断电器元件的好坏、设备的绝缘情况以及线路的通断情况。

在用测量法检查故障点时,一定要保证各种测量工具和仪表完好,使用方法正确,还要注意防止感应电、回路电及其他并联支路的影响,以免产生误判断。

常用的测量方法有:电压分阶段测量法、电阻测量法、短接法。这里只介绍短接法。

短接法是利用一根绝缘导线,将所怀疑断路的部位短接,若短接过程中,电路被接通,则说明该处断路。这种方法是检查线路短路故障的一种简便、可靠的方法。

短接法分为局部短接法和长短接法。

一般采用局部短接法和长短接法相结合的方法检查电路故障,即一次短接一个或多个触点来检查故障电路的方法。如图9.7所示短接检修前,先用试电笔(或万用表)测试电源1-0端是否正常。若正常,用绝缘导线短接1-2点,如果KM1吸合,说明停止按钮SB2接触不良。如果不吸合,用绝缘导线短接1-5点,如果仍不吸合,说明KM1线圈开路;如果吸合,说明KM1线圈完好,1-5点间电路有断路故障。按下启动按钮SB1不放,再用绝缘导线分别短接2-3,如果KM1吸合,说明起动按钮SB1接触不良。如果不吸合,用绝缘导线短接3-5点,4-5缩小故障点范围,直至确定故障的准确位置。

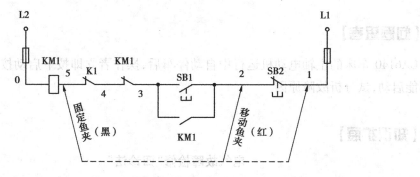

图9.7 短接法

短接法注意事项:

①由于短接法是用手拿着绝缘导线带电操作,因此一定要注意安全,以免触电事故发生。

②短接法只适用于检查压降极小的导线和触头之间的断路故障。对于压降较大的电器,如电阻、接触器和继电器的线圈、绕组等断路故障,不能采用短接法,否则就会出现短路故障。

③对于机床的某些要害部位,必须确保电气设备或机械部位不会出现事故的情况下,才能采用短接法。

项目 10

Z3050 摇臂钻床电气控制线路的原理与维修

● **知识目标**

- 能说出 Z3050 摇臂钻床的结构及运动方式。
- 理解 Z3050 摇臂钻床的工作原理。
- 能归纳机床电路常见的排故方法。

● **技能目标**

- 能正确操作 Z3050 摇臂钻床。
- 能正确圈定故障范围。
- 能正确制订故障查找步骤。
- 能用"电阻法"检测出 Z3050 摇臂钻床常见的断路故障,并能排除故障。

任务 10.1　Z3050 摇臂钻床电气控制线路工作原理

【工作任务】

- 能说出 Z3050 摇臂钻床电路结构及机械传动原理。
- 阐述 Z3050 摇臂钻床涉及的各种低压电器的工作原理、好坏判断方法;记住其图形符号、接线方式。
- 能解释 Z3050 摇臂钻床电路工作原理,阐述电路中每个元件的作用。

【相关知识】

 想一想

如图 10.1 所示零件上的这些孔是用哪种机床加工而形成?

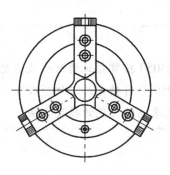

图 10.1　钻孔实例

(1)Z3050 摇臂钻床的主要结构和运动方式

钻床是一种用途广泛的孔加工机床,主要用于钻削精度要求不太高的孔,还可以用来扩孔、铰孔、镗孔以及攻螺纹等。

钻床的种类很多,按其结构形式不同,有立式钻床、卧式钻床、多轴钻床及摇臂钻床等。摇臂钻床是机械加工车间中常见的一种立式钻床,如图 10.2 所示。

Z3050 摇臂钻床的型号意义如下:

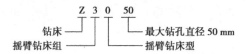

Z3050 摇臂钻床主要由底座、内外立柱、摇臂、主轴箱及工作台等部分组成。内立柱固定在底座的一端,在其外面套有外立柱,外立柱可绕内立柱回转360°。摇臂一端的套筒套装

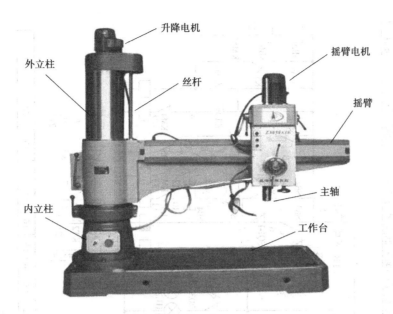

图 10.2　Z3050 摇臂钻床外形及结构

在外立柱上,并借助丝杠的正反转可沿外立柱作上下移动,由于丝杆与外立柱连成一体,而升降螺母固定在摇臂上,因此摇臂不能绕外立柱转动,只能与外立柱一起绕内立柱回转。

主轴箱是一个复合部件,由主传动电动机、主轴和主轴传动机构、进给和变速机构、机床的操作机构等部分组成。主轴箱安装在摇臂的水平导轨上,可以通过手轮操作使其在水平导轨上沿摇臂移动。

当需要钻削加工时,由夹紧装置将外立柱紧固在内立柱上,摇臂紧固在外立柱上,主轴箱紧固再摇臂导轨上,然后进行钻削加工。钻削加工时,钻头一面旋转进行切削,同时进行纵向进给。由此可见,摇臂钻床的主运动为主轴的旋转运动;进给运动为主轴的纵向进给;辅助运动有:摇臂沿外立柱的垂直移动;主轴箱沿摇臂径向方向的移动;摇臂与外立柱一起绕内立柱的回转运动。

(2)摇臂钻床对电气控制线路的主要要求

①由于主轴正、反转是由正反转摩擦离合器来实现的,所以只要求主轴电动机单方向旋转。

②摇臂的垂直移动是通过摇臂升降电动机的正、反转实现的,因此要求摇臂升降电动机能正反转。同时,为了设备的安全,应具有上、下极限保护。

③主轴箱、摇臂、内外立柱的夹紧通过液压驱动实现,故要求液压泵电动机正反转控制通过电动机配合液压装置自动进行。

④冷却泵电动机只要求单向启动。

⑤为保证操作安全,控制电路的电源电压为 110 V。

⑥摇臂只有在放松状态下才能进行垂直移动,故应有联锁,并应有夹紧、放松指示。

(3)电气控制线路分析

Z3050 摇臂钻床电气控制线路如图 10.3 所示。

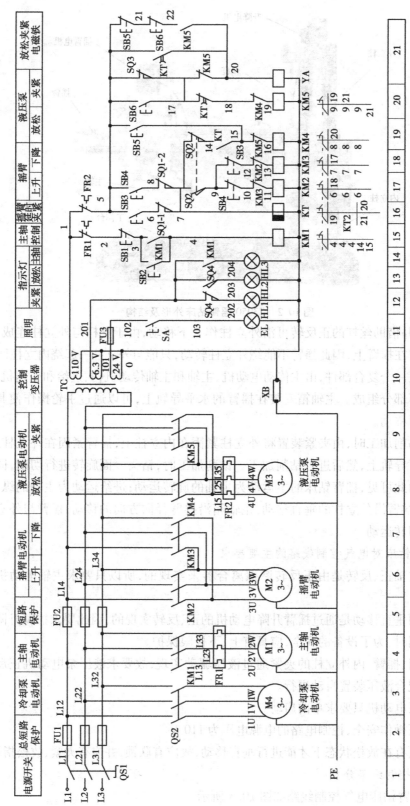

图 10.3 Z3050 摇臂钻床电气控制线路

1）主电路分析

机床采用 380 V、50 Hz 三相交流电源供电,刀闸开关 QS1 为机床总电源开关,FU1 为总短路保护,并有保护接地措施。机床上装有 4 台电动机:M1 为主轴电动机(装在主轴箱顶部);M2 为摇臂升降电动机(装于主轴顶部);M3 为液压泵电动机;M4 为冷却泵电动机。各台电动机的控制及保护见表 10.1。

表 10.1　主电路中的控制和保护电器

电动机的名称及代号	控制电器	过载保护电器	短路保护电器
主轴电动机 M1	由接触器 KM1 控制单向运转	热继电器 FR1	熔断器 FU1
摇臂电动机 M2	由接触器 KM2、KM3 控制正反转	无	熔断器 FU2
液压泵电动机 M3	由断路器 KM4、KM5 控制正反转	热继电器 FR2	熔断器 FU2
冷却泵电动机 M4	由刀闸开关 QS2 控制单向运转	无	熔断器 FU1

2）控制电路分析

控制、照明和指示电路均由控制变压器 TC 降压后供电,电压分别为 110 V、24 V 及 6.3 V。

①主轴电动机的控制。

启动控制:

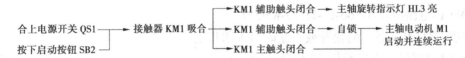

停止控制:

按停车按钮 SB1 → 接触器 KM1 释放 → 接触器 KM1 主触头断开 → M1 停止旋转
　　　　　　　　　　　　　　　　　└→ KM1 辅助触头断开 → 指示灯 HL3 熄灭

为了防止主电动机长时间过载运行,电路中设置热继电器 FR1,其整定值应根据主电机 M1 的额定电流进行调整。

②摇臂升降控制。

Z3050 钻床摇臂的升降是由升降电动机 M2、摇臂夹紧结构和液压系统协调配合,自动完成摇臂松开→摇臂上升(下降)→摇臂夹紧的控制过程。下面以摇臂上升为例分析其控制过程。

a. 摇臂放松控制:按摇臂上升(或下降)按钮 SB3(或 SB4),时间继电器 KT 吸合,其瞬时动作的常开触点和延时断开的常闭触点闭合,使电磁铁 YA 和接触器 KM4 同时吸合,液压泵电动机 3M 旋转,使摇臂松开。

KT 得电路径:1-5-6-7-KT-0。

KM4 得电路径:1-5-6-7-14-15-16-KM4-0。

YA 得电路径:1-5-KT-20-YA-0。

b. 摇臂上升控制:摇臂松开到位,通过弹簧片压位置开关 SQ2,使 KM4 释放,而使 KM2

（或 KM3）吸合，M3 停止旋转，摇臂电动机 M2 上升（或反转），带动摇臂上升（或下降）。

KM2 得电路径：1-5-6-7-9-10-11-KM2-0。

c.摇臂延时自动夹紧控制：当摇臂上升（或下降）到所需位置时，松开 SB3（或 SB4），KM2（或 KM3）和 KT 释放，摇臂电动机 M2 停止旋转，摇臂停止升降；KT 释放经过 1～3 s 延时后，延时闭合的常闭触点闭合，使 KM5 吸合，M3 反向旋转。此时 YA 仍处于吸合状态，使摇臂夹紧。

KM5 得电路径：1-5-SQ3-17-18-19-KM5-0。

YA 得电路径：1-5-21-22-20-YA-0。

d.夹紧结束：摇臂夹紧到位，通过弹簧片压位置开关 SQ3，使 KM5 和 YA 都释放，液压泵停止旋转（夹紧结束）。

e.限位保护：在摇臂上升（或下降）过程中，利用位置开关 SQ1 来限制摇臂的升降行程，提供极限保护。

③立柱和主轴箱的松开或夹紧控制。

立柱和主轴箱的松开或夹紧是同时进行的。按松开按钮 SB5（或夹紧按钮 SB6），接触器 KM4（或 KM5）吸合，液压泵电动机 M3 旋转，使立柱和主轴箱同时松开（或夹紧），同时松开指示灯亮（或夹紧指示灯亮）。

KM4 得电路径：1-5-SB5-15-16-KM4-0。

KM5 得电路径：1-5-SB6-17-18-19-KM5-0。

注意：立柱和主轴箱的松开或夹紧时，YA 未得电。

Z3050 摇臂钻床电气元件明细表见表 10.2。

表 10.2 Z3050 摇臂钻床电气元件明细表

符　号	名称及用途	符　号	名称及用途
M1	主轴及进给电动机	SQ1—SQ4	行程开关及限位开关
M2	摇臂升降电动机	TC	控制变压器
M3	控制用液压泵电动机	SA	照明灯用单联开关
M4	冷却泵电动机	SB1、SB2	主电机起动和停止按钮
KM1	主电动机用接触器	SB3、SB4	摇臂升降按钮
KM2、KM3	摇臂升降电机正反转用接触器	SB5、SB6	主轴箱及立柱松开和夹紧按钮
KM4、KM5	液压泵电机正反转用接触器	EL	照明灯
KT	断电延时时间继电器	HL1、HL2	主轴箱和立柱松开和夹紧指示灯
YA	控制用电磁阀	HL3	主电机工作指示灯
FR1、FR2	热继电器	XB	连接片
FU1—FU5	熔断器	PE	保护接地
QS1、QS2	电源总开关、冷却泵电机用刀闸开关		

【任务评价】

Z3050 摇臂钻床电气控制线路原理分析评分表见表 10.3。

表 10.3　Z3050 摇臂钻床电气控制线路原理分析评分表

专业_____　班级_____　姓名_____　学号_____

任务名称			
项目内容	配　分 （100分）	评分标准	得　分
钻床的作用、结构	10 分	阐述钻床的作用，回答不全面、不正确，扣 2~5 分。 阐述钻床的结构，回答不全面、不正确，扣 2~5 分。	
对电气线路的主要要求	10 分	对电动机 M1、M2、M3、M4 电气线路的主要要求，答错 1 处扣 3 分。	
主电路中的控制和保护电器	15 分	阐述电动机 M1、M2、M3、M4 的作用，答错 1 个扣 5 分。 在原理图上指出 M1、M2、M3、M4 的控制及保护电器，答错 1 个扣 5 分。	
各工作状态下各元器件的得电路径	40 分	各工作状态下哪些元器件得电，答错 1 个扣 5 分。 每个得电线圈的得电路径，答错 1 个扣 5 分。	
元器件的作用	15 分	SQ2、SQ3、KM4（18—19）、SB5（4—21）、SQ1（6—7）、SB4（9—10）FU1、TC 等元件的作用，答错 1 个扣 3 分。	
表达能力	10 分	声音不洪亮，口齿不清楚，思路不清晰，扣 5~20 分。	
备注	各项内容的最高扣分不得超过配分	成绩	

教师（签名）：_____　日期：_____

任务 10.2　Z3050 摇臂钻床电气控制线路的检修

【工作任务】

- 能正确操作 Z3050 型摇臂钻床，并说出故障现象。
- 能正确圈定故障范围。
- 能正确制订故障查找步骤。
- 能用"电阻法"检测出 Z3050 摇臂钻床常见的断路故障，并能排除故障。

【相关知识】

Z3050 摇臂钻床常见的电气故障有哪些?

（1）实训设备

①Z3050 摇臂钻床模拟控制电路板。

②工具：电工常用工具一套。

③仪表：MF47 型万用表。

（2）故障分析与检修

1）Z3050 摇臂钻床电气线路模拟板说明

①模拟线路以图 10.3 为依据，满足摇臂钻床对电气线路的要求，在图 10.3 的基础上进行模拟。

②4 台电动机分别用 3 组灯泡代替（两个灯泡代表一相绕组），并且每组灯泡的 Y 点接中线 N。若某台电动机缺相，则该相灯泡不亮，其他灯泡发光正常。等效电路如图 10.4 所示。

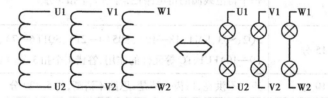

图 10.4　用灯泡代替电动机等效图

③模拟线路中的放松、夹紧电磁铁线圈 YA 用灯泡代替。灯泡亮则表明线圈 YA 通电；灯泡熄灭则表明线圈 YA 断电。

④模拟线路中的位置开关（SQ1—SQ4）全部采用手动复位式，机床运动和电气控制的自动配合改为用手动操作来实现，以方便操作者对机床运动状况的观察和分析。

⑤组合开关 QS1、QS2 分别用两把闸刀开关代替，以方便模拟板安装和配线。

2）Z3050 摇臂钻床模拟控制电路板元器件布置图

Z3050 摇臂钻床模拟板元器件布置如图 10.5 所示。（仅供参考）

3）故障设置

设备可以通过人为设置故障来模仿实际机床的电气故障，采用"触点"绝缘、设置假线、导线头绝缘等方式，形成电气故障。

本线路共设故障 30 处，均为断路故障。设置故障时，最好主回路和控制回路各设一个。各故障点的故障现象见表 10.4。

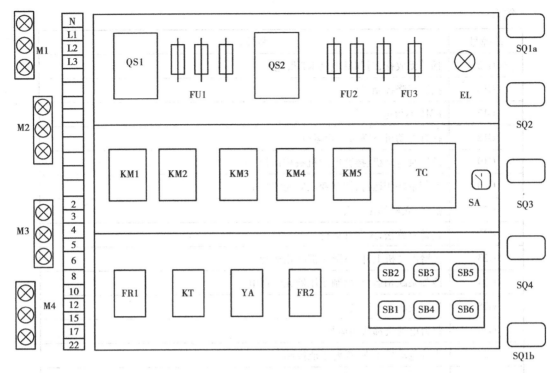

图 10.5　Z3050 摇臂钻床模拟板元器件安装布置图

表 10.4　Z3050 摇臂钻床各故障点的故障现象

故障号	故障现象
G1	冷却泵 M4 缺相
G2	摇臂不能下降运行
G3	摇臂上升控制无反应
G4	照明灯 EL 不亮
G5	摇臂夹紧时,电磁铁 YA 不得电
G6	液压泵电动机 M4 放松、夹紧时都缺相运行
G7	主轴电动机 M1 点动运行
G8	摇臂有放松,但无上升及下降(KM2、KM3 不得电)
G9	摇臂、立柱都无夹紧(KM5 不得电)
G10	摇臂无放松,时间继电器 KT 未得电
G11	主轴电动机运行时,指示灯不亮
G12	液压泵电动机夹紧时缺相运行
G13	电磁铁 YA 都不得电
G14	摇臂放松、上升时,电磁铁 YA 不得电

续表

故障号	故障现象
G15	摇臂无放松,时间继电器 KT 得电
G16	摇臂下降控制无反应
G17	KM1 不得电
G18	摇臂电动机下降时缺相运行
G19	液压泵电动机、摇臂电动机缺相运行
G20	冷却泵缺相运行,控制变压器无法得电
G21	摇臂、立柱都无放松
G22	摇臂有放松,无上升运行
G23	摇臂电动机上升、下降时都缺相运行
G24	冷却泵缺相运行,控制变压器无法得电
G25	控制变压器不得电
G26	每台电动机都缺相运行
G27	主轴电动机正常,摇臂不能控制
G28	主轴箱及立柱无夹紧
G29	主轴电动机缺相运行
G30	控制部分都不能得电

Z3050 摇臂钻床故障设置情况如图 10.6 所示。

4)Z3050 摇臂钻床电气线路常见故障与维修实例

摇臂钻床的工作过程是由电气与机械、液压系统紧密结合实现的。因此,在维修中不仅要注意电气部分能否正常工作,也要注意它与机械和液压部分的协调关系。下面仅分析摇臂钻床的电气故障,见表 10.5。(注:故障不能一一列举,仅举一部分作说明)。

表 10.5　Z3050 摇臂钻床电气线路的故障与维修实例

故障现象	故障原因	故障检修
M1、M2、M3 全部不能启动	无电源电压,QS1 接触不良,FU1 熔断,FU2 熔断,TC 故障,控制线路 1 号线有断点等。	检查电源引线、电源闸刀;检查 FU1、FU2;检查 TC;检查 1 号线等。
主轴电机 M1 不能启动	主电路中 KM1 主触头接触不良,M1 有问题;1-2-3-4-KM1-0 有断点。	更换触头;检查电动机 M1。检查 FR1、SB1、SB2、KM1 的好坏及相互之间的连线有无断点。
摇臂不能上升	ST2 接触不良,9 号线从 SB3、SB4 接至 ST2 导线有断点,M2 有问题	更换触头。检查 SB4、KM3、KM2 的好坏及相互之间的连线有无断点。

续表

故障现象	故障原因	故障检修
摇臂不能下降	主电路中 KM3 主触头接触不良,9-12-13-KM3-0 有断点。	更换触头。检查 SB3、KM2、KM3 的好坏及相互之间的连线有无断点。
液压泵电机 M3 不能夹紧	主电路中 KM5 主触头接触不良,M3 有问题;17-18-19-KM5-0 有断点。	更换触头。检查电动机 M3。检查 KT、KM4、KM5 的好坏及相互之间的连线有无断点。
冷却泵电机 M4 不能启动	QS2 断路,M4 有问题。	检查电机 M4;检查 QS2;检查 FU1-QS2-M4 之间的连线有无断点。

5) 实训过程

① 在理解 Z3050 摇臂钻床工作原理的基础上掌握模拟电路板元器件的布置情况,并能与电气原理图上的元器件一一对应;知道每个元件的工作原理、接线方式、在线路当中的作用。检查合格(由指导老师检查或由老师指定的同学检查),方可进入下一步骤(每一步骤均要检查)。

② 在教师的指导下对 Z3050 摇臂钻床模拟板进行操作,掌握钻床的各种工作状态和操作方法。

③ 在 Z3050 摇臂钻床模拟板上设置断路故障,故障由易到难,由少到多。要求学生通过操作,能正确说出故障现象,分析故障原因,并圈出正确的故障范围。

④ 参照 Z3050 摇臂钻床模拟板元器件布置图、安装接线图及钻床工作原理图,熟悉钻床走线情况,并通过测量等方法找出实际走线路径。

⑤ 学生观摩检修。在 Z3050 摇臂钻床模拟板上人为设置故障点(断路故障,故障之间互不干扰),由教师示范检修,边分析边检查,直至故障排除。教师示范检修时,应将工作原理、机床的操作、元器件布置图、安装接线图、如何圈定故障范围、检测故障思路、如何排除故障点等内容贯穿其中,边操作边讲解。

⑥ 教师在线路中人为设置两处故障点(断路故障),由学生按照检查步骤和检修方法进行检修。

⑦ 写实训报告。

6) 注意事项

① 设备应指导教师指导下操作,安全第一。设备通电后,严禁在电器侧随意扳动电器。进行排除故障训练时,尽量采用不带电检修。若带电检修,则必须有指导教师在现场监护。

② 必须安装好各电机、支架接地线,设备下方垫好绝缘橡胶垫,厚度不小于 8 mm,操作前要仔细查看各接线端,有无松动或脱落,以免通电后发生意外或损坏电器。

③ 在操作中若发出不正常声响,应立即断电,查明故障原因待修。故障噪声主要来自电机缺相运行,接触器、继电器吸合不正常等。

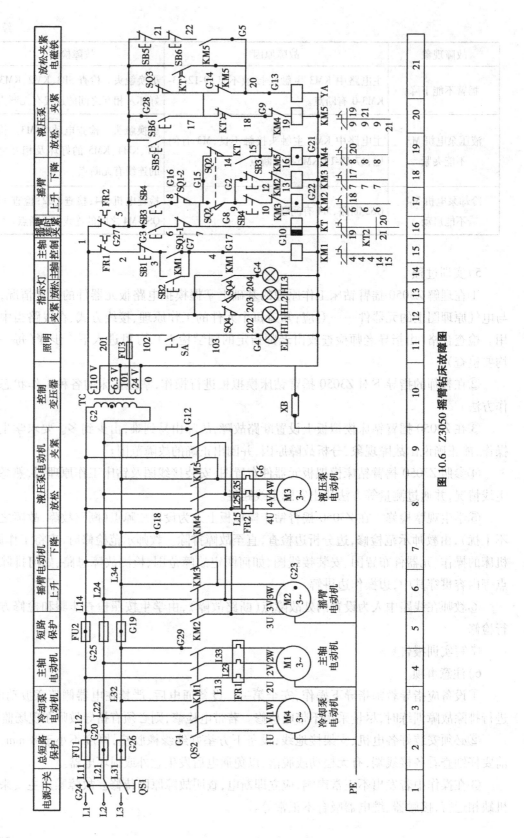

图 10.6 Z3050 摇臂钻床故障图

④发现熔芯熔断,应找出故障后,方可更换同规格熔芯。

⑤在维修设置故障中不要随便互换线端处号码管。

⑥操作时用力不要过大,速度不宜过快;操作频率不宜过于频繁。

⑦本项目实训只能采用"电阻法"查找故障。

⑧注意 SQ2、SQ3 动作与复位状态要符合机床工作状态。

⑨实训结束后,应拔出电源插头,将各开关置分断位。

⑩作好实训记录。

【任务评价】

表 10.6　排故评分标准

专业_____　班级_____　姓名_____　学号_____

任务名称				
项目内容	配　分	评分标准		得　分
元器件的认识	10 分	(1)不能说出每个元件的工作原理,每个扣 1 分。 (2)不能说出每个元件接线方式,每个扣 1 分。 (3)不能说出每个元件在线路当中的作用,每个扣 1 分。 (4)不能从外形上说出元器件的名称,每个扣 1 分。		
正确操作	10 分	(1)操作不规范,每次扣 2 分。 (2)不能正确说出故障现象,每个扣 2 分。 (3)少说一个故障,每个扣 2 分。		
故障分析	10 分	(1)将正常工作的元器件认定为故障元器件,每个扣 2 分。 (2)不能说出故障元器件的得电路径,该项不得分。		
圈故障范围	25 分	(1)故障点未在故障范围内,每个扣 5 分。 (2)故障范围过大,每超过一个元件扣 2 分。 (3)故障范围过小,每少一个元件扣 2 分。		
故障查找计划	10 分	(1)不制订计划,该项不得分。 (2)漏掉一个元器件或一根线,每个扣 2 分。 (3)思路不清楚,扣 2 ~ 10 分。		
故障检查及排除故障	30 分	(1)工具及仪表使用不当,每次扣 5 分。 (2)检查故障的方法不正确,扣 5 ~ 15 分。 (3)排除故障的方法不正确,扣 5 ~ 15 分。 (4)不能排除故障点,每个扣 15 分。 (5)扩大故障范围或产生新的故障点,每扩大 1 个扣 30 分。 (6)损坏电器元件,每损坏 1 个扣 20 ~ 30 分。		

续表

任务名称					
项目内容	配　分	评分标准		得　分	
团队精神遵章守纪	5 分	根据学生不良表现,扣 1 ~ 5 分。			
安全文明生产	违反安全文明生产规程,扣 10 ~ 70 分。				
定额时间	30 min,每超过 1 min(不足 1 min 按 1 min 计),扣 5 分。				
备注	除定额时间外,各项内容的最高扣分不得超过配分		成　绩		
开始时间		结束时间		实际时间	

教师(签名):＿＿＿＿＿＿＿　　日期:＿＿＿＿＿＿＿

【问题思考】

图 10.2 电路中采用哪些措施保证 M2 的正反转控制接触器不能同时得电?

【知识扩展】

如图 10.7 所示为万向摇臂钻床。它具有结构紧凑、造型美观大方、精度稳定、使用维修方便等优点。它具有钻、扩、绞平面、攻螺纹功能,在有工艺装备的条件下,还可进行镗孔等功能,广泛适用于机械加工各部门,尤其是中小型企业、乡镇企业和个体工业更为适宜。

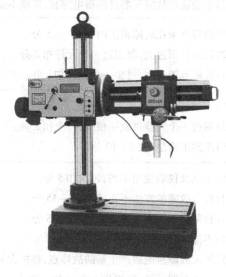

图 10.7　万向摇臂钻床

习题 10

1. Z3050 摇臂钻床的作用是什么？其结构由哪几部分组成？

2. 如何保证 Z3050 摇臂钻床的摇臂上升或下降不能超过允许的极限位置？

3. 简述 Z3050 摇臂钻床摇臂下降的控制过程。

4. Z3050 摇臂钻床上升后不能夹紧,则可能的故障原因是什么？

5. Z3050 摇臂钻床大修后,若摇臂升降电动机 M2 的三相电源接反会发生什么故障？

项目 **11**

M7130 平面磨床电气控制线路的原理与维修

● 知识目标

- 能说出 M7130 平面磨床的结构及运动方式。
- 能说出 M7130 平面磨床涉及的各种低压电器的工作原理、好坏判断方法；记住其图形符号、接线方式。
- 理解 M7130 平面磨床的工作原理。
- 归纳机床电路常见的排除故障方法。

● 技能目标

- 能正确操作 M7130 平面磨床。
- 能正确圈定故障范围。
- 能正确制订故障查找步骤。
- 能用"电阻法"检测出 M7130 平面磨床常见的断路故障，并能排除故障。

任务 11.1 M7130 平面磨床电气控制线路原理分析

【工作任务】

- 说出 M7130 平面磨床电路结构及机械传动原理。
- 能解释 M7130 平面磨床电路工作原理,阐述电路中每个元件作用。

【相关知识】

如图 11.1 所示工件中的平面(表面粗糙度很小)是由哪种机床加工而形成?

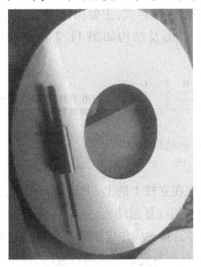

图 11.1 平面磨削实例

(1)M7130 平面磨床的主要结构和运动方式

机械加工中,当零件的表面粗糙度要求很高时,就需要用磨床来进行加工。磨床是用砂轮的周或端面对工件的表面进行机械加工的一种精密机床。磨床的种类很多,根据用途不同可分为平面磨床、内圆磨床、外圆磨床、无心磨床等。

下面以 M7130 平面磨床为例分析磨床的构成、电气控制线路的工作原理及其常见故障的维修方法。

如图 11.2 所示为机械加工中应用极为广泛的 M7130 平面磨床,其作用是用砂轮磨削加工各种零件的平面。

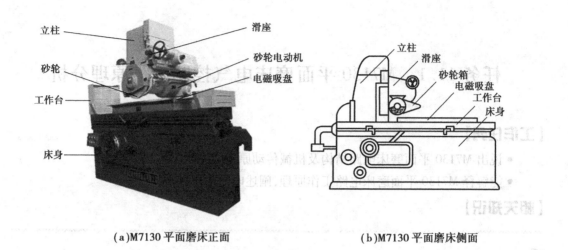

(a)M7130 平面磨床正面 　　　　　　　　(b)M7130 平面磨床侧面

图 11.2　M7130 平面磨床外形及结构

1)M7130 平面磨床的主要结构及型号意义

M7130 平面磨床是卧轴矩形工作台式,主要由床身、工作台、电磁吸盘、砂轮箱(又称磨头)、滑座和立柱等部分组成,外形及结构如图 11.2 所示。M7130 平面磨床的型号意义如下:

$$
\begin{array}{cccc}
& \text{M} & \text{7} & \text{1}\ \text{30} \\
\end{array}
$$

磨床 —— 工作台的工作面宽为 300 mm
平面 —— 卧轴矩台式

2)M7130 平面磨床的主要运动形式

主运动是砂轮的旋转运动。

进给运动有垂直进给(滑座在立柱上的上、下运动);横向进给(砂轮箱在滑座上的水平移动);纵向运动(工作台沿床身的往复运动)。

工作时,砂轮作旋转运动并沿其轴向作定期的横向进给运动。工件固定在工作台上,工作台作直线往返运动。矩形工作台每完成一纵向行程时,砂轮作横向进给,当加工整个平面后,砂轮作垂直方向的进给,以此完成整个平面的加工。M7130 平面磨床的主要运动形式如图 11.3 所示。

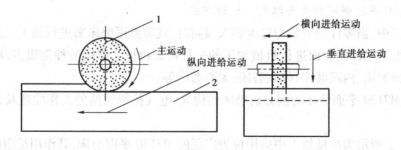

图 11.3　M7130 平面磨床的主要运动形式示意图
1—砂轮;2—工作台

3）平面磨床的电力拖动特点及控制要求

磨床的砂轮主轴一般并不需要较大的调速范围,所以采用笼型异步电动机拖动。为达到缩小体积、结构简单及提高机床精度,减少中间传动,采用装入式异步电动机直接拖动砂轮,这样电动机的转轴就是砂轮轴。还有砂轮升降电动机,用于磨削过程中调整砂轮和工件之间的位置。

由于平面磨床是一种精密机床,为保证加工精度采用了液压传动。采用一台液压泵电动机,通过液压装置以实现工作台的往复运动和砂轮横向的连续与断续进给。

为在磨削加工时对工件进行冷却,需采用冷却液冷却,由冷却泵电动机拖动。为提高生产率及加工精度,磨床中广泛采用多电动机拖动,使磨床具有最简单的机械传动系统。

基于上述拖动特点,对其自动控制有如下要求:

①砂轮电动机、液压泵电动机和冷却泵电动机都只要求单方向旋转。

②冷却泵电动机随砂轮电动机运转而运转,但冷却泵电动机不需要时,可单独断开冷却泵电动机。

③具有完善的保护环节:各电路的短路保护,电动机的长期过载保护,零压保护,电磁吸盘的欠电流保护,电磁吸盘断开时产生高电压而危及电路中其他电气设备的保护等。

④保证在使用电磁吸盘的正常工作时和不用电磁吸盘在调整机床工作时都能开动机床各电动机。但在使用电磁吸盘的工作状态时,必须保证电磁吸盘吸力足够大时才能开动机床各电动机。

⑤具有电磁吸盘吸持工件、松开工件,并有使工件去磁的控制环节。

⑥必要的照明与指示信号。

（2）电气控制线路分析

M7130 平面磨床电气控制原理图如图 11.4 所示。

注意:作为模拟装置,图 11.4 中省略了电磁吸盘线圈,用发光二极管来代替;实际磨床中欠电流继电器 KI 线圈是和电磁吸盘线圈串联的,在图中作了调整,在实训中只要指明,对实际磨床电气原理的理解、操作及故障排除并无影响。

M7130 平面磨床的电气控制线路可分为主电路、控制电路、电磁工作台控制电路及照明指示灯电路四部分。

1）主电路分析

电源由总开关 QS 引入,为机床开动做准备。整个电气线路由熔断器 FU1 作短路保护。

主电路中共有 4 台电动机。其中,M1 是液压泵电动机,实现工作台的往复运动;M2 是砂轮电动机,带动砂轮转动来完成磨削加工工件;M3 是冷却泵电动机,它们只要求单向旋转,冷却泵电机 M3 只是在砂轮电机 M2 运转后才能运转;M4 是砂轮升降电动机,用于磨削过程中调整砂轮和工件之间的位置。

M1、M2、M3 是长期工作的,所以都装有过载保护。其控制和保护电器见表 11.1。

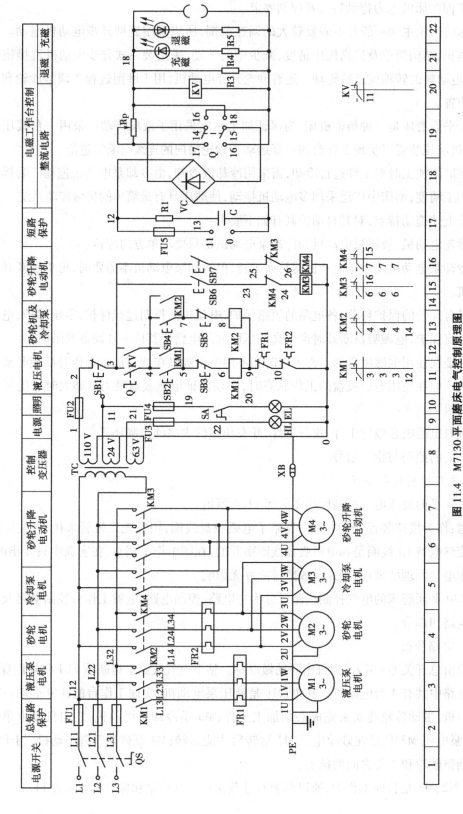

图 11.4 M7130 平面磨床电气控制原理图

表 11.1　主电路中的控制和保护电器

电动机的名称及代号	控制电器	过载保护电器	短路保护电器
液压泵电动机 M1	由接触器 KM1 控制单向运转	热继电器 FR1	熔断器 FU1
砂轮电动机 M2	由接触器 KM2 控制单向运转	热继电器 FR2	熔断器 FU1
冷却泵电动机 M3	由接触器 KM2 控制单向运转	热继电器 FR2	熔断器 FU1
砂轮升降电动机 M4	由接触器 KM3、KM4 控制正反转	无	熔断器 FU1

2)控制电路分析

控制电路采用 110 V 电压供电,由熔断器 FU2 作短路保护。

①工作台往返电动机 M1(也称液压泵电动机)的控制。

合上总开关 QS 后,整流变压器一个副边输出 24 V 交流电压,经桥式整流器 VC 整流后得到直流电压,使电压继电器 KV 获电动作,其常开触头闭合,为启动电机做好准备。如果 KV 不能可靠动作,各电机均无法运行。因为平面磨床的工件靠直流电磁吸盘的吸力将工件吸牢在工作台上,只有具备可靠的直流电压后,才允许启动砂轮和液压系统,以保证安全。

当 KV 吸合后,按下启动按钮 SB2,接触器 KM1 通电吸合并自锁,工作台电机 M1 启动自动往返运转。若按下停止按钮 SB3,接触器 KM1 线圈断电释放,电动机 M1 断电停转。

KM1 得电路径:1-2-3-KV-4-5-6-KM1-9-10-0。

②砂轮电动机 M2 及冷却泵电机 M3 的控制。

当 KV 吸合后,按下启动按钮 SB4,接触器 KM2 通电吸合并自锁,砂轮电动机 M2 启动运转。由于冷却泵电动机 M3 与 M2 联动控制,所以 M3 与 M2 同时启动运转。若按下停止按钮 SB5,接触器 KM2 线圈断电释放,电动机 M2 与 M3 同时断电停转。两台电动机的热继电器 FR2 的常闭触头都串联在 KM2 中,只要有一台电动机过载,就使 KM2 失电。

KM2 得电路径:1-2-3-KV-4-7-8-KM2-9-10-0。

③砂轮升降电动机 M4 的控制。

砂轮升降电动机只有在调整工件和砂轮之间位置时使用,所以用点动控制。当按下点动按钮 SB6,接触器 KM3 线圈获电吸合,电动机 M4 启动正转,砂轮上升;到达所需位置时,松开 SB6,KM3 线圈断电释放,电动机 M4 停转,砂轮停止上升。

按下点动按钮 SB7,接触器 KM4 线圈获电吸合,电动机 M4 启动反转,砂轮下降;到达所需位置时,松开 SB7,KM4 线圈断电释放,电动机 M4 停转,砂轮停止下降。

为了防止电动机 M4 的正、反转线路同时接通,故在对方线路中串入接触器 KM3 和 KM4 的常闭触头进行联锁控制。

KM3 得电路径:1-2-3-SB6-24-25-KM3-0。

KM4 得电路径:1-2-3-SB7-26-27-KM4-0。

3)电磁吸盘控制电路分析

电磁吸盘用来吸住工件以便进行磨削。它具有比机械夹紧迅速、操作快速简便、不损伤工件、一次能吸好多个小工件,以及磨削中工件发热可自由伸缩、不会变形等优点。其不足之处是只能对导磁性材料如钢铁等的工件才能吸住,对非导磁性材料(如铝和铜)的工件没有吸力。电磁吸盘的线圈通的是直流电,不能用交流电,因为交流电会使工件振动和铁芯发热。电磁吸盘结构如图 11.5 所示。

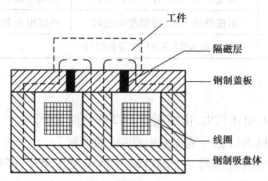

图 11.5　电磁吸盘

电磁吸盘的控制电路包括整流装置、控制装置和保护装置三个部分。

整流装置由控制变压器 TC 和桥式整流器 VC 组成,提供直流电压。

转换开关 Q 是用来给电磁吸盘接上正向工作电压和反向工作电压的。它有"充磁""放松"和"退磁"三个位置。

①充磁工作原理:

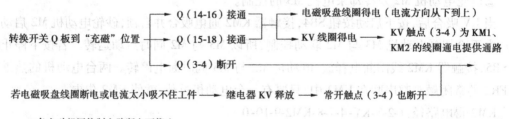

当工件加工完毕后,工件因有剩磁而需要进行退磁。

②退磁工作原理:

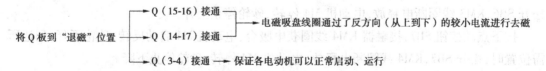

退磁结束,将 Q 扳回到"松开"位置(Q 所有触点均断开),就能取下工件。

如果不需要电磁吸盘,将工件夹在工作台上,则可将转换开关 Q 扳到"退磁"位置,这时 Q 在控制电路中的触点(3-4)接通,各电动机就可以正常启动。

③电磁吸盘控制线路的保护装置有:

a.电流保护由 KV 实现(实际电路中由 KA 来实现)。

b.电磁吸盘线圈的过电压保护由并联在线圈两端放电电阻实现(图中未画上)。

c. 短路保护由 FU5 实现。

d. 整流装置的过电压保护由 12、0 号线间的 R1、C 来实现。

4）照明、指示电路

变压器 TC 降压后，经 SA 供电给照明灯 EL，在照明变压器副边设有熔断器 FU4 作短路保护。

HL 为指示灯，其工作电压为 6.3 V，也由变压器 TC 供给。指示灯的作用是：HL 亮，表示控制电路的电源正常；不亮，表示电源有故障。

【任务评价】

M7130 磨床电气控制线路原理分析评分表见表 11.2。

表 11.2　M7130 磨床电气控制线路原理分析评分表

专业＿＿＿＿＿＿　班级＿＿＿＿＿＿　姓名＿＿＿＿＿＿　学号＿＿＿＿＿＿

任务名称			
项目内容	配　分	评分标准	得　分
磨床的作用、结构	10 分	阐述磨床的作用，回答不全面、不正确，扣 2～5 分。 阐述磨床的结构，回答不全面、不正确，扣 2～5 分。	
对电气线路的主要要求	10 分	对电动机 M1、M2、M3、M4 电气线路的主要要求，答错 1 处扣 3 分。	
主电路中的控制和保护电器	15 分	阐述电动机 M1、M2、M3、M4 的作用，答错 1 个扣 5 分。 在原理图上指出 M1、M2、M3、M4 的控制及保护电器，答错 1 个扣 5 分。	
各工作状态下各元器件的得电路径	40 分	充磁时：发光二极管、KM1、KM2 的得电路径，退磁时：发光二极管、KM1、KM2 的得电路径，每错 1 个扣 10 分。	
元器件的作用	15 分	VC、KV、Q、KV(3-4)、Q(3-4)、R3、Rp、FU1、发光二极管等元件的作用，每答错 1 个扣 3 分。	
表达能力	10 分	声音不洪亮，口齿不清楚，思路不清晰，扣 5～10 分。	
备注	各项内容的最高扣分不得超过配分		成绩	

教师（签名）：＿＿＿＿＿＿　日期：＿＿＿＿＿＿

任务 11.2　M7130 平面磨床电气控制线路的检修

【工作任务】

- 能正确操作 M7130 平面磨床,并说出故障现象。
- 能正确圈定故障范围。
- 能正确制订故障查找步骤。
- 能用"电阻法"检测出 M7130 平面磨床常见的断路故障,并能排除故障。

【相关知识】

想一想

M7130 平面磨床常见的电气故障有哪些?

(1)实训设备

①M7130 型平面磨床模拟板。

②工具:电工常用工具一套。

③仪表:MF47 型万用表。

(2)故障分析与检修

1)M7130 型平面磨床电气线路模拟板说明

①模拟线路以图 11.4 为依据,满足磨床对电气线路的要求,在图 11.4 的基础上进行模拟。

②4 台电动机(M1、M2、M3、M4)分别用 3 组灯泡代替(两个灯泡代表一相绕组),并且每组灯泡的 Y 点接中线 N。若某台电动机缺相,则该相灯泡不亮,其他灯泡发光正常,如图 11.6所示。

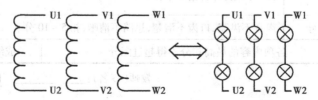

图 11.6　用灯泡代替电动机等效图

③组合开关 QS 用闸刀开关代替,以方便模拟板安装和配线。

④充磁、退磁分别用发光二极管来代替,当充磁发光二极管亮时,表示正在充磁;当退磁发光二极管亮时,表示正在退磁。

⑤电压继电器的吸合表示电磁吸盘电压正常,工件被牢牢吸住;电压继电器的释放表示电磁吸盘欠电压,电磁吸盘吸力不够,工件可能吸不住。

2)故障设置

设备可以通过人为设置故障来模仿实际机床的电气故障,采用"触点"绝缘、设置假线、导线头绝缘等方式形成电气故障。故障设置图如图 11.7 所示。

本线路共设故障 30 处,均为断路故障,设置故障时最好主回路和控制回路各设一个。各故障点的故障现象见表 11.3。

表 11.3　M7130 磨床各故障点的故障现象

故障号	故障现象
G1	液压电动机不能自锁
G2	电动机都缺相
G3	充磁时,砂轮电动机、冷却泵电动机不能启动
G4	M2、M3、M4 都缺相运行
G5	M3 电动机缺相运行
G6	液压电动机不能启动
G7	砂轮电动机、冷却泵电动机点动运行
G8	充磁时,砂轮、冷却泵、液压泵电机都不能启动,kV 电压加 0 V
G9	电磁吸盘不能工作
G10	砂轮上升控制无效
G11	退磁时,砂轮电动机、冷却泵电动机不能启动
G12	电源、照明正常,所有电机都不能启动
G13	变压器不得电
G14	砂轮电机、冷却泵电机不能启动
G15	不能充磁
G16	M2、M3 电动机缺相运行
G17	M1 电动机缺相运行
G18	变压器原边电压正常,副边电压为 0 V
G19	电源指示灯不亮
G20	砂轮电动机上升缺相运行
G21	变压器不得电
G22	电磁吸盘不能工作
G23	电磁吸盘不能退磁
G24	砂轮下降控制无效

续表

故障号	故障现象
G25	充磁时指示灯不亮
G26	砂轮电动机下降缺相运行
G27	电机 M1、M2、M3 都不能启动
G28	照明灯不亮
G29	电源、照明正常,所有电机都不能启动
G30	砂轮电动机上升、下降都缺相运行

3)M7130 型磨床电气线路常见故障与维修实例

查找故障时应参照电路图、机床电气安装接线图、机床电器布置图。M7130 型磨床电气线路常见故障与维修实例见表 11.4。

表 11.4　M7130 型磨床电气线路常见故障与维修实例

故障现象	故障原因	故障检修
电源正常,但所有电机都不能启动	(1)TC 故障。 (2)1-2-3 有断线。	(1)检查 TC。 (2)检查 FU2、SB1 及 1-2-3 连线。
Q 置退磁位置时,M1、M2、M3 不能启动,其余正常	(1)Q(3-4)损坏。 (2)3-4 线有脱落或断线。	(1)检查 Q(3-4)修复或更换。 (2)查 3、4 号线。
液压泵电机不能启动	(1)KM1 主触头故障;M1 故障。 (2)4-5-6-9 有断点。	(1)换 KM1 主触头;检查 M1。 (2)检查 SB2、SB3、KM1 的好坏,相互之间的连线。
电磁吸盘无吸力	(1)变压器 TC 损坏。 (2)桥式整流相邻两二极管都烧成断路。 (3)转换开关 Q 接触不良。 (4)继电器 KV 线圈断开。	(1)检查 TC 修复或更换。 (2)检查并更换二极管。 (3)检查并更换 Q。 (4)修理或更换 kV。
电磁吸盘吸力不足	(1)电源电压过低。 (2)桥式整流中有一个二极管或一对桥臂上的二极管开路。	(1)检查电源电压。 (2)检查并更换二极管。
充磁正常但不能退磁	(1)Q 接触不良。 (2)R5 开路。	(1)检查更换 Q。 (2)更换 R5。

（3）实训过程

①在理解 M7130 平面磨床工作原理的基础上,掌握模拟电路板元器件的布置情况,并能与电气原理图上的元器件一一对应;知道每个元件的工作原理、接线方式、在线路当中的作用。检查合格(由指导老师检查或由老师指定的同学检查),方可进入下一步骤(每一步骤均要检查)。

②在教师的指导下对 M7130 平面磨床模拟板进行操作,掌握磨床的各种工作状态和操作方法。

③在 M7130 平面磨床模拟板上设置断路故障,故障由易到难,由少到多。要求学生通过操作能正确说出故障现象,分析故障原因,并圈出正确的故障范围。

④参照 M7130 平面磨床模拟板元器件布置图、安装接线图及磨床工作原理图,熟悉磨床走线情况,并通过测量等方法找出实际走线路径。

⑤学生观摩检修。在 M7130 平面磨床模拟板上人为设置故障点(断路故障,故障之间互不干扰),由教师示范检修,边分析边检查,直至故障排除。教师示范检修时,应将工作原理、机床的操作、元器件布置图、安装接线图、如何圈故障范围、检测故障思路、如何排除故障点等内容贯穿其中,边操作边讲解。

⑥教师在线路中人为设置两处故障点(断路故障),由学生按照检查步骤和检修方法进行检修。

⑦写实训报告。

（4）注意事项

①设备应在指导教师指导下操作,安全第一。设备通电后,严禁在电器侧随意扳动电器件。进行排除故障训练时,尽量采用不带电检修;若带电检修,则必须有指导教师在现场监护。

②必须安装好各电机、支架接地线、设备下方垫好绝缘橡胶垫,厚度不小于 8 mm,操作前要仔细查看各接线端,有无松动或脱落,以免通电后发生意外或损坏电器。

③在操作中若发出不正常声响,应立即断电,查明故障原因待修。故障噪声主要来自电机缺相运行,接触器、继电器吸合不正常等。

④发现熔芯熔断,应找出故障后,方可更换同规格熔芯。

⑤在维修设置故障中不要随便互换线端处号码管。

⑥操作时用力不要过大,速度不宜过快;操作频率不宜过于频繁。

⑦本项目实训只能采用"电阻法"查找故障。

⑧注意 kV 的吸合状态,充磁、退磁指示灯的亮与熄灭。

⑨实训结束后,应拔出电源插头,将各开关置分断位。

⑩作好实训记录。

【任务评价】

M7130 平面磨床电气控制线路的检修评分标准见表 11.5。

表 11.5 排故评分标准

专业_____ 班级_____ 姓名_____ 学号_____

任务名称				
项目内容	配 分	评分标准		得 分
元器件的认识	10分	(1)不能说出每个元件的工作原理,每个扣1分。 (2)不能说出每个元件接线方式,每个扣1分。 (3)不能说出每个元件在线路当中的作用,每个扣1分。 (4)不能根据外形说出元器件的名称,每个扣1分。		
正确操作	10分	(1)操作不规范,每次扣2分。 (2)不能正确说出故障现象,每个扣2分。 (3)少说1个故障,每个扣2分。		
故障分析	10分	(1)将正常工作的元器件认定为故障元器件,每个扣2分。 (2)不能说出故障元器件得电路径,该项不得分。		
圈故障范围	25分	(1)故障点不在标定的故障范围内,每个扣5分。 (2)故障范围过大,每超过1个元件扣2分。 (3)故障范围过小,每少1个元件扣2分。		
故障查找计划	10分	(1)不制订计划,该项不得分。 (2)漏掉1个元器件或一根线,每个扣2分。 (3)思路不清楚,扣2～10分。		
故障检查及排除故障	30分	(1)工具及仪表使用不当,每次扣5分。 (2)检查故障的方法不正确,扣5～15分。 (3)排除故障的方法不正确,扣5～15分。 (4)不能排除故障点,每个扣15分。 (5)扩大故障范围或产生新的故障点,每扩大1个扣15分。 (6)损坏电器元件,每损坏一个扣20～30分。		
团队精神遵章守纪	5分	根据学生不良表现,扣1～5分。		
安全文明生产	违反安全文明生产规程,扣10～70分。			
定额时间	30 min,每超过1 min(不足1 min按1 min计),扣5分。			
备注	除定额时间外,各项内容的最高扣分不得超过配分		成 绩	
开始时间		结束时间	实际时间	

教师(签名):_____ 日期:_____

【问题思考】

M7130 平面磨床电路中 FR2 和 FR3 的常闭触头是否可以由串联改为并联？为什么？

【知识扩展】

磨床的分类

随着高精度、高硬度机械零件数量的增加，以及精密铸造和精密锻造工艺的发展，磨床的性能、品种和产量都在不断提高和增长。磨床按加工方式或加工对象可分为：

①外圆磨床：是普通型的基型系列，主要用于磨削圆柱形和圆锥形外表面的磨床。

②内圆磨床：是普通型的新型系列，主要用于磨削圆柱形和圆锥形内表面的磨床。此外，还有兼具内外圆磨的磨床。

③坐标磨床：具有精密坐标定位装置的内圆磨床。

④无心磨床：工件采用无心夹持，一般支承在导轮和托架之间，由导轮驱动工件旋转，主要用于磨削圆柱形表面的磨床。例如轴承轴支等。

⑤平面磨床：主要用于磨削工件平面的磨床。

⑥砂带磨床：用快速运动的砂带进行磨削的磨床。

⑦珩磨机：用于珩磨工件各种表面的磨床。

⑧研磨机：用于研磨工件平面或圆柱形内、外表面的磨床。

⑨导轨磨床：主要用于磨削机床导轨面的磨床。

⑩工具磨床：用于磨削工具的磨床。

⑪多用磨床：用于磨削圆柱、圆锥形内、外表面或平面，并能用随动装置及附件磨削多种工件的磨床。

⑫专用磨床：从事对某类零件进行磨削的专用机床。按其加工对象又可分为花键轴磨床、曲轴磨床、凸轮磨床、齿轮磨床、螺纹磨床、曲线磨床等。

⑬端面磨床：用于磨削齿轮端面的磨床。

习题 11.1

1. M7130 平面磨床的作用是什么？其结构由哪几部分组成？

2. M7130 平面磨床电磁吸盘夹持工件有何特点？为什么电磁吸盘要用直流电而不用交流电？

3. M7130 平面磨床电气控制中，欠电压继电器 KV 和电阻 Rp 的作用分别是什么？

項目 12

X62W 万能铣床电气控制线路的原理与维修

●**知识目标**

- 能说出 X62W 万能铣床的结构及运动方式。
- 阐述 X62W 万能铣床涉及的各种低压电器的工作原理、好坏判断方法;记住其图形符号、接线方式。
- 理解 X62W 万能铣床的工作原理。
- 归纳机床电路常见的排除故障方法。

●**技能目标**

- 能正确操作 X62W 万能铣床。
- 能正确圈定故障范围。
- 能正确制订故障查找步骤。
- 能用"电阻法""电压法"等方法检测出 X62W 车床常见的断路故障,并能排除故障。

[]

任务 12.1　X62W 万能铣床电气控制线路原理分析

【工作任务】

- 能说出 X62W 卧式万能铣床电路结构及机械传动原理。
- 阐述 X62W 卧式万能铣床涉及的各种低压电器的工作原理、好坏判断方法；记住其图形符号、接线方式。
- 能解释 X62W 卧式万能铣床电路工作原理。

【相关知识】

　想一想

如图 12.1 所示工件中的沟槽、平面是由哪种机床加工而形成？

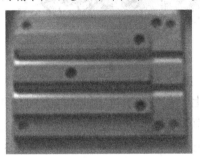

图 12.1　沟槽、平面加工实例

　　铣床的种类很多,按照结构形式和加工性能的不同,可分为立式铣床、卧式铣床、龙门铣床、仿形铣床和专用铣床等。

　　万能铣床是一种通用的多用途机床,它可以用圆柱铣刀、圆片铣刀、角度铣刀、成型铣刀及端面铣刀等刀具对各种零件进行平面、斜面、螺旋面及成形表面的加工,还可以加装万能铣头、分度头和圆工作台等机床附件来扩大加工范围。

　　常用的万能铣床有两种,一种是 X62W 型卧式万能铣床,铣头水平放置;另一种是 X52K 型立式万能铣床,铣头垂直方向放置。这两种铣床在结构上大体相似,工作台进给方式、主轴变速等都一样,电气控制线路也基本一样,差别在于铣头的放置方式不同。

　　下面以 X62W 型卧式万能铣床为例,分析铣床对电气传动的要求、电气控制线路的构成、工作原理及维修。

[]

（1）X62W 万能铣床的主要结构和运动方式

主要结构

X62 万能铣床主要由底座、床身、悬梁、主轴、刀杆支架、工作台、升降台等组成。如图 12.2 所示是其外形及结构。床身固定在底座上，在床身内装有主轴的传动机构和变速操作机构。床身的顶部有水平导轨，上面装置刀杆支架的悬梁。悬梁可以水平移动，刀杆支架可在悬梁上水平移动。在床身的前面有垂直导轨，升降台可沿着它上、下移动。

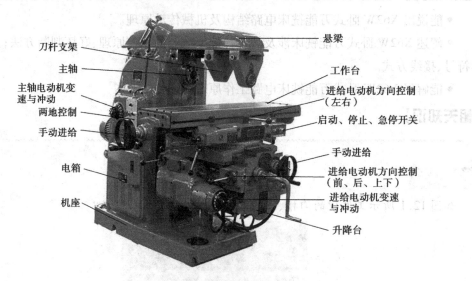

图 12.2　X62W 万能铣床外形及结构

在升降台上面水平导轨上装有可在平行主轴轴线方向移动的溜板。溜板的上面有可转动部分，工作台就在溜板上部可转动部分的导轨上作垂直于主轴轴线方向移动。工作台上有 T 型槽来固定工件，这样安装在工作台上的工件就可以在 3 个坐标轴的 6 个方向上调整位置或进给。

X62W 万能铣床的型号意义如下：

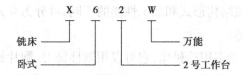

思考：仔细观察一下 X62W 万能铣床的结构，说说它是如何加工零件的。

（2）X62W 万能铣床主要运动形式及其控制要求

1）主运动

X62W 万能铣床的主运动是主轴带动铣刀的旋转运动。

铣削加工有顺铣和逆铣两种加工方式，所以要求主轴电动机能正反转，但考虑到大多数情况下一批或多批工件只用一个方向铣削，在加工过程中不需要变化主轴旋转的方向，因此用组合开关来控制主轴电动机的正转和反转。

铣削加工是一种不连续的切削加工方式,为减少振动,主轴上装有惯性轮,但这样会造成主轴停车困难,因此主轴电动机采用反接制动以实现准确停车。

铣削加工过程中需要主轴调速,采用改变变速箱的齿轮传动比来实现,主轴电动机不需要调速。

2)进给运动

进给运动是指工件随工作台在前后、左右和上下 6 个方向上的运动以及随圆工作台的旋转运动。

铣床的工作台要求有前后、左右和上下 6 个方向上的进给运动和快速移动,所以要求进给电动机能正反转。为了扩大加工能力,在工作台上可加装圆形工作台,圆形工作台的回转运动由进给电动机传动机构驱动。

为了保证机床和刀具的安全,在铣削加工时,任何时刻工件都只能有一个方向的进给运动,因此采用机械操作手柄和行程开关相配合的方式实现 6 个方向的联锁。

3)辅助运动

辅助运动包括工作台的快速运动及主轴和进给的变速冲动。

工作台的快速运动是指工作台在前后、左右和上下 6 个方向之一上的快速移动。它是通过快速移动电磁离合器的吸合改变机械传动链的传动比来实现的。

为保证变速后齿轮的良好啮合,主轴和进给变速后,都要求电动机做瞬时点动,即变速冲动。

(3)电气控制线路分析

X62W 万能铣床的电路图如图 12.3 所示,它由主电路、控制电路和照明电路三部分组成。

1)主电路分析

机床采用 380 V、50 Hz 三相交流电源供电,组合开关 QS 为机床总电源开关,FU1 为总短路保护,并有保护接地措施。机床上装有 3 台电动机:M1 为主轴电动机;M2 为进给电动机;M3 为冷却泵电动机。

①主轴电动机 M1 通过换相开关 SA2 与接触器 KM1 配合,能实现正、反转控制,与接触器 KM2、制动电阻器 R、行程开关 SQ6 及速度继电器的配合能实现串电阻瞬时冲动和正、反转反接制动控制,并能通过机械机构进行变速。

②进给电动机 M2 通过接触器 KM3、KM4 与行程开关 SQ5 及 KM5、牵引电磁铁 YA 配合,可实现进给变速时的瞬时冲动、3 个相互垂直方向的常速进给和快速进给控制。

③冷却泵电动机 M3 只需正转。

④电路中 FU1 作机床总短路保护,也兼作 M1 的短路保护;FU2 作为 M2、M3 及控制变压器一次侧的短路保护;热继电器 FR1、FR2、FR3 分别作 M1、M2、M3 的过载保护。

各台电动机的控制及保护见表 12.1。

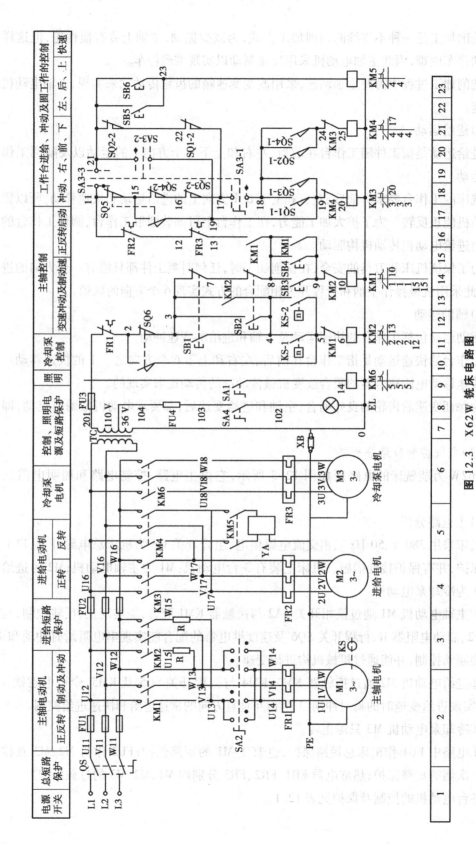

图 12.3 X62W 铣床电路图

表 12.1　主电路中的控制和保护电器

电动机的名称及代号	控制电器	过载保护电器	短路保护电器
主轴电动机 M1	由接触器 KM1、KM2、SA2 控制	热继电器 FR1	熔断器 FU1
液压泵电动机 M2	由接触器 KM3、KM4、KM5 控制	热继电器 FR2	熔断器 FU1、FU2
冷却泵电动机 M3	由接触器 KM6 控制	热继电器 FR3	熔断器 FU1、FU2

2）控制电路分析

控制、照明和指示电路均由控制变压器 TC 降压后供电，电压分别为 110 V、36 V。

①主轴电动机的控制。

a. 主轴电动机的两地控制由分别装在机床两边的停止和启动按钮 SB1、SB3 与 SB2、SB4 完成。

b. KM1 是主轴电动机启动接触器，KM2 是反接制动和主轴变速冲动接触器，SQ6 是与主轴变速手柄联动的瞬时动作行程开关。

c. 主轴电动机启动之前，要先将换相开关 SA2 扳到主轴电动机所需要的旋转方向，然后再按启动按钮 SB3 或 SB4，完成启动。

d. M1 启动后，速度继电器 KS 的一副常开触点闭合，为主轴电动机的停转制动做好准备。

e. 停车时，按停车按钮 SB1 或 SB2 切断 KM1 电路，接通 KM2 电路，进行串电阻反接制动。当 M1 转速低于 120 r/min 时，速度继电器 KS 的一副常开触点恢复断开，切断 KM2 电路，M1 停转，完成制动。

f. 主轴电动机变速时的瞬时冲动控制，是利用变速手柄与冲动行程开关 SQ6 通过机械上的联动机构完成的。

KM1 得电路径：1-2-3-7-8-9-10-KM2-0。

KM2 得电路径：1-2-3-4-5-6-KM1-0。

②工作台进给电动机的控制。

工作台在 3 个相互垂直方向上的运动由进给电动机 M2 驱动，接触器 KM3 和 KM4 由两个机械操作手柄控制，使 M2 实现正反转，用以改变进给运动方向。这两个机械操作手柄，一个是纵向（左、右）运动机械操作手柄，另一个是垂直（上、下）和横向（前、后）运动机械操作手柄。纵向运动机械操作手柄与行程开关 SQ1、SQ2 联动，垂直及横向运动机械操作手柄与行程开关 SQ3、SQ4 联动，相互组成复合联锁控制，使工作台工作时只能进行其中一个方向的移动，以确保操作安全。这两个机械操作手柄各有两套，都是复式的，分设在工作台不同位置上，以实现两地操作。控制手柄的位置与工作台运动方向的关系见表 12.2。

表 12.2　控制手柄的位置与工作台运动方向的关系

控制手柄	手柄位置	工作台运动方向	离合器接通的丝杆	行程开关动作	接触器动作	电动机运转
左右进给手柄	左	向左进给	左右丝杆	SQ1	KM3	M2 正转
	中	停止	—	—	—	停止
	右	向右进给	左右丝杆	SQ2	KM4	M2 反转
上下和前后进给手柄	上	向上进给	垂直丝杆	SQ3	KM3	M2 正转
	下	向下进给	垂直丝杆	SQ4	KM4	M2 反转
	前	向前进	横向丝杆	SQ4	KM4	M2 反转
	后	向后进给	横向丝杆	SQ3	KM3	M2 正转
	中	停止	横向丝杆	—	—	停止

机床接通电源后,将控制圆工作台的组合开关 SA3 扳到断开位置,此时不需要圆工作台运动,触点 SA3-1(17-18)和 SA3-3(11-21)闭合,而 SA3-2(19-21)断开,然后启动 M1,这时接触器 KM1(8-13)闭合,就可进行工作台的进给控制。

a. 工作台纵向运动由纵向运动操作手柄控制。手柄有三个位置:向左、向右、零位。当手柄扳到向右或向左位置时,手柄的联动机构压下行程开关 SQ1 或 SQ2,使接触器 KM3 或 KM4 动作,控制进给电动机 M2 的正、反转。

工作台左右运动的行程可通过调整安装在工作台两端的挡铁位置来实现。当工作台纵向运动到极限位置时,挡铁撞动纵向操作手柄,使它回到零位,工作台停止运动,从而实现了纵向极限保护。

压动 SQ1 时 KM3 的得电路径:13-12-11-15-16-17-18-19-20-KM3-0。

压动 SQ2 时 KM4 的得电路径:13-12-11-15-16-17-18-24-25-KM4-0。

b. 工作台的垂直和横向运动由垂直和横向运动操作手柄控制。手柄的联动机械一方面能压下行程开关 SQ3 或 SQ4,同时能接通垂直或横向进给离合器。其操作手柄有 5 个位置:上、下、前、后和中间位置,5 个位置是联锁的。工作台的上下和前后运动的极限保护是利用装在床身导轨旁与工作台座上的挡铁,将操纵十字手柄撞到中间位置,使 M2 断电停转。

压动 SQ3 时 KM3 的得电路径:13-12-11-21-22-17-18-19-20-KM3-0。

压动 SQ4 时 KM3 的得电路径:13-12-11-21-22-17-18-24-25-KM4-0。

c. 工作台快速进给控制。当铣床不作铣切加工时,为提高劳动生产效率,要求工作台能快速移动。工作台在 3 个相互垂直方向上的运动都可实现快速进给控制,且有手动和自动两种控制方式,一般都采用手动控制。

当工作台作常速进给移动时,再按下快速进给按钮 SB5(或 SB6),使接触器 KM5 通电吸合,接通牵引电磁铁 YA,电磁铁通过杠杆使摩擦离合器合上,减少中间传动装置,使工作台按原运动方向作快速进给运动。松开快速进给按钮时,电磁铁 YA 断电,摩擦离合器断开,快速进给运动停止,工作台仍按原常速进给时的速度继续运动,可见快速移动是点动控制。

　　d.进给电动机变速时瞬动(冲动)控制。变速时,为使齿轮易于啮合,进给变速也设有变速冲动环节。进给变速冲动是由进给变速手柄配合进给变速冲动开关 SQ5 实现的。

　　需要进给变速时,应将转速盘的蘑菇形手轮向外拉出并转动转速盘,将所需进给量的标尺数字对准箭头,然后再把蘑菇形手轮用力拉到极限位置并随即推回原位。在将蘑菇形手轮拉到极限位置的瞬间,其连杆机构瞬时压下行程开关 SQ5,使 SQ5 的常闭触点 SQ5(11-15)断开,常开触点 SQ5(15-19)闭合,使 KM3 通电,电动机 M2 上升。由于操作时只使 SQ5 瞬时压合,所以 KM3 是瞬时接通的,从而保证变速齿轮易于啮合。由于进给变速瞬时冲动的通电回路要经过 SQ1—SQ4 4 个行程开关的常闭触点,因此,只有当进给运动的操作手柄都在中间(停止)位置时,才能实现进给变速冲动控制,以保证操作时的安全。同时,与主轴变速时冲动控制一样,电动机的通电时间不能太长,以防止转速过高,在变速时打坏齿轮。

　　进给冲动时 KM3 的得电路径:13-12-11-21-22-17-16-15-19-20-KM3-0。

　　③圆工作台运动的控制。

　　为了切螺旋槽、弧形槽等曲线,X62W 万能铣床附有圆形工作台及其传动机构,可安装在工作台上。圆形工作台的回转运动也是由进给电动机 M2 经传动机构驱动的。

　　圆工作台工作时,首先将进给操作手柄扳到中间(停止)位置,然后将组合开关 SA3 扳到接通位置,这时触点 SA3-1(17-18)及 SA3-3(11-21)断开,SA3-2(19-21)闭合。按下主轴启动按钮 SB3 或 SB4,则接触器 KM1 与 KM3 相继吸合,主轴电动机 M1 与进给电动机 M2 相继启动并运转,进给电动机仅以上升方向带动圆工作台作定向回转运动。

　　圆工作台工作时 KM3 的得电路径:13-12-11-15-16-17-22-21-SA3-19-20-KM3-0。

　　圆工作台的联锁:由于圆工作台控制电路是经行程开关 SQ1—SQ4 的 4 个行程开关的常闭触点形成闭合回路的,所以操作任何一个长方形工作台进给手柄,都将切断圆工作台控制电路,实现了圆形工作台和长方形工作台的联锁。若要使圆工作台停止转动,可按主轴停止按钮 SB1 或 SB2,则主轴与圆工作台同时停止工作。

　　④冷却泵电动机的控制与照明电路。

　　冷却泵电动机 M3 通常在铣削加工时由转换开关 SA1 操作。扳至接通位置时,接触器 KM6 通电,M3 启动,输送切削液,供铣削加工冷却用。

　　机床照明变压器 TL 输出 36 V 安全电压,由转换开关 SA4 控制照明灯 EL。

【任务评价】

X62W 铣床电气控制线路原理分析评分表见表 12.3。

表 12.3 X62W 铣床电气控制线路原理分析评分表

专业_____ 班级_____ 姓名_____ 学号_____ 成绩_____

任务名称			
项目内容	配分	评分标准	得 分
铣床的作用、结构	10 分	铣床的作用,答错扣 2~5 分。 铣床的结构,答错扣 2~5 分。	
对电气线路的主要要求	10 分	对电气线路的主要要求,答错 1 处扣 3 分。	
主电路中的控制和保护电器	15 分	阐述电动机 M1、M2、M3 的作用,答错 1 个扣 5 分。 在原理图上指出 M1、M2、M3 的控制及保护电器,答错 1 个扣 5 分。	
各工作状态下各元器件的得电路径	40 分	不能回答各工作状态哪些元件得电,答错 1 个扣 10 分。 各得电元件得电路径,答错 1 个扣 10 分。	
元器件的作用	15 分	R、KS、SA1-SA4、SQ1-SQ6、SB1-SB6 等元件的作用,答错 1 个扣 3 分。	
表达能力	10 分	声音不洪亮,口齿不清楚,思路不清晰,扣 2~10 分。	
备注	各项内容的最高扣分不得超过配分		考试日期:

教师(签名):_____ 日期:_____

习题 12.1

1. X62W 万能铣床的工件能在哪些方向上调至位置或进给？是怎样实现的？

2. X62W 万能铣床对主轴有哪些电气要求?

任务 12.2 X62W 万能铣床电气控制线路故障维修

【工作任务】

- 在电气控制线路模拟板上能正确操作 X62W 万能铣床,并能说出故障现象。

- 能正确圈定故障范围。

● 能正确制订故障查找步骤。

● 能用"电阻法""电压法"检测出 X62W 万能铣床常见的断路故障,并能排除故障。

　　在 X62W 万能铣床电路中,都只是 KM3 吸合,怎么来判断是进给冲动? 圆工作台如何工作? 工作台如何进给?

【相关知识】

　　(1)实训设备

　　①X62W 万能铣床电气控制线路模拟板。

　　②工具:电工常用工具一套。

　　③仪表:MF47 型万用表。

　　(2)故障分析与检修

　　1)X62W 万能铣床电气控制线路模拟板说明

　　X62W 万能铣床电气控制线路模拟板以图 12.3 为依据,满足 X62W 万能铣床对电气线路的要求,在图 12.3 的基础上进行模拟。

　　①3 台电动机(M1、M2、M3)分别用 3 组灯泡代替(两个灯泡代表一相绕组),并且每组灯泡的 Y 点接中线 N。若某台电动机缺相,则该相灯泡不亮,其他灯泡发光正常,如图 12.4 所示。

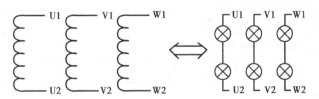

图 12.4　用灯泡代替电动机等效图

　　②速度继电器 KS 的常开触头用单联开关代替。

　　③快速牵引电磁铁 YA 用灯泡代替,接线时采用 220 V 的电压供电。

　　④控制用变压器用 100 V,380/110 V、36 V。

　　⑤电源总开关 QS 用胶壳闸刀开关(380 V、16 A)代替,以方便模拟板安装和配线。

　　⑥SQ5、SQ6 是进给电动机、主轴电动机变速时的瞬时动作行程开关(注:为了模拟板检修和观察方便,不能自动复位)。

　　⑦左右进给就简化为压动 SQ1、SQ2,上(后)、下(前)进给就简化为压动 SQ3、SQ4。

　　⑧故障点的设置为断路故障,如果同时设置多个故障(一般不超过 3 个),故障现象互不干扰。

2）元器件布置图

X62W铣床电气控制线路模拟板元器件布置如图12.5所示。（仅供参考）

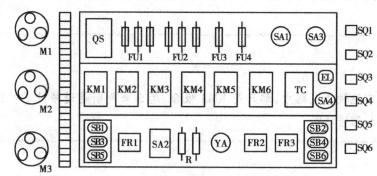

图12.5　铣床模拟板元器件布置图

3）故障设置

设备可以通过人为设置故障来模仿实际机床的电气故障,采用"触点"绝缘、设置假线、导线头绝缘等方式,形成电气故障。

本线路共设故障30处,均为断路故障,设置故障时最好主回路和控制回路各设一个。各故障点的故障现象见表12.4。

表12.4　X62W万能铣床各故障点的故障现象

故障号	故障现象
G1	主轴电动机制动时缺相
G2	变压器不得电
G3	主轴电动机不能启动
G4	电动机 M2、M3 都缺相运行
G5	进给电动机无6个方向进给
G6	无左右进给、无冲动、圆工作台不能工作
G7	照明灯不亮
G8	主轴电动机无制动、无冲动
G9	进给电动机反转缺相运行
G10	变压器无输出电压
G11	主轴电动机点动运行
G12	工作台无快速移动,KM5 得电
G13	进给电动机不能启动
G14	进给电动机无冲动
G15	压动 SQ4,KM4 不得电
G16	压动 SQ2、SQ4,KM4 不得电

续表

故障号	故障现象
G17	主轴电动机无冲动
G18	照明灯亮,各台电动机都不能启动
G19	进给电动机正转缺相运行
G20	主轴电动机反转缺相运行
G21	主轴电动机正反转缺相运行,制动不缺相
G22	进给电动机缺相运行
G23	圆工作台不能工作
G24	压动 SQ2、SQ4 无反应,进给电动机无冲动、圆工作台不能工作
G25	工作台无快速移动,KM5 不得电
G26	KM3 不得电
G27	冷却泵电动机不能启动
G28	冷却泵电动机缺相运行
G29	主轴电动机运行时、制动时都缺相
G30	3 台电动机都缺相运行

X62W 万能铣床电气控制线路故障设置情况如图 12.6 所示。

4)X62W 万能铣床电气线路常见故障与维修实例

从 X62W 万能铣床电气控制线路分析中可知,它与机械系统的配合十分密切,例如进给电动机采用电气与机械联合控制,整个电气线路的正常工作往往与机械系统正常工作是分不开的。因此,在出现故障时,正确判断是电气故障还是机械故障以及对电气与机械相配合情况的掌握,是迅速排除故障的关键。同时,X62W 万能铣床控制电路联锁较多,这也是其易出现故障的一个方面。下面以几个实例来介绍 X62W 铣床的常见故障及其排出方法。

①主轴停车时没有制动。

a.主轴无制动时要首先检查按下停止按钮后反接制动接触器是否吸合,如 KM2 不吸合,则应检查控制电路。检查时先操作主轴变速冲动手柄,若有冲动,说明故障的原因是速度继电器或按钮支路发生故障。

b.若 KM2 吸合,则首先检查 KM2、R 的制动回路是否有缺两相的故障存在,如果制动回路缺两相则完全没有制动现象。其次检查速度继电器的常开触点是否过早断开,如果速度继电器的常开触点过早断开,则制动效果不明显。

②按下停止按钮后主轴不停。

a.若按下停止按钮后,接触器 KM1 不释放,则说明接触器 KM1 主触点熔焊。

b.若按下停止按钮后,KM1 能释放,KM2 吸合后有"嗡嗡"声,或转速过低,则说明制动

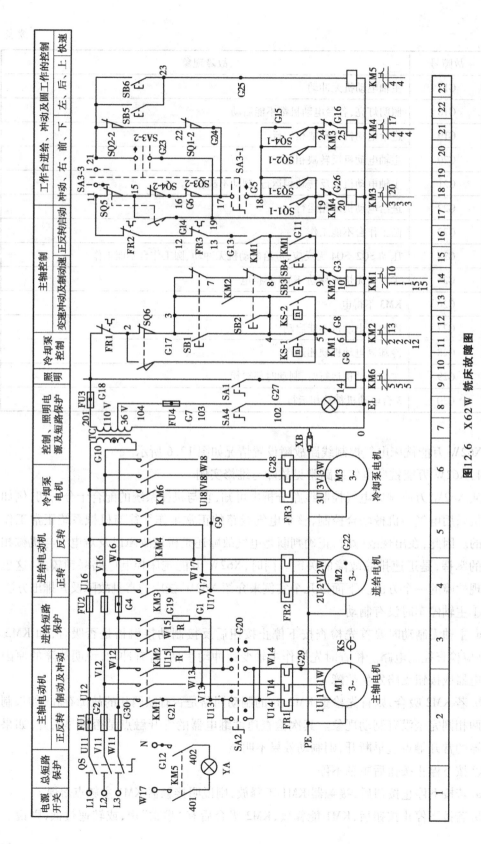

图12.6　X62W 铣床故障图

接触器 KM2 主触点只有两相接通,电动机不会产生反向转矩,同时在缺相运行。

c.若按下停止按钮后电动机能反接制动,但放开停止按钮后,电动机又再次启动,则是启动按钮在启动电动机 M1 后绝缘被击穿。

③工作台不能作向上进给。

检查时可依次进行快速进给、进给变速冲动或圆工作台向前进给、向左进给及向后进给的控制,若上述操作正常则可缩小故障的范围,然后再逐个检查故障范围内的各个元件和接点,检查接触器 KM3 是否动作,行程开关 SQ4 是否接通,KM4 的常闭联锁触点是否良好,热继电器是否动作,直到检查出故障点。若上述检查都正常,再检查操作手柄的位置是否正确,如果手柄位置正确,则应考虑是否由于机械磨损或位移使操作失灵。

④工作台不能左右进给、无冲动。

应首先检查横向或垂直进给是否正常,进给电动机 M2、主电路、接触器 KM3、KM4,SQ1、SQ2 及与左右进给相关的公共支路都正常时,应检查 SQ5(11-15),SQ4(15-16)、SQ3(16-17),只要其中有一对触点接触不良或损坏,工作台就不能向左或向右进给。SQ5 是变速冲动开关,常因变速时手柄操作过猛而损坏。

(3)实训过程

①在理解 X62W 万能铣床电气控制线路工作原理的基础上掌握电气控制线路模拟电路板上元器件的布置情况,并能与电气原理图上的元器件一一对应;知道每个元件的工作原理、接线方式、在线路当中的作用。经考核合格后(由指导老师考核或由老师指定的同学考核),方可进入下一步骤(每一步骤均要考核,后同)。

②在教师的指导下对 X62W 万能铣床电气控制线路模拟板进行操作,掌握万能铣床的各种工作状态和操作方法。

③在 X62W 万能铣床电气控制线路模拟板上设置断路故障,故障由易到难,由少到多。要求学生通过操作,能正确说出故障现象、分析故障原因,并圈出正确的故障范围。

④参照 X62W 万能铣床电气控制线路模拟板元器件布置图、安装接线图及万能铣床工作原理图,熟悉万能铣床电气控制线路模拟板走线情况,并通过测量等方法找出实际走线路径。

⑤学生观摩检修。在 X62W 万能铣床电气控制线路模拟板上人为设置故障点(断路故障,故障之间互不干扰),由教师示范检修,边分析边检查,直至故障排除。教师示范检修时,应将工作原理、机床的操作、元器件布置图、安装接线图、如何圈故障范围、检测故障思路、如何排除故障点等内容贯穿其中,边操作边讲解。

⑥教师在线路中人为设置两处故障点(断路故障),由学生按照检查步骤和检修方法进行检修。

⑦写实训报告。

(4)注意事项

①设备应指导教师指导下操作,安全第一。设备通电后,严禁在电器侧随意扳动电器。进行排除故障训练时,尽量采用不带电检修。若带电检修,则必须有指导教师在现场

监护。

②必须安装好各电机、支架接地线,设备下方垫好绝缘橡胶垫,厚度不小于 8 mm。操作前要仔细查看各接线端,有无松动或脱落,以免通电后发生意外或损坏电器。

③在操作中若发出不正常声响,应立即断电,查明故障原因待修。故障噪声主要来自电机缺相运行,接触器、继电器吸合不正常等。

④发现熔芯熔断,应找出故障后,方可更换同规格熔芯。

⑤在维修设置故障中不要随便互换线端处号码管。

⑥操作时用力不要过大,速度不宜过快;操作频率不宜过于频繁。

⑦本项目实训应采用"电阻法""电压法"查找故障。

⑧要注意圆工作台开关 SA3、倒顺开关 SA2、速度继电器 KS 的状态。

⑨实训结束后,应断开电源,将各开关置分断位。

⑩作好实训记录。

【任务评价】

X62W 万能铣床电气控制线路的检修评分标准见表 12.5。

表 12.5 排故评分标准

专业_____ 班级_____ 姓名_____ 学号_____

任务名称			
项目内容	配分	评分标准	得　分
元器件的认识	10分	(1)不能说出每个元件的工作原理,每个扣1分。 (2)不能说出每个元件接线方式,每个扣1分。 (3)不能说出每个元件在线路当中的作用,每个扣1分。 (4)不能从外形上说出元器件的名称,每个扣1分。	
正确操作	10分	(1)操作不规范,每次扣2分。 (2)不能正确说出故障现象,每个扣2分。 (3)少说一个故障,每个扣2分。	
故障分析	10分	(1)将正常工作的元器件认定为故障元器件,每个扣2分。 (2)不能说出故障元器件得电路径,该项不得分。	
圈故障范围	25分	(1)故障点未在故障范围内,每个扣5分。 (2)故障范围过大,每超过一个元件扣2分。 (3)故障范围过小,每少一个元件扣2分。	
故障查找计划	10分	(1)不制订计划,该项不得分。 (2)漏掉一个元器件,每个扣2分。 (3)思路不清楚,扣2~10分。	

续表

任务名称				
项目内容	配分	评分标准		得　分
故障检查及 排除故障	30分	(1)工具及仪表使用不当,每次扣5分。 (2)检查故障的方法不正确,扣5~15分。 (3)排除故障的方法不正确,扣5~15分。 (4)不能排除故障点,每个扣15分。 (5)扩大故障范围或产生新的故障点,每扩大一个扣30分。 (6)损坏电器元件,每损害一个扣20~30分。		
团队精神 遵章守纪	5分	根据学生不良表现,扣1~5分。		
安全文明 生产	违反安全文明生产规程,扣10~70分。			
定额时间	30分钟,每超过1分钟(不足1分钟按1分钟计),扣5分。			
备注	除定额时间外,各项内容的最高扣分不得超过配分		成　　绩	
开始时间		结束时间	实际时间	

教师(签名):＿＿＿＿＿＿＿　　日期:＿＿＿＿＿＿＿

【问题思考】

X62W 主轴正反转为什么不用接触器控制而用组合开关控制?

图 12.7　钻铣床

【知识扩展】

钻铣床简介

钻铣床工作台可纵、横向移动,主轴垂直布置,通常为台式,机头可上下升降,具有钻、铣、镗、磨、攻丝等多种切削功能,如图 12.7 所示。

它适用于各种中小型零件加工,特别是有色金属材料、塑料、尼龙的切削,具有结构简单、操作灵活等优点,广泛用于单件或是成批的机械制造、仪表工业、建筑装饰和修配部门。钻铣床是一种中小型通用金属切削机床,既能卧铣,又能立铣。它适用于钻、扩、铰、镗、孔加工,如用圆片铣床、角度铣刀、形成铣刀及端面铣刀,能铣削平面、斜面、垂直面和沟槽等。装上附件立铣头后,可作为多方向的铣削工作。在装上附件分度头后,可作模数 $m = 3$ mm 以下的直齿、锥齿轮及螺旋齿等的铣削工作。由于它应用广泛,故适合一般修理与工具车间;单件或小批生产车间使用为宜。

其机床结构是由床身、底座、三角体、工作台、滑座、滑臂回转座、铣头、冷却及润滑、电器系统等九个主要部件组成。

习题参考答案

习题1.1　参考答案

1. 答:按低压电器的用途和所控制的对象分类;按低压电器的动作方式分;按低压电器的执行机构分。

2. 答:

通断时间	从电流开始在开关电器的一个极流过的瞬间起,到所有极的电弧最终熄灭的瞬间为止的时间间隔。
燃弧时间	电器分断过程中,从触头断开(或熔体熔断)出现电弧的瞬间开始,至电弧完全熄灭为止的时间间隔
分断能力	开关电器在规定条件下,能在给定的电压下分断的预期分断电流值
接通能力	开关电器在规定条件下,能在给定的电压下接通的预期接通电流值
通断能力	开关电器在规定条件下,能在给定的电压下接通和分断的预期电流值
短路接通能力	在规定的条件下,包括开关电器的出线端短路在内的接通能力
短路分断能力	在规定的条件下,包括开关电器的出线端短路在内的分断能力
操作频率	开关电器仔每小时内可能实现的最高循环操作次数
通电持续率	开关电器的有载时间和工作周期之比,常以百分数表示
电寿命	在规定的正常工作条件下,机械开关电器不需要修理或更换的负载操作循环次数

3. 答:比如配电箱、家中的照明电路等。

习题1.2　参考答案

1. 答:分为瓷插式;螺旋式;无填料密封管式;有填料密封管式;快速式;自复式。

2. 答:熔断器的额定电流应等于或大于熔体的额定电流,其额定电压应等于或大于线路额定电压。

对单台电动机,其熔体的额定电流 I_{RN} 应等于电动机额定电流的2.5倍,即 $I_{RN} \geqslant (1.5 \sim 2.5)I_N$。

对多电动机,线路上的总熔体额定电流应等于该线路上的功率最大的一台电动机额定电流 I_{Nmax} 的 $1.5 \sim 2.5$ 倍与其余电动机额定电流之和 $\sum I_N$,即 $I_{RN} \geqslant (1.5 \sim 2.5) I_{Nmax} + \sum I_N$。

3.答:熔断器对过载反应是很不灵敏的,当电器设备发生轻度过载时,熔断器将持续很长时间才能熔断,有时甚至不熔断。因此,除照明和电加热电路外,熔断器一般不宜用作过载保护电器,主要用于短路保护。

习题 1.3　参考答案

1.答:垂直、倒装或平装、电源进线、动触头。机械联锁装置、合闸、合闸。

2.答:不能。由于组合开关的通断能力较低,且没有专门的灭弧机构,故不能分断故障电流。

3.答:能自动进行失压、欠压、过载、和短路保护。

习题 1.4　参考答案

1.答:控制电路按钮可分为常开按钮、常闭按钮、复合按钮。

2.答:当线圈通电时,静铁芯产生电磁吸力,将动铁芯吸合,由于触头系统是与动铁芯联动的,因此动铁芯带动 3 条动触片同时运行,触点闭合,从而接通电源。当线圈断电时,吸力消失,动铁芯联动部分依靠弹簧的反作用力而分离,使主触头断开,切断电源。

3.答:交流接触器的电压过高,就会造成阻抗不够而电流过大,从而造成线圈过热而烧毁。交流接触器若电压过低,会因无法吸合,空气隙太大,而造成电感量不足,使电流大大增加,造成过电流,从而使线圈过热而烧毁。

习题 2.1　参考答案

1.答:①图(a):能正常点动,但多用了一个停止按钮 SB2;②图(b)不能正常点动,因为接触器辅助常开触头 KM 与接触器线圈串联。③图(c)不能正常点动,因为接触器辅助常闭触头 KM 与接触器线圈串联。④图(d)能正常点动,但在接触器线圈两端多并联了一个接触器辅助常开触头 KM。正确的画法见题图2.1答题图。

2.答:按下按钮电动机就得电运转,松开按钮电动机就失电停转的控制方法,称为点动控制。

3.答:QF 起隔断电源作用。

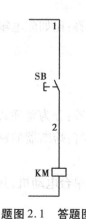

题图2.1　答题图

习题 2.2 参考答案

1. 答:欠压保护是指当线路电压下降到某一数值时,电动机能自动脱离电源停转,避免电动机在欠压下运行的一种保护。

失压保护是指电动机在正常运行中,由于外界某种原因引起突然断电时,能自动切断电动机电源;当重新供电时,保证电动机不能自行启动的一种保护。

接触器自锁控制线路具有欠压保护作用。当线路电压下降到一定值(一般指低于额定电压的85%)时,接触器线圈两端的电压也同样下降到此值,使接触器线圈磁通减弱,产生的电磁吸力减小。当电磁吸力减小到小于反作用弹簧的拉力时,动铁芯被迫释放,主触头和自锁触头同时分断,自动切断主电路和控制电路,电动机失电停转,从而起到欠压保护的作用。

接触器自锁控制线路也可以实现失压保护作用。接触器自锁触头和主触头在电源断电时已经分断,使控制电路和主电路不能接通,所以在电源恢复供电时,电动机就不会自行启动运转,保证了人身和设备的安全。

2. 答:当启动按钮松开后,接触器通过自身的辅助常开触头使其线圈保持得电的作用叫做自锁。与启动按钮并联起自锁作用的辅助常开触头叫自锁触头。

3. 答:(1) 主电路 V 相接到 W 相电源上了;(2) 自锁触头错接为 KM 的辅助常闭触头。改正线路图如下:

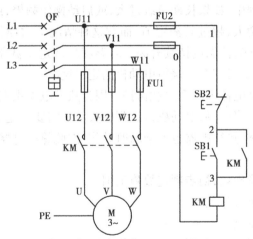

题图 2.2 答题图

习题 2.3 参考答案

1. 答:不能。正确的画法如下所示。

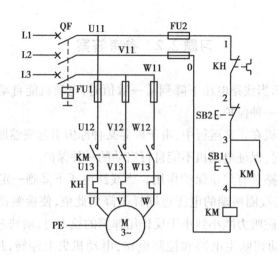

题图 2.3　答题图

改正原因：

（1）原图没有热继电器，需要补上；

（2）KM 自锁触头应该为辅助常开触头；

（3）原图 L1、L2 两相电源被短接；

（4）主电路 V 相接到 W 相电源上了。

2. 答：过载保护是指当电动机出现过载时，能自动切断电动机的电源，使电动机停转的一种保护。

电动机在运行的过程中，如果长期负载过大，或启动操作频繁，或者缺相运行，都可能使电动机定子绕组的电流增大，超过其额定值，而在这种情况下，熔断器的熔丝往往并不能熔断，从而引起定子绕组过热，使温度持续升高。若温度超过允许温升，就会造成绝缘损坏，缩短电动机的使用寿命，严重时甚至会烧毁电动机的定子绕组。

熔断器不能代替热继电器来实现过载保护。因为热继电器主双金属片受热膨胀的热惯性及传动机构传递信号的惰性，从电动机过载到触头动作需要一定的时间。也就是说，即使电动机严重过载甚至短路，热继电器也不会瞬时动作，因此热继电器不能作短路保护。

3. 答：

①用试验法观察故障现象，初步判定故障范围。

②用逻辑分析法缩小故障范围。

③用测量法确定故障点。

④根据故障点的不同情况，采用正确的维修方法排除故障。

⑤检修完毕，进行通电空载校验或局部空载校验。

⑥校验合格，通电正常运行。

习题 2.4　参考答案

1. 答：有。（1）无过载保护；（2）KM 常开触头应与点动控制按钮 SB3 常闭触头串联，而不是与 SB3 常开触头串联;(3)控制电路 0 号线应该接在 V 或 W 相电源上。

2.答:电路工作原理如下:

(1)连续控制

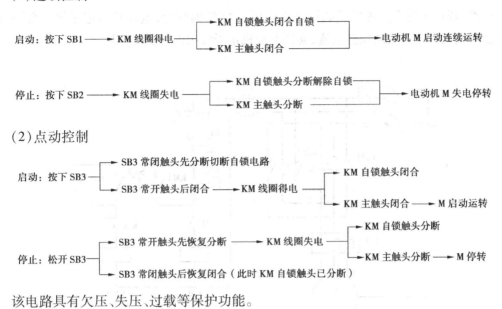

(2)点动控制

该电路具有欠压、失压、过载等保护功能。

习题 2.5　参考答案

1.答:能在几个地方同时控制一台电动机的启动与停止的电路称为多地控制电路。多地控制电路的接线特点是:启动按钮并联,停止按钮串联。

2.答:停止按钮 SB1 接法错误。正确电路图如题图 2.4 所示。

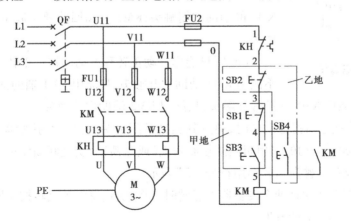

题图 2.4　答题图

习题 3.1　参考答案

1. 答:若直接把手柄从"顺"的位置直接扳到"倒"的位置,电动机的定子绕组会因为电源突然反接而产生很大的反接电流,易使电动机定子绕组因过热而损坏。

2.

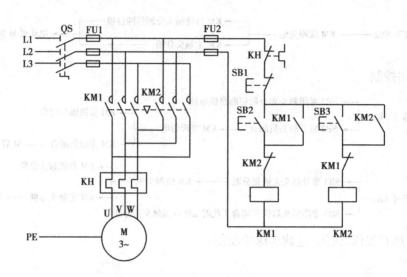

题图 3.1　答题图

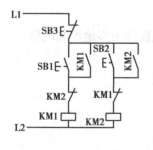

题图 3.2　答题图

3. 答:(a)图不能实现电动机的正反向启动。KM1 线圈回路不能串联 KM1 辅助常闭触头;同样,KM2 线圈回路不能串联 KM2 辅助常闭触头。

(b)图也不能使电路正常工作。KM1 线圈回路要串联 KM2 的辅助常闭触头;KM2 线圈回路要串联 KM1 的辅助常闭触头。

(c)图只能作点动正转和点动反转。正转回路的自锁触头不能用 KM2 辅助常开触头,只能用 KM1 辅助常开触头;反转回路的自锁触头不能用 KM1 辅助常开触头,只能用 KM2 辅助常开触头。

4. 答:当一个接触器得电动作时,通过其辅助常闭触头使另一个接触器不能得电动作,接触器之间这种相互制约的作用叫做接触器联锁(或互锁)。实现联锁作用的辅助常闭触头称为联锁触头(或互锁触头),联锁用符号"▽"表示。

联锁的目的是为了保证两个接触器不能同时工作,防止发生正反转按钮同时按下的误操作造成电源线间短路事故的发生。

习题 3.2   参考答案

1. 答:行程开关的主要参数是形式、工作行程、额定电压及触头的电流容量,主要根据动作要求、安装位置及触头数量进行选择。

2. 答:(1)当工作台边上的挡铁压到行程开关的滚轮上时,杠杆连同轴一起转动,并推动撞块移动。当撞块移动到一定位置时便触动微动开关,使其常闭触头分断,再使其常开触头闭合;当滚轮上的挡铁移开以后,复位弹簧使触头复位。所以微动开关是一种反应灵敏的开关,只要它的推杆有微量位移,就能使触头快速动作。

(2)主要用于控制生产机械的运动方向、速度、行程大小或位置,是一种自动控制电器。

3. 答:挡铁、行程开关的滚轮、触头动作、接通、断开、位置、行程的自动控制。

4. 答:SQ1、SQ2 用来自动换接电动机正反转控制电路,实现工作台的自动往返;SQ3、SQ4 用作终端保护,以防止 SQ1、SQ2 失灵,工作台越过限定位置而造成事故。

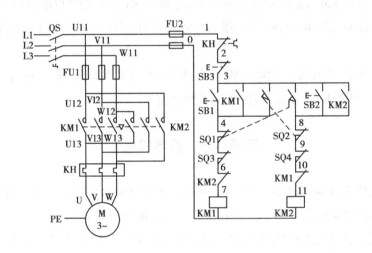

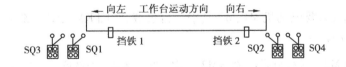

题图 3.3   答题图

习题 4.1   参考答案

1. 答:KM2 吸合并自锁,电动机 M2 不会转动。原因就是 M2 的得电路径上有两个断点,其中一个断点是 KM1 的主触头,如果 KM1 线圈不得电(也即 M1 未运转),M2 就不能得电。

当再按下 SB1 时,KM1、M1、M2 都会同时得电,未实现顺序控制。

2. 答:可能的故障原因有:

①电源开关未接通:检查 QS,如开关进线有电、出线没电,则 QS 存在故障,需检修或更换;如果出线有电,则 QS 正常。

②熔断器熔芯熔断:更换同规格熔芯。

③热继电器未复位:复位,使 FR 常闭触点闭合。

习题4.2 参考答案

1. 答:图 4.2 中,M1 运转后,M2 才能得电,主回路实现了顺序控制,接触器 KM1 的选择与 M1、M2 的功率及工作状态有关(轻载、重载),接触器 KM2 的选择只与 M2 的功率及工作状态有关。

图 4.6 中,只要 KM1 或者 KM2 得电吸合,电动机 M1、M2 就会得电运行,主回路不能实现顺序控制,其控制元件 KM1、KM2 选择只与电动机 M1、M2 的功率及工作状态有关(轻载、重载)。

2. 答:图 4.6 中,直接按下 SB2,KM2 不能吸合,电动机 M2 不运行。只有当 KM1 吸合以及按下按钮开关 SB2,KM2 才能吸合,实现了顺序控制。

习题4.3 参考答案

1. 答:FR1、FR2 分别是电动机 M1、M2 的过载保护;SB1、SB2 分别是电动机 M1、M2 的启动按钮开关;SB3、SB4 分别是电动机 M1、M2 的停止按钮开关;辅助常开触头 KM1(3-4)、KM2(7-8)分别是电动机 M1、M2 的自锁触头;辅助常开触头 KM1(6-7)实现顺序启动;辅助常开触头 KM2(2-3)实现逆序停止。

2. 答:图 4.2 中,只要电动机 M1、M2 其中一台过载,线圈 KM1、KM2 都会失电,也即电动机 M1、M2 都会停止转动。

图 4.12 中,当 M2 过载,只是线圈 KM2 失电,线圈 KM1 仍然吸合,也即电动机 M2 停止转动,M1 仍然运行。

习题5.1 参考答案

1. 答:控制线路启动时,加在电动机定子绕组上的电压为电动机的额定电压,属于全压启动,也称直接启动。

特点:直接启动时所用电气设备少,线路简单,维修量较小。但异步电动机直接启动时,启动电流一般为额定电流的 4~7 倍。在电源变压器容量不够大而电动机功率较大的情况下,直接启动将导致电源变压器输出电压下降,不仅会减小电动机本身的启动转矩,而且会影响同一供电线路中其他电气设备的正常工作。

2. 答:降压启动是指利用启动设备将电压适当降低后,加到电动机的定子绕组上进行启动,待电动机启动运转后,再使其电压恢复到额定电压正常运转。由于电流随电压的降低而减小,所以降压启动达到了减小启动电流之目的。但是,由于电动机转矩与电压的平方成正比,所以降压启动与将导致电动机的启动转矩大为降低。因此,降压启动需要在空载或轻载下启动。常见的降压启动方法有四种:定子绕组串接电阻降压启动;自耦变压器降压启动;Y—△降压启动及延边△降压启动。

3. 答:保护装置有欠压保护和过载保护两种。欠压保护用欠压脱扣器,它由线圈、铁芯和衔铁所组成。其线圈 KV 跨接在 U、W 两相之间。在电源电压正常情况下,线圈得电能使铁芯吸住衔铁。但当电源电压降低到额定电压的 85% 以下时,线圈中的电流减小,使铁芯吸力减弱而吸不住衔铁,故衔铁下落,并通过操作机构使补偿器掉闸,切断电动机电源,起到欠压保护作用。同理,在电源突然断电时(失压或零压),补偿器同样会掉闸,从而避免了电源恢复供电时电动机自行全压启动。过载保护采用可以手动复位的 JRO 型热继电器 KH,KH 的热元件串接在电动机与电源之间,其常闭触头与欠压脱扣器线圈 KV、停止按钮 SB 串接在一起。在室温 35 ℃ 环境下,当电流增加到额定电流的 1.2 倍时,热继电器 KH 动作,其常闭触头分断,KV 线圈失电使补偿器掉闸,切断电源停车。

4. 答:启动时,先合上电源开关 QS1,再将开关 QS2 扳向"启动"位置,此时电动机的定子绕组与变压器的二次侧相接,电动机进行降压启动。待电动机转速上升到一定值时,迅速将开关 QS2 从"启动"位置扳到"运行"位置,这时,电动机与自耦变压器脱离而直接与电源相接,在额定电压下正常运行。

习题 5.2 参考答案

1. 答:

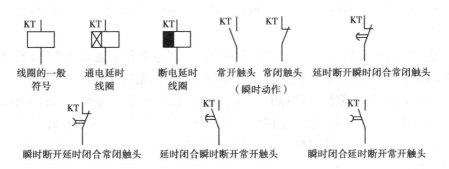

2. 答:时间继电器触头的动作特点

通电延时继电器的触头：

通电时：延时触头不动作,延时一段时间后才动作,瞬时触头立即动作。

断电时,无论延时触头还是瞬时触头的触头都立即复位。

断电延时继电器的触头：

通电时：延时触头、瞬时触头立即动作。

断电时：延时触头不立即复位,延时一段时间后才复位,但瞬时触头立即复位。

3. 答:Y—△降压启动方法简便、经济可靠。Y 形接法的启动电流是正常运行△形接法的 1/3,启动转矩也只有正常运行时的 1/3。因此,Y—△启动只适用于空载或轻载的情况。另外,电动机额定运行状态是 Y 形接法的,不可采用本方法启动。

4. 答:主电路错,没有接成△形接法,每相电源同时加在定子绕组首位端,绕组上没有电压。控制回路 SB1 无自锁,KM△线圈支路无 KM△自锁触头,KM△线圈支路无 KMY 互锁触头。

习题 6.1　参考答案

1. 答:电磁铁、闸瓦制动器、断电制动型、通电制动型。

2. 答:使电动机在切断电源停转的过程中,产生一个和电动机实际旋转方向相反的电磁力矩(制动力矩),迫使电动机迅速制动停转的方法叫电力制动。电力制动常用的方法有:反接制动、能耗制动。

反接制动制动原理如图 6.5 所示。在图中,当 QS 向上投合时,电动机定子绕组电源相序为 L1—L2—L3,电动机将沿旋转磁场方向(图中为顺时针方向),以 $n < n_1$ 的转速正常运转。当电动机需要停转时,拉下开关 QS,使电动机先脱离电源(此时转子由于惯性仍按原方向旋转),随后将开关 QS 迅速向下投合,由于 L1、L2 两相电源线对调,电动机定子绕组电源相序变为 L2—L1—L3,旋转磁场反转(图 6.5(b)中逆时针方向)。此时转子将以 $n_1 + n$ 的相对转速沿原转动方向切割旋转磁场,在转子绕组中产生感生电流,其方向可用右手定则判断;而转子绕组一旦产生感生电流,又受到旋转磁场的作用,产生电磁转矩,其方向可用左手定则判断出来,如图 6.5(b)所示。可见此方向与电动机的转动方向相反,使电动机受制动迅速停转。

当电动机切断交流电源后,立即在定子绕组的任意两相中通入直流电,迫使电动机迅速停转的方法叫能耗制动。其制动原理如图 6.4 所示,先断开电源开关 QS1,切断电动机的交流电源,这时转子惯性运转;随后将电动机任意两相定子绕组通入直流电,使定子中产生一个恒定的静止磁场,这样作惯性运转的转子因切割磁力线而在转子绕组中产生感生电流,又立即受到静止磁场的作用,产生电磁转矩与电动机的转向相反,使电动机受制动迅速停转。

3.答案:

启动控制:

能耗制动停止:

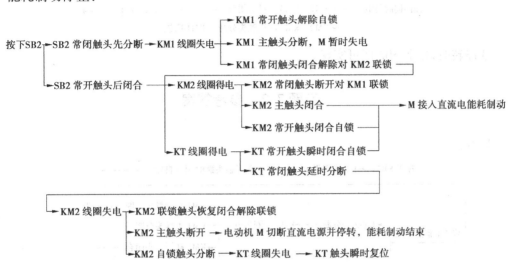

习题 7.1　参考答案

1.答:(1)三速异步电动机低速运转时,定子绕组接成△形式,磁极为 4 极;

(2)三速异步电动机中速运转时,定子绕组接成 Y 形式,磁极为 4 极;

(3)三速异步电动机高速运转时,定子绕组接成双 Y 形式,磁极为 2 极。

2.答:改变异步电动机转速可通过三种方法来实现:

一是改变电源频率 f_1——变频调速。

二是改变转差率 s——改变转子电阻,或改变定子绕组上的电压。

三是改变磁极对数 P——变极调速。

三相笼型异步电动机通常采用变极调速。

3.答:先合上电源开关 QS。

①电机△形低速启动运转:

②电动机 YY 形高速运转：

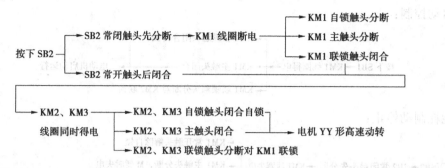

③停转时，按下 SB3 即可实现。

习题7.2　参考答案

1.答：

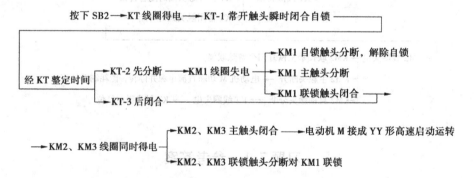

2.答：(1)原因分析：进 KT 线圈接线接触不良；

(2)原因分析：进 KT-3 触头接线接触不良或 KT-3 触头受卡。

3.答：通过接触器 KM3 的主触头，把电动机的 U1、V1、W1 绕组的首端连接到一起，让电动机定子绕组为双 Y 形连接，电动机运行在高速状态。

习题8.1　参考答案

1.答：交流电磁线圈不能串联使用。即使外加电压是两个线圈的额定电压之和，也是不允许的。因为两个电器动作总是有先有后，有一个电器吸合动作，它的线圈上的电压降也相应增大，从而使另一个电器达不到所需的动作电压。因此，两个电器需要同时动作时，其线圈应该并联连接。

2.答：(a)图：接触器 KM 的辅助常闭触头与 KM 的线圈串联，所以当 KM 线圈通电后，KM 的辅助常闭触头马上又断开，KM 线圈又失电，电路不能正常工作。

(b)图：按钮 SB1 连接位置错误，电路一旦工作，就不能停止。

(c)图：接触器 KM 的辅助常开触头位置连接错误，电路只能点动，不能自锁。

(d)图:接触器 KM 的自锁触头只能是 KM 的辅助常开触头,不能是 KM 的辅助常闭触头,电路只能点动。

改正图如下:(b)(c)图改为自锁控制电路;(a)(d)图改为点动电路。

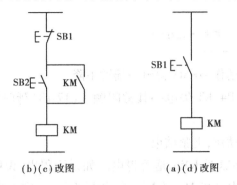

(b)(c)改图　　　　　(a)(d)改图

题图 8.1 答题图

3.答:(1)控制线路应标准;(2)控制线路应简短;(3)减少不必要的触点以简化线路;(4)尽量减少电器通电数量;(5)正确连接电器的线圈;(6)应尽量避免电器依次动作的现象;(7)在控制回路中应避免出现寄生电路;(8)避免发生触点"竞争"与"冒险"现象;(9)线路应具有必要的保护环节;(10)保证控制线路工作的可靠和安全。

习题 9.1　参考答案

一、填空题

1.日常维护保养、故障检修。

2.人为故障、自然故障。

3.电动机、控制设备。

4.盲目动手检修;问、看、听、闻。

二、简答题

1.答:询问操作者故障发生前后机床的运行状况,有无异常响动、冒烟等;故障发生前有无切削力过大和频繁启动、停止、制动等工作状况;故障发生前有无经过保养检修或改动线路等情况。

2.答:M1 主轴电动机拖动主轴旋转;M2 液压泵电动机提供冷却液;M3 刀架快速电动机让刀架快速移动。

3.答:不易过载;就算有过载保护,由于刀架快速移动的时间短,保护也不能动作。

习题 10.1　参考答案

1.答:钻床是一种用途广泛的孔加工机床;Z3050 摇臂钻床主要由底座、内外立柱、摇臂、主轴箱及工作台等部分组成。

2. 答：利用行程开关 SQ1-1（安装在摇臂上升极限）、SQ1-2（安装在摇臂下降极限）来实现限位保护。

3. 答：

1）按下 SB4 ┌─ KT 得电 ──→ YA 得电 ─→ 摇臂放松。
           └─ KM4 吸合 ──────────┘

2）当放松到位→SQ2 动作→KM3 得电→摇臂下降。

3）当下降合适，松开 SB4，KT 失电→其常闭触头（17-18）延时闭合→YA 得电→摇臂延时夹紧。

4）当夹紧到位→SQ3 动作，夹紧结束。

4. 答：首先观察摇臂夹紧时 KM5 是否得电。如果不得电，说明 5-SQ3-17-18-19-KM5-0 这段有故障；如果得电，则电动机 M3 是否运转；如果不旋转，则可能是电动机以及电动机得电路径有故障；如果 M3 运转，则是液压部分故障。

5. 答：当电源相序接反，摇臂上升变为下降，下降变为上升，非常危险。

习题 11.1　参考答案

1. 答：磨床是用砂轮的周或端面对工件的表面进行机械加工的一种精密机床。

M7130 平面磨床主要由床身、工作台、电磁吸盘、砂轮箱（又称磨头）、滑座和立柱等部分组成。

2. 答：电磁吸盘用来吸住工件以便进行磨削。它具有比机械夹紧迅速、操作快速简便、不损伤工件、一次能吸好多个小工件，以及磨削中工件发热可自由伸缩、不会变形等优点。不足之处是只能对导磁性材料如钢铁等的工件才能吸住，对非导磁性材料如铝和铜的工件没有吸力。电磁吸盘的线圈通的是直流电，不能用交流电，因为交流电会使工件振动和铁芯发热。

3. 答：当电压足够，说明电磁吸盘吸力够，能牢牢吸住工件，安全；当电压不够，说明电磁吸盘吸力不够，不能牢牢吸住工件，工件易移位甚至飞出伤人，这时 KV 就会释放，砂轮机就会停止转动。

Rp 作用：退磁时通以较小的反向电流。

习题 12.1　参考答案

1. 答：通过压动 SQ1、SQ2 能实现左右进给，离合器接通的丝杆为左右丝杆。

通过压动 SQ3、SQ4 能实现上下、前后进给；上下进给时，离合器接通的丝杆为垂直丝杆，前后进给进给时，离合器接通的丝杆为横向丝杆。

2. 答：X62W 万能铣床的主运动是主轴带动铣刀的旋转运动。

　　铣削加工有顺铣和逆铣两种加工方式,所以要求主轴电动机能正反转,但考虑到大多数情况下一批或多批工件只用一个方向铣削,在加工过程中不需要变化主轴旋转的方向,因此用组合开关来控制主轴电动机的正转和反转。

　　铣削加工是一种不连续的切削加工方式,为减少振动,主轴上装有惯性轮,但这样会造成主轴停车困难,因此主轴电动机采用反接制动以实现准确停车。

　　铣削加工过程中需要主轴调速,采用改变变速箱的齿轮传动比来实现,主轴电动机不需要调速。

参考文献

[1] 劳动部培训司. 维修电工生产实习[M]. 2 版. 北京：中国劳动出版社，1996.

[2] 李敬梅. 电力拖动控制线路与技能训练[M]. 4 版. 北京：中国劳动社会保障出版社，2007.

[3] 周彬. 电动机控制与变频技术[M]. 重庆：重庆大学出版社，2010.

[4] 徐政. 电机与变压器[M]. 4 版. 北京：中国劳动社会保障出版社，2010.